面向对象程序设计

（Java）

李建勋　郭建华　佟　瑞◎编著

经济管理出版社
ECONOMY & MANAGEMENT PUBLISHING HOUSE

图书在版编目（CIP）数据

面向对象程序设计：Java / 李建勋，郭建华，佟瑞编著 . —北京：经济管理出版社，2021.2（2022.9重印）

ISBN 978-7-5096-7803-9

Ⅰ.①面… Ⅱ.①李…②郭…③佟… Ⅲ.① JAVA 语言—程序设计—教材 Ⅳ.① TP312

中国版本图书馆 CIP 数据核字（2021）第 038775 号

组稿编辑：魏晨红
责任编辑：杨国强
责任印制：黄章平
责任校对：张晓燕

出版发行：经济管理出版社
　　　　　（北京市海淀区北蜂窝 8 号中雅大厦 A 座 11 层 100038）
网　　址：www.E-mp.com.cn
电　　话：（010）51915602
印　　刷：北京虎彩文化传播有限公司
经　　销：新华书店
开　　本：720mm×1000mm/16
印　　张：24.25
字　　数：448 千字
版　　次：2021 年 4 月第 1 版　2022 年 9 月第 2 次印刷
书　　号：ISBN 978-7-5096-7803-9
定　　价：88.00 元

·版权所有　翻印必究·

凡购本社图书，如有印装错误，由本社读者服务部负责调换。

联系地址：北京阜外月坛北小街 2 号
电话：（010）68022974　　邮编：100836

前　言

面向对象程序设计是当前应用开发的主流技术。以面向对象思想为核心的 Java 语言业已成为最受欢迎的语言之一，由于其功能丰富、性能优越、可移植性强、平台无关性等特点，使得 Java 语言自问世以来便受到了广大编程人员的喜爱，Java 程序已经广泛运行在从大型的企业级复杂应用到小型移动应用的各类平台和设备上。

本书是编者通过在一线教学的实际应用作为出发点，深入浅出、循序渐进地介绍了面向对象的基本概念和基本语法，同时注重于实践教学与创新能力的培养。在内容上突出重点，强化面向对象的思想和方法，对于易错及易混淆的概念进行了对照分析，对于程序设计风格也进行了强调，引入较多精选的应用性实例，以期使读者能够比较完整地掌握面向对象程序设计的思想和方法。

全书以 Java 语言为例进行面向对象理论讲述，内容共 9 章，主要包括语言概述、语言基础、类与对象、继承和多态、常用类库与算法、图形用户界面、异常处理与调试、多线程编程、文件流、数据库编程等。

本书内容全面，主要章节除基本知识外，还有适量的实例及习题等，便于对知识点的掌握和学生实际能力的培养。本书可作为高等院校经管类各专业面向对象程序设计或开发类课程的教材，也可供参加自学考试人员、应用系统开发设计人员、其他对程序设计感兴趣的读者参阅。

本书以 Eclipse 作为集成开发环境，个别综合实例使用 Netbeans 开发。此两种 IDE 与各版 JDK 的兼容性较好，编写、调试、运行 Java 程序都十分方便。本书所有实例均在 Eclipse 下调试通过，并提供实例运行结果。

全书由西安理工大学李建勋、郭建华、佟瑞编著，研究生马美玲、孙鑫鑫、杨丽、刘晓雨等参与了文献的收集与分析工作。另外，书中引用和参考了大量学者及研究单位的文献、著作和报告等资料，为本书提供了大量的素材，在此一并表示感谢。由于时间有限，书中仍难免有疏漏与不妥之处，恳请广大读者与同行专家批评指正。

编　者

2021 年 1 月

目 录

第 1 章　Java 语言概述 ……………………………………………… 1
1.1　面向对象程序设计 …………………………………………… 1
1.2　Java 语言简介 ………………………………………………… 3
1.3　Java 程序设计环境 …………………………………………… 11

第 2 章　Java 语言编程基础 …………………………………………… 27
2.1　Java 的标识符 ………………………………………………… 27
2.2　Java 的关键字 ………………………………………………… 28
2.3　基本数据类型 ………………………………………………… 29
2.4　变量与常量 …………………………………………………… 38
2.5　运算符 ………………………………………………………… 39
2.6　字符串 ………………………………………………………… 46
2.7　输入与输出 …………………………………………………… 54
2.8　流程控制语句 ………………………………………………… 57
2.9　数　　组 ……………………………………………………… 68

第 3 章　类和对象 ……………………………………………………… 82
3.1　类的概念 ……………………………………………………… 82
3.2　对象的实例化 ………………………………………………… 94
3.3　静态属性与静态方法 ………………………………………… 97
3.4　构造方法 ……………………………………………………… 99
3.5　构造代码块 …………………………………………………… 102
3.6　this 关键字 …………………………………………………… 103
3.7　内　部　类 …………………………………………………… 104
3.8　Java 包 ………………………………………………………… 108
3.9　应用实例 ……………………………………………………… 109

第 4 章　继承与多态 ………………………………… 115

- 4.1　继　承 …………………………………………… 115
- 4.2　多　态 …………………………………………… 127
- 4.3　抽象类 …………………………………………… 135
- 4.4　接　口 …………………………………………… 140
- 4.5　应用实例 ………………………………………… 142

第 5 章　类库与算法 ………………………………… 151

- 5.1　Java 基础类库 …………………………………… 151
- 5.2　常见集合框架 …………………………………… 153
- 5.3　常用算法 ………………………………………… 169

第 6 章　图形用户界面 ……………………………… 176

- 6.1　JavaGUI 概述 …………………………………… 176
- 6.2　Swing 框架 ……………………………………… 178
- 6.3　JFrame(框架)和 JPanel(面板) ………………… 182
- 6.4　布局管理器 ……………………………………… 190
- 6.5　按钮与文本相关组件 …………………………… 199
- 6.6　按钮与选择组件 ………………………………… 203
- 6.7　菜单与工具栏组件 ……………………………… 207
- 6.8　列表组件 ………………………………………… 217
- 6.9　表格组件 ………………………………………… 219
- 6.10　树组件 ………………………………………… 224
- 6.11　对话框 ………………………………………… 227
- 6.12　事件处理 ……………………………………… 235
- 6.13　图形处理 ……………………………………… 265

第 7 章　异常与调试 ………………………………… 286

- 7.1　Java 异常处理机制 ……………………………… 286
- 7.2　调　试 …………………………………………… 294

第 8 章　多线程与文件流 …………………………… 304

- 8.1　多线程 …………………………………………… 304

8.2　文件操作 ·· 326

第9章　数据库开发技术 ································ 346
　　9.1　数据库基础 ·· 346
　　9.2　JDBC ·· 350
　　9.3　利用JDBC操作数据库 ······························ 356
　　9.4　数据库应用系统实例 ·································· 364

参考文献 ··· 373

第 1 章

Java 语言概述

引言

面向对象程序设计方法是当前软件开发的主流方法，而 Java 是目前流行的典型面向对象程序设计语言。Java 语言的出现从根本上改变了网络应用程序的开发和使用方式，在多种系统平台、各种应用领域都可见到 Java 运行的身影。本章主要介绍面向对象程序设计的基本概念和主要特性，对 Java 语言的产生、Java 的特点和编程过程，通过程序实例以及程序代码的详细讲述，开启 Java 精彩的编程世界之门。

学习目标

1. 了解 Java 语言的特点；
2. 掌握 JDK 的安装过程；
3. 熟悉 Java 环境变量的配置；
4. 能够编写一个简单的 Java 程序，输出结果。

1.1 面向对象程序设计

面向对象程序设计（Object Oriented Desgin，OOD）方法的出现和广泛应用是计算机软件技术发展演变中的一个重大飞跃，相对于以前的程序设计方法，在软件开发规模、复杂性、可靠性、质量和效率方面面向对象技术具有空前的优势，当前已成为应用程序开发、手机应用开发、网页开发等方面和 IT 界普遍认同的主流程序设计方法。

1966 年出现的 Simula 语言是最早出现的面向对象程序设计语言（Object Oriented Programming Language，OOPL），它采用仿真人类思维的方法，把数据和相关操作汇集在一起。提出了对象的概念，并使用了类，也支持类继承。20

世纪 70 年代，Smalltalk 语言诞生，它取 Simula 的类为核心概念，开始使用对象、实例、对象类、方法等用于描述程序的术语，并融入动态联编和单继承机制。Smalltalk 现在被认为是最纯的面向对象编程语言。1980 年推出商品化的 Smalltalk80，使人们注意到面向对象思想在模块化、封装、隐蔽、抽象性、继承性、多样性等方面的巨大优势，其为开发大型应用程序和提高系统可靠性、可重用性、可扩充性、可维护性提供了更为有效的途径。

20 世纪 80 年代以来，Object-c、Eiffel、C++、Java、Object-Pascal 等不同类型的面向对象语言如雨后春笋般研制开发出来，面向对象概念不断完善，面向对象方法已被广泛应用于程序设计语言、形式定义、设计方法学、操作系统、分布式系统、人工智能、实时系统、数据库、人机接口、计算机体系结构以及并发工程、综合集成工程等方面，在许多领域的应用都得到了很大的发展。

1.1.1 面向对象的基本概念

1.1.1.1 对象

对象描述了现实世界中的具体物体在计算机中的映射。对象可以是要研究的任何事物，是对事物的具体化表述，从一个整数到庞大的数据库，包括飞机都可看作对象，它可以表示有形的实体事物，也可以刻画抽象的规划或事件。对象由属性和行为构成一独立整体。从系统的开发者角度看，对象可以看作是程序模块，而从用户角度看，对象是面向需求借助行为而提供服务功能，且对象之间的信息互通通过消息机制实现。

1.1.1.2 类

类是对象的模板，是具有相同属性和行为的对象的抽象描述，类中涵盖了同类对象所要使用的数据描述和共同操作，对象是具体化的类。例如一款 Huawei P30 型号的手机可以视为对象，手机可视为类。类可通过继承形成子类，也可有相关的辅助的类，形成一种层次结构模型。

1.1.1.3 消息

消息通过通信机制实现对象之间数据信息的传递，其包括接收消息的对象、消息操作的方法名称及方法需要的参数。

1.1.2 面向对象的基本特性

1.1.2.1 抽象性

抽象性是对对象实体的内在的、本质属性的抽象，它根据用户需求，提炼被研究事务的核心数据和行为，依次作为类的属性和方法。例如，当我们要评价一个学生的能力时，一种抽象是将学生基本信息和各门课程的信息予以存储，并形成评价；另一种抽象是将在上述基础之上再增加学生的素养信息、创新能力信息，并附加一个综合评价方法，以更为全面评价学生的综合素质。

1.1.2.2 封装性

封装性是面向对象的一个核心特征，它通过将属于类的属性和方法包装在一个类中，使一个类具有一定的完备性，可以相对独立构成一类事物的抽象表示。封装是把数据和基于数据的操作包装在一起，保证程序和数据不受外界干扰且不被误用，将使用者和设计者分离。封装能够实现数据信息和方法操作的隐藏，而公开部分资源可以被外界调用或者访问，增强程序的可维护性，从而在类发生改变时，只需要修改类的内部代码即可实现功能的提升或者减少对外界程序的影响。封装性的另外一个重要意义是使类或模块的可重用性大为提高，封装使类成为一个结构完整、高度集中的整体。有利于构建大型标准化的应用软件系统。

1.1.2.3 继承性

继承性是指一个子类享有一个父类的属性和方法，这也是面向对象程序设计中的一个重要机制。子类由父类所派生，而父类是子类的基础类。子类作为派生类，继承了父类的所有方法和实例变量，并且子类还可以修改或增加属性、方法具备超越父类的信息资源和操作功能，满足不同功能需求的需要。例如，如果将动物类作为父类，那么爬行动物类和昆虫类可以作为该父类的子类，显然，爬行动物类和昆虫类就具备比父类更为明确甚至超越父类的行为方法。

1.1.2.4 多态性

多态性是在名字相同的条件下所拥有的多种相近的语义，它实现了针对同类数据资源信息的不同行为表征。比如同样的加法，把两个时间加在一起和把两个整数加在一起肯定完全不同。具备多态性能力的程序设计语言能够灵活地应对各种同类处理请求，也为行为共享、代码共享提供了更为便捷的通道，解决了非常相近的函数而不得不采用相异的名称问题，降低了系统设计与开发的复杂度。

1.2 Java 语言简介

Java 语言是美国 Sun 计算机公司 Java 发展小组研制的编程语言，Java 由印度尼西亚盛产咖啡的爪哇岛而得名，从而其语言中众多内置的库包，常常与咖啡有关，Sun 公司 Java 的标志也正是热气腾腾的一杯咖啡。Java 的取名很有趣。在讨论给这个新的语言取什么名字时，当时正品尝着爪哇岛产的咖啡，有个程序员灵机一动说："就叫 Java 吧！"竟得到了所有人的认可和律师的通过，于是，Java 这个名字就这样传开了。20 多年来，Java 就像爪哇咖啡一样誉满全球，成为实至名归的企业级应用平台的霸主。而 Java 语言也如同咖啡一般醇香动人。

1.2.1 Java 的历史

1991 年，在 Sun 公司由 James Gosling（见图 1-1）领导的 Green 研究小组，目的是开发一种面向家用电器市场的软件产品。在规划这个产品时，为了能够在家电产品上开发应用程序，积极地寻找合适的编程语言。由于电子产品种类繁多，所采用的处理芯片和操作系统也各不相同。起初曾考虑采用 C++ 语言编写，但很快便意

图 1-1　James Gosling

识到这个产品还必须具有高度的简洁性和安全性，而 C++ 语言在这方面无法胜任，于是他们决定自行开发一种语言。最后，Green 研究小组基于 C++ 语言开发出一种新的语言——Oak。该语言采用了许多 C 语言的语法，提高了安全性，并且是面向对象的语言。但 Oak 语言在商业上并未获得成功。之后随着互联网的蓬勃发展，Sun 公司发现 Oak 语言所具有的跨平台、面向对象、安全性高等特点，非常符合互联网的需要，于是转向互联网应用，进一步改进该语言的设计，并最终将这种语言取名为 Java。

1995 年，Sun 公司公布了 Java 的完整技术规范，Java 被美国杂志 PC Magazine 评为 1995 年十大优秀科技产品。很快得到包括 Netscape 公司在内的各软件厂商的广泛支持。不久，许多著名的大公司，如 IBM、Novell、Oracle、SGI 和 Borland 公司都相继购买了 Java 的使用许可，Java 得到了广泛的支持。Microsoft 的比尔盖茨也不得不承认"Java 确实是有史以来最伟大的程序设计语言"，继而 Microsoft 购买了 Java 的使用许可。Java 已经成为当今最主要的编程语言，它的诞生对计算机软件开发和软件产业都产生了深远的影响。

目前，全球有 67% 的大型企业在采用 Java 开发自己的信息系统；200 多家公司从 Sun 公司获得了 Java 技术许可证；400 余个应用取得 100% 纯 Java 证书；Java 开发者阵营拥有 250 多万位会员……Java 从 1995 年的一个小小的编

程开发工具，发展到了今天可驾驭从智能卡、小型消费类器件到大型数据中心的 Java 平台，其发展速度是惊人的，让我们回顾一下它的发展历程：

1995 年 5 月 23 日，Java 语言诞生。

1996 年 1 月，第一个 JDK-JDK1.0 诞生。

1996 年 4 月，10 个最主要的操作系统供应商申明将在其产品中嵌入 Java 技术。

1996 年 9 月，约 8.3 万个网页应用了 Java 技术来制作。

1997 年 2 月 18 日，JDK1.1 发布。

1997 年 4 月 2 日，JavaOne 会议召开，参与者逾 1 万人，创当时全球同类会议纪录。

1997 年 9 月，Java Developer Connection 社区成员超过 10 万人。

1998 年 2 月，JDK1.1 被下载超过 2 000 000 次。

1998 年 12 月 8 日，Java 2 企业平台 J2EE 发布 (J2EE1.2)。

1999 年 6 月，Sun 公司发布 Java 三个版本：标准版（J2SE）、企业版（J2EE）和微型版（J2ME）。

2000 年 5 月 8 日，JDK1.3 发布。

2000 年 5 月 29 日，JDK1.4 发布。

2001 年 6 月 5 日，Nokia 宣布到 2003 年将出售 1 亿部支持 Java 的手机。

2001 年 9 月 24 日，J2EE1.3 发布。

2002 年 2 月 26 日，J2SE1.4 发布，此后 Java 的计算能力有了大幅提升。

2004 年 9 月 30 日，J2SE1.5 发布，成为 Java 语言发展史上的又一里程碑。为了表示该版本的重要性，J2SE1.5 更名为 Java SE 5.0。

2005 年 6 月，JavaOne 大会召开，Sun 公司公开 Java SE 6，此时，Java 的各种版本已经更名，已取消其中的数字"2"：J2ME 更名为 Java ME，J2SE 更名为 Java SE，J2EE 更名为 Java EE。

2006 年 12 月，Sun 公司发布 JRE6.0。

2009 年 12 月，Sun 公司发布 Java EE 6。

2011 年 7 月，甲骨文发布 Java SE 7，重大版本更新，更新了众多特性。

2014 年 3 月，甲骨文发表 Java SE 8。

2017 年 9 月，甲骨文发表 Java SE 9，提供了对 http2、unicode7 等的新特性。

2018 年 3 月，甲骨文发表 Java SE10。

2018 年 9 月，甲骨文发表 Java SE 11，最近的 LTS 版本。

2019 年 3 月，甲骨文发表 Java SE12。

2019 年 9 月，甲骨文发表 Java SE13。

2020 年 3 月，甲骨文发表 Java SE14。

1.2.2 Java 的现状

程序开发人员借助 Java 可以自由地使用现有的硬件和软件系统平台。由于 Java 是独立于平台的，它还可以应用于计算机之外的领域。Java 程序可以在便携式计算机、电视、电话、手机和其他设备上运行。Java 的用途极为广泛，它拥有无可比拟的能力，使用它所节省的时间和费用十分可观。

如果仔细观察就会发现，Java 在我们身边随处可见。使用 Java 语言编写的常见开源软件包括 NetBeans 和 Eclipse 集成开发环境、JBoss 和 GlassFish 应用服务器；商业软件包括永中 Office、合金战士 Chrome、Websphere 和 Oracle Database 11g。此外，各手机厂商都为自己的产品提供了 Java 技术的支持，手机上的 Java 程序和游戏已经不胜枚举。

为了满足不同开发人员的需求，Java 开发分成了以下三个方向。

Java SE：称为 Java 标准版或 Java 标准平台，主要用于桌面程序的开发。它是学习 Java EE 和 Java ME 的基础，也是本书的重点内容。

Java EE：称为 Java 企业版或 Java 企业平台，主要用于网页程序的开发。Java EE 是在 Java SE 的基础上构建的，它提供 Web 服务、组件模型、管理和通信 API，可以用来实现企业级的面向服务体系结构和 Web 2.0 应用程序。随着互联网的发展，越来越多的企业使用 Java 语言来开发自己的官方网站，其中不乏一些世界 500 强。

Java ME：称为 Java 微型版或 Java 小型平台，主要用于嵌入式系统程序的开发，例如移动电话、掌上电脑或其他无线设备等。

1.2.3 Java 语言的特点

Java 语言作为新一代编程语言，具有如下特点：

1.2.3.1 简单性

Java 语言的语法非常接近于 C 语言体系，大多数程序员容易学习和使用。Java 中也略去了 C++ 语言中运算符重载、多重继承等不常用的面向对象的特性，尤其是 Java 语言不使用指针，并提供了自动的垃圾收集机制，从而变得更简单、更精练。

1.2.3.2 面向对象

基于面向对象思想编写的程序结构化程度高，提高了代码的可重用性，增加了程序的可读性和可维护性。Java 语言拥有封装、多态性和继承属性等典型的面向对象编程语言特征，其程序结构更为清晰，并为集成和代码重用带来了便利。Java不支持多重继承，但支持实现多接口，并且Java语言全面支持动态绑定。

1.2.3.3 分布式

Java提供了一整套网络类库，包括URL、URLConnection、Socket、ServerSocket等，开发人员可以利用类库进行网络程序设计，以使多台计算机在网络上一起工作。Java的设计使分布计算变得容易。RMI（远程方法激活）机制也是开发分布式应用的重要手段。Java的分布性包括操作分布和数据分布，其中操作分布是指在多个不同的主机上布置相关操作，而数据分布是将数据分别存放在多个不同的主机上，这些主机是网络中的不同成员。Java可以凭借URL对象访问网络对象，访问方式与访问本地系统相同。

1.2.3.4 健壮性

Java通过强类型机制、异常处理、垃圾的自动回收机制等进一步保证了所开发系统的健壮性，Java还能够检查或通过异常来处置编译和运行时的错误，特别是指针的去除，更为系统的健壮性提供了保障，降低了因内存操作而带来的错误。

1.2.3.5 安全性

Java早期常常用于网络环境中的程序设计与开发，因此Java在设计之初就注重防范各种攻击，包括运行时堆栈溢出。这也是蠕虫和病毒常用的攻击手段：破坏自己的进程空间之外的内存、未经授权读写文件。使用Java可以构建防病毒、防篡改的系统。

1.2.3.6 结构中立性

Java编译器通过生成与特定的计算机体系结构无关的字节码指令来实现这一特性。精心设计的字节码可以很容易地在任何机器上解释执行，只要有Java运行环境的机器都能执行这种中间代码。中间文件格式是一种高层次的、与机器无关的字节码格式语言，这种语言被设计在虚拟机（JVM）上运行，而且还可以动态地翻译成本地机器代码。

1.2.3.7 可移植性

Java的平台无关特性是Java语言最大的优势，Java应用程序可以在配备了Java解释器和运行环境的任何计算机系统上直接运行，便于Java应用软件的移植，Java通过定义独立于平台的基本数据类型及其运算，例如，Java中的int永远为32位的整数，而在C/C++语言中，int可能是16位整数、32位整数。除此之外，Java编译器本身就是用Java语言编写的，说明Java本身也具有可移植性。

1.2.3.8 解释性

Java程序不采用编译为可执行文件的方式来执行，而是将源代码文件编译为字节码文件，其后通过虚拟机调用执行。在运行时，Java 运行环境（JRE）中 Java 虚拟机（JVM）将所需要的数据资源、内置类、系统 API 装入到运行环境，并对字节码文件进行解释，使其在一种虚拟的环境中执行。

1.2.3.9 高性能

虽然 Java 是解释执行程序，但具有非常高的性能，程序运行速度可满足大多数交互应用程序的需求，以至于成了传统编译器的竞争对手。在某些情况下，甚至超越了传统编译器，即时编译器可以监控经常执行哪些代码并优化这些代码以提高速度。必要时，还可以撤销优化。

1.2.3.10 多线程

Java 提供的多线程功能使得在一个程序中可以同时执行多个小任务，即同时进行不通的操作或处理不同的事件。多线程的好处是具有更好的交互性能和实时控制性能。

Java 在两方面支持多线程：一方面，Java 环境本身就是多线程的，若干个系统线程运行负责必要的无用单元回收、系统维护等系统级操作；另一方面，Java 语言内置多线程控制，可以大大简化多线程应用程序的开发。

1.2.3.11 动态性

Java 与 C 语言或 C++ 语言相比更加具有动态性。它允许程序动态地装入运行过程所需的类，而对客户端却没有任何影响。在 Java 中找出运行时类型信息十分简单。当需要将某些代码添加到正在运行的程序中时，动态性将是一个非常重要的特性。

1.2.4 Java 语言与 C/C++ 语言的区别

Java 语言和 C++ 语言都是面向对象的编程语言。在语法方面借鉴了 C/C++ 语言相同的风格，对于变量声明、参数传递、操作符、流控制等非常相似，同时也摒弃了 C 语言和 C++ 语言中众多不常用的特性。

1.2.4.1 全局变量

Java 语言是纯面向对象语言，所有代码（包括函数、变量）必须在类中实现，不能在类之外定义任何变量或者全局变量，只能通过在一个类中定义公用、静态的变量来实现一个全局变量。

Java 语言中不存在全局变量或者全局函数，而 C++ 语言兼具面向过程和面向对象编程的特点，可以定义全局变量和全局函数，依赖于不加封装的全局变量常常造成系统的崩溃，Java 有效地解决了这一缺陷。

1.2.4.2 指针

指针是 C 语言体系中最灵活的操作，但容易产生指针操作错误，而且这些错误往往不可预知，从而破坏了系统的安全性，造成系统的崩溃。Java 语言中没有指针的概念，Java 对指针进行完全的控制，程序员不能直接进行任何指针操作，有效防止了通过指针操作可引发的系统错误，提高了系统的安全性。

1.2.4.3 内存管理

在 C/C++ 语言中，需要开发人员去管理内存的分配（包括申请和释放），操作不当会造成系统的崩溃。而 Java 语言提供了垃圾回收器来实现垃圾的自动回收，不需要程序显式地管理内存的分配，有效地防止了由于程序员的误操作而导致的错误，且更好地利用了系统资源。

1.2.4.4 多重继承

Java 语言不支持多重继承，但 Java 语言引入了接口的概念，可以同时实现多个接口。由于接口也有多态特性，因此 Java 语言中可以通过实现多个接口来实现与 C++ 语言中多重继承类似的目的。

1.2.4.5 类型转换

在 C 语言体系中，指针能够实现类型的转换，但这也带来了诸多不安全性，Java 不支持自动强制类型转换，必须由开发人员显式地进行强制类型转换。

1.2.4.6 结构和联合

C/C++ 语言中的结构和联合中所有成员均为公有，这就带来了安全性问题。Java 中不包含结构和联合，所有的内容都封装在类中。

1.2.4.7 预处理

C/C++ 语言支持预处理；Java 没有预处理器，虽然不支持预处理功能（包括头文件、宏定义等），但它提供的 import 机制与 C++ 语言的预处理器功能类似。

1.2.5 Java 语言常见认识误区

1.2.5.1 Java 是 HTML 的扩展

Java 是一种程序设计语言；HTML 是一种描述网页结构的方式。除了用于在网页上放置 Java applet 的 HTML 扩展之外，两者没有任何共同之处。

1.2.5.2 使用 XML，所以不需要 Java

Java 是一种程序设计语言；XML 是一种描述数据的方式。可以使用任何一种程序设计语言处理 XML 数据，而 Java API 对 XML 处理提供了很好的支持。此外，许多重要的第三方 XML 工具采用 Java 编写。

1.2.5.3 Java 是一种容易学习的面向对象语言

Java 作为一种具有强烈面向对象特征的语言并不容易掌握。首先，必须将编写玩具式程序的轻松和开发实际项目的艰难区分开来。其次，Java 类库包含了数千种类和接口以及数万个函数。幸运的是，并不需要知道它们中的每一个用法，然而，要想 Java 解决实际问题，还需要了解不少主要的函数。

1.2.5.4 Java 将成为适用于所有平台的通用性编程语言

从理论上讲，这是完全有可能的。但在实际中，每个语言各有千秋，某些领域其他语言有更出色的表现，比如，Objective C 和后来的 Swift 在 iOS 设备上就有着无可取代的地位。浏览器中的处理几乎完全由 JavaScript 掌控。Windows 程序通常都用 C++ 或 C# 编写。Java 在服务器端编程和跨平台客户端应用领域则很有优势。

1.2.5.5 Java 只不过是另外一种程序设计语言

Java 是一种很好的程序设计语言，很多程序设计人员喜欢 Java 胜过 C、C++ 或 C#。有上百种好的程序设计语言没有广泛地流行，而带有明显缺陷的语言，如 C++ 和 Visual Basic 却大行其道。

程序设计语言的成功更多地取决于其支撑系统的能力，而不是优美的语法。人们主要关注：是否提供了易于实现某些功能的易用、便捷和标准的库；是否有开发工具提供商能建立强大的编程和调试环境；语言和工具集是否能够与其他计算基础架构整合在一起。Java 的成功源于其类库能够让人们轻松地完成原本有一定难度的事情。例如，互联网 Web 应用和并发。Java 减少了指针错误，这是一个额外的好处，因此使用 Java 编程的效率更高。但这些并不是 Java 成功的全部原因。

1.2.5.6 Java 是专用的，应该避免使用

最初创建 Java 时，Sun 公司为销售者和最终用户提供了免费许可。尽管 Sun 公司对 Java 拥有最终的控制权，不过在语言版本的不断发展和新库的设计过程中还涉及很多其他公司。虚拟机和类库的源代码可以免费获得，不过仅限于查看，而不能修改和再发布。Java 是"闭源的，不过可以很好地使用"。

这种状况在 2007 年发生了戏剧性的变化，Sun 公司声称 Java 未来的版本将在 General Public License(GPL) 下提供。Linux 使用的是同一个开放源代码许可。Oracle 一直致力于保持 Java 开源。只有一点美中不足——专利。依照 GPL，获得专利许可后可以修改 Java 的桌面和服务器平台，然而，若要在嵌入式系统中使用 Java，就需要另外一个不同的付费许可。

1.2.5.7 Java 作为一种解释型语言，其编写的程序执行速度太慢

早期的 Java 是解释型的。当前，Java 虚拟机已经使用了即时编译器，采用 Java 编写的"热点"代码其运行速度与 C 语言体系几乎相同，某些情况下甚至更快。

1.2.5.8 Java 程序都是在网页中运行的

很多 Java 程序都可以经过简单改造，在 Web 服务器上运行，但并不是所有 Java 程序都需要网页服务器环境。Java 的一个小集合 Applet 则完全在网页浏览器中运行。

1.2.5.9 使用 Java 可以用廉价的 Internet 设备取代桌面计算机

当 Java 刚刚发布的时候，一些人强调肯定会有好事情发生。一些公司已经生产出 Java 网络计算机的原型，不过用户还不打算放弃功能强大而便利的桌面计算机，而去使用没有本地存储而且功能有限的网络设备。当然，如今世界已经发生改变，对于大多数最终用户，常用的平台往往是手机或平板电脑。这些设备大多使用安卓（Android）平台，这是 Java 的衍生产物。学习 Java 编程肯定也对 Android 编程很有帮助。

1.3 Java 程序设计环境

1.3.1 JDK 安装

JDK 是包括了 Java 运行时环境 JRE、一些 Java 工具和 Java 基础类库。JDK 的安装文件可以从 Oracle 网站下载，在得到所需的软件之前需要熟悉一些专业术语，如表 1-1 所示。

JDK 是 Java Development Kit 的缩写，对于 Windows 或 Linux，需要在 x86 (32 位) 和 x64(64 位) 版本之间做出选择。应当选择与所用操作系统体系结构匹配的版本。对于较早的 JDK 8 以前的版本，注意不要选择下载 JRE 版。

对于 Linux，还可以在 RPM 文件和 .tar.gz 文件之间做出选择。建议使用后者。

接受许可协议，然后下载文件，以 JDK11 64 位版本为例，直接双击下载后文件 jdk-11.0.5_windows-x64_bin.exe 进行 JDK 的安装。

表 1-1 Java 常见术语

术语名	缩写	解释
Java Development Kit	JDK	编写 Java 程序的程序员使用的软件
Java Runtime Environment	JRE	运行 Java 程序的用户使用的软件
Server JRE	—	在服务器上运行 Java 程序的软件
Standard Edition	SE	用于桌面或简单服务器应用的 Java 平台
Enterprise Edition	EE	用于复杂服务器应用的 Java 平台

续表

术语名	缩写	解释
Micro Edition	ME	用于手机和其他小型设备的 Java 平台
Java FX	—	用于图形化用户界面的一个替代工具包，在 Oracle 的 Java SE 发布版本中提供
OpenJDK	—	Java SE 的一个免费开源实现，不包含浏览器集成或 JavaFX
Java 2	J2	一个过时的术语，用于描述 1998~2006 年的 Java 版本
Software Development Kit	SDK	一个过时的术语，用于描述 1998~2006 年的 JDK
Update	u	Oracle 的术语，表示 bug 修正版本
NetBeans	—	Oracle 的集成开发环境

1.3.1.1　JDK 安装

双击进行安装界面，如图 1-2 所示。

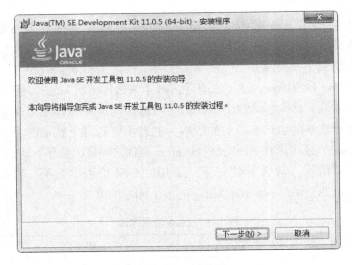

图 1-2　开始安装

单击"下一步"按钮，选择安装的功能选择及路径，默认会安装到 c 盘 program Files 文件夹下，如图 1-3 所示。

第 1 章 Java 语言概述

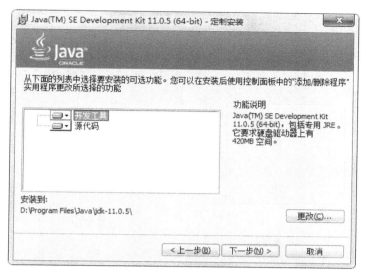

图 1-3 选择安装位置

单击"下一步"按钮，开始安装 JDK，安装完成后出现如图 1-4 所示的完成界面，单击"关闭"按钮，完成 JDK 的安装。

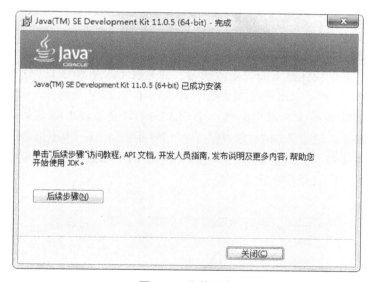

图 1-4 安装完成

1.3.1.2 后续步骤

安装完成后，需要进行环境变量的配置，才可以使用 JDK 提供的开发工具，在电脑桌面上右击"我的电脑"—"属性"—"高级系统设置"出现如图 1-5 所示的界面。

图 1-5　系统属性界面

1.3.1.3　环境变量的配置

（1）点击系统变量下面的新建按钮，变量名 JAVA_HOME（代表 JDK 安装路径），值对应的是 JDK 的安装路径，如图 1-6 所示。

（2）继续在系统变量里新建一个 CLASSPATH 变量（JDK1.5 之后不用再设置 CLASSPATH 了，但建议继续设置以保证向下兼用问题），其变量值如图 1-7 所示。

此处需要注意：最前面有一个英文状态下的小圆点"."很多初学者在配置环境变量的时候会跌倒在这个"坑里"。

图 1-6　系统环境设置

（a）类路径设置　　　　　　　　　　（b）path 设置

图 1-7　类路径设置

（3）在系统变量里面找一个变量名是 PATH 的变量，需要在它的值域里面追加一段如下的代码：%JAVA_HOME%\bin;并在原有的值域后面记得添加一个英文状态下的分号";"，最后点击确定，此时 JDK 的环境变量配置就完成了。

1.3.1.4　测试所配置的 Java 环境变量是否正确

（1）WINDOWS+R 键，输入 cmd，进入命令行界面，如图 1-8 所示。

图 1-8　CMD 命令窗口

（2）输入 java-version 命令，可以出现如图 1-9 所示的提示，可以查看安装的 JDK 版本。

图 1-9　java-version 命令

(3)输入 javac 命令可以出现如图 1-10 所示的提示。

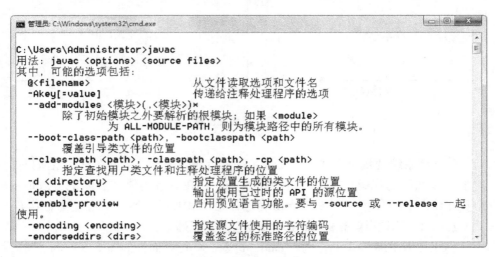

图 1-10　javac 命令

(4)输入 Java 命令就会出现如图 1-11 所示的结果。

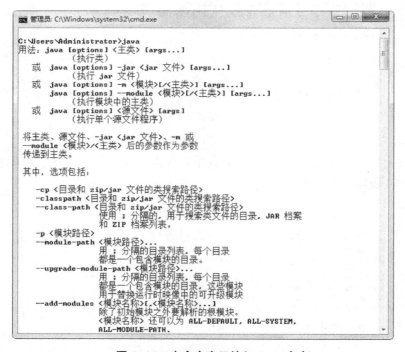

图 1-11　在命令窗口输入 Java 命令

1.3.2 使用命令行工具编译 Java 程序

为了便于理解 Java 程序运行的原理和过程，从命令行编译并运行 Java 程序是一个不错的方法。

首先打开记事本，在其中输入下面的代码（注意不要输入每行的行号）。

【程序 1-1】
```
1 public class HelloWorld {
2     static String string = "Hello World!";
3     public static void main(String[] args) {
4         System.out.println(string);
5     }
6 }
```

将代码保存成 HelloWorld.java 文件，注意大小写要和首行类名保持高度一致。假设文件位于 D 盘 JavaExample 文件夹。

使用 CMD 命令打开一个终端窗口。

（1）进入 HelloWorld.java 文件所在的目录（使用 CD JavaExample 命令）。

（2）键入下面的命令：

javac HelloWorld.java

java HelloWorld

然后，将会在终端窗口中看到如图 1-12 所示的输出。

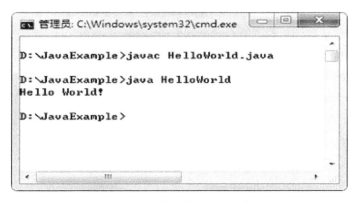

图 1-12　第一个 Java 程序

祝贺你已经编译并运行了第一个 Java 程序。

那么刚才都进行了哪些操作呢？javac 程序是一个 Java 编译器。它将文件 HelloWorld.Java 编译成 HelloWorld.class, java 程序启动 Java 虚拟机。虚拟机执行编译器放在 class 文件中的字节码。

上面是一个简单的 Java 程序，它只提供了向控制台窗口输出 "Hello World！" 的功能。这个程序虽然简单，但充分体现了 Java 应用程序的一般结构，可以帮助我们理解 Java 应用程序的基本结构。

第 1 行语句 "public class HelloWorld" 是创建 Java 类的语句，其中，public 是访问修饰符，用于控制程序其余部分对该段代码的访问级别，即能否正常访问由该修饰符所修饰的语句。class 是创建类的关键字，Java 程序的所有类均通过 class 创建。class 后面的 HelloWorld 是表示所创建类名称的标识符。类名通常以大写字母开头，对于含有多个单词的，每个单词的首字母应该大写。

（注：Java 是区分大小写的语言，HelloWord 与 helloWorld 是两个完全不同的标识符。）

第 2 行语句 "static String string = "Hello World!";" 用关键字 static 与 String 生成一个名称为 string 的静态字符串成员变量，并为其赋值为 "Hello World!"。成员变量通常以小写字母开头，对于含有多个单词的，除第一个单词外，其余单词首字母通常大写。

第 3 行 "public static void main(String[] args)" 是类的主方法，运行已编译的程序时，Java 虚拟机从 main 方法开始执行。其中 "public static void main" 的书写规则是固定的，而 "(String[] args)" 可替换为 "(String args[])"。虽然标识符 args 可以由程序员自行修改，但通常习惯使用 args。

第 4 行 "System.out.println(string);" 是输出语句，用于向控制台窗口输出信息。"System.out.println();" 是输出语句的固定写法，其中 System.out 是标准的系统输出流对象，它通过 "." 调用 println 方法，进行信息输出。

Java 初学者常常会出现很多错误，最终导致令人沮丧的结果。在开始的时候这是难以避免的，也是学习 Java 的必经之路。通常一定要注意以下几点：

（1）在输入源程序时要注意区分大小写。类名为 HelloWorld 而不是 helloworld 或 Helloworld。

（2）使用编译器编译字节码文件是需要输入完整的文件名及扩展名 HelloWorld.java，而执行编译后的字节码时只需给出类名 HelloWorld，不需扩展名 .java 或 .class。

（3）如果编译或执行时出现警告信息 Bad command or file name 或 javac: command not found 则需要检查 JDK 是否安装正确或者在系统环境变量的 Path 执行路径中添加了 java.exe 和 javac.exe 的文件路径位置。

（4）如果 javac 提示错误信息 "无法找到 HelloWorld.java"，则应检查当前目录中或者所制定的路径下是否存在 HelloWorld.java 这个文件。

（5）如果运行程序之后，收到关于 java.lang.NoClassDetFoundError 的错误消息，就应该仔细地检查出问题的类的名字。

（6）如果收到关于 helloWorld (h 为小写) 的错误消息，就应该重新执行命令 :java HelloWorld (H 为大写)。

（7）如果收到有关 HelloWorld /java 的错误信息，这说明你错误地键入了 java HelloWorld.java，应该重新执行命令：java HelloWorld。

（8）如果键入 java HelloWorld，而虚拟机没有找到 HelloWorld 类，就应该检查一下是否正确设置了系统的 CLASSPATH 环境变量。

通过这个示例程序，也可以看到 Java 程序代码的一些书写规范：

类、方法定义在花括号对"{ }"之中，类名的首字母应大写，变量名和方法名通常以小写字母开头，对于类名或方法名如果其由多个单词组成，那么后续的每个单词首字母都应大写；

语句以分号";"作为结束标识；

代码书写注意对齐和缩进，以使程序易读和维护；

区分字母大小写，Ab 与 ab 是完全不同的标识；

添加必要的注释，提高代码的可读性与可维护性。Java 提供了三种在源程序任意位置标记注释的方式，分别为单行注释、多行注释与文档注释。

（1）单行注释：用 "//" 作为单行注释标记，其注释范围从 "//" 开始至本行结尾。

（2）多行注释：用 "/*" 与 "*/" 作为多行注释标记，其注释范围是 "/*" 与 "*/" 标记间的所有内容。

（3）文档注释：Java 具有独特的文档注释，用以自动生成文档。文档注释以 "/**" 与 "*/" 作为注释标记，与多行注释不同，文档注释要求每行注释一般以 "*" 开头。其注释范围是 "/**" 与 "*/" 标记间的所有内容。

Java 注释示例如下所示：

【程序 1-2】

```
1   /**
2    *Java 示例输出 "Hello World!"。
3    * @author 本书作者
4    * @param string 用以存储输出信息。
5    */
6   public class HelloWorld {
7       static String string = "Hello World!";    // 生成静态字符串
```
成员变量，并赋值。

```
 8      public static void main(String[] args) {
 9          /*
10              用println方法输出信息。
11          */
12          System.out.println(string);
13      }
14  }
```

1.3.3　集成开发环境

工欲善其事，必先利其器。从命令行编译和运行一个Java程序，这是一个很有用的技能，不过对于大多数日常工作来说，都应当使用集成开发环境。这些环境既强大，又很方便，是编辑程序的得力助手。一些很棒的开发环境都可以免费得到，常见的集成开发环境有Eclipse、NetBeans和IntelliJ IDEA等。

1.3.3.1　Eclipse

Eclipse是一个开源的基于Java的可扩展开发平台，最早由IBM倡导开发，它以插件的方式不断地增强Eclipse的平台能力，安装Eclipse可以从官方下载，地址为http://www.eclipse.org/downloads，选择其中的"Eclipse IDE for Java Developers"，见图1-13，下载成功后会得到一个压缩包，将其解压后得到Eclipse文件夹，这样就完成了Eclipse的安装。

进入解压后的Eclipse文件夹（见图1-14），双击其中的eclipse.exe文件启动程序。

第一次使用Eclipse要对工作环境进行设置，可以自己指定盘符或者默认到C盘，点击Launch，如图1-15所示。

图1-13　Eclipse下载页面

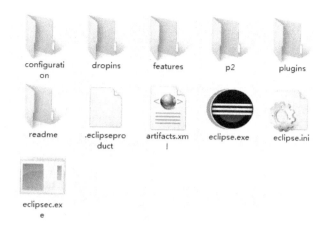

图 1-14　Eclipse 文件夹

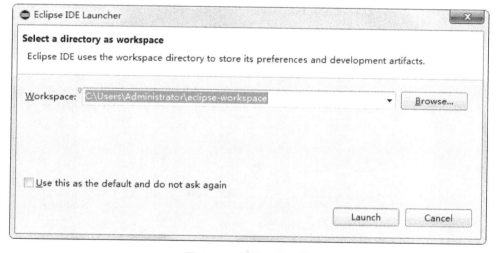

图 1-15　设置工作目录

创建一个项目：选择 File—New—Java Project，如图 1-16 所示。

在弹出的 New Java Project 对话框中，填写工程名称，单击 Finish 按钮，完成工程的创建，然后可以在该工程内新建一个 Java 类，选择 File—New—Class 命令，打开"New Java Class"对话框，输入创建的类名，点击 Finish 按钮。如图 1-17、图 1-18 所示。

在如图 1-19 所示的编辑窗口代码框里面就可以开始输入程序代码了，开始你的 Eclipse Java 之旅吧。

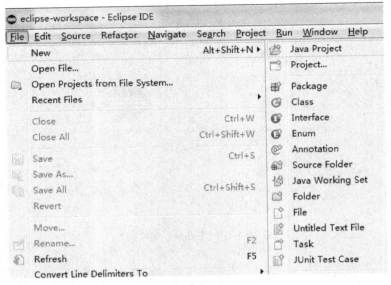

图 1-16　创建新工程

图 1-17　New Java Project 对话框

图 1-18　New Java Class 对话框

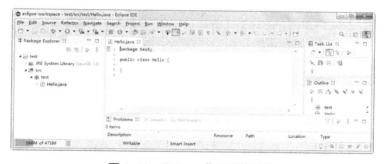

图 1-19　Eclipse 代码编辑界面

1.3.3.2　NetBeans

NetBeans 是 Sun 公司（2009 年被甲骨文收购）在 2000 年创立的供开发人员使用的开源软件。NetBeans 包括开发环境和应用平台，它能够创建 Web、企业、桌面以及移动的应用程序，该软件的官方下载地址为 https://netbeans.apache.org/download/index.html。

点击图 1-20 中的 Download 按钮可以下载最新版本的 NetBeans 软件。下载的文件解压后得到 NetBeans 文件夹，进入其中的 bin 目录，执行 netbeans64.exe 文件，如图 1-21 所示。

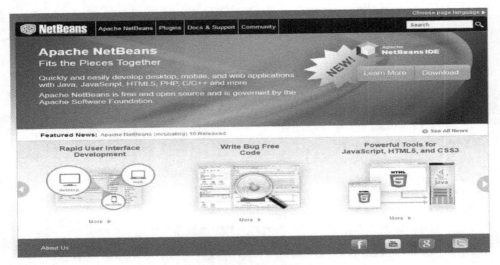

图 1-20　NetBeans 下载页面

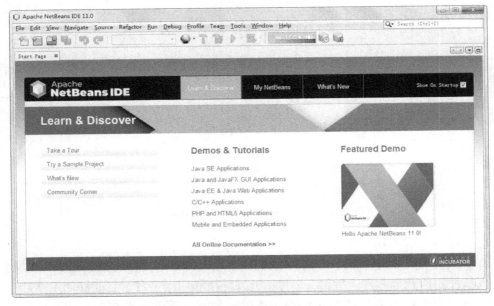

图 1-21　NetBeans 软件界面

点击 File—New—Project 菜单项，新建一个工程文件及类文件，如图 1-22 所示。点击 Finish 按钮可以进入 NetBeans 主界面进行代码的编写，如图 1-23 所示。

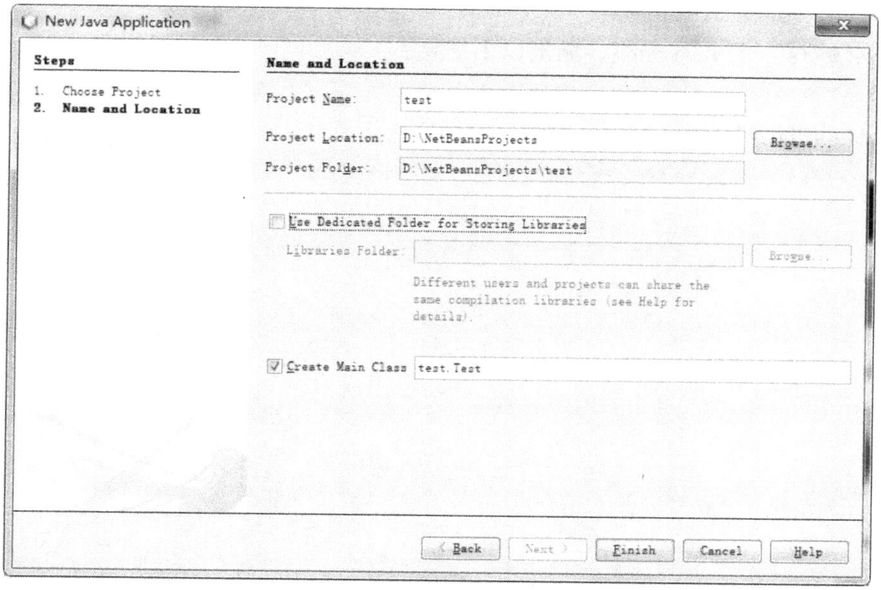

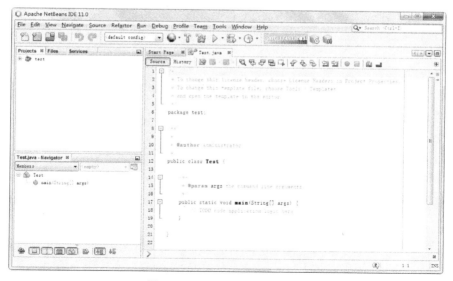

图 1-22 New Java Application 对话框

图 1-23 NetBeans 软件界面

习 题

1. Java 语言有哪些特点?
2. Java 程序的运行需要经过哪些步骤?
3. 怎样配置 JDK 环境?
4. 编写一个 Java 程序,输出以下信息:

****

Hello Java !

****

第 2 章

Java 语言编程基础

引言

任何语言的学习总是从它的基本语法学起，本章将从 Java 程序的基本元素开始，介绍 Java 语言的基本数据类型、运算符及表达式、流程控制语句以及数组。

学习目标

1. 掌握 Java 语言的基本数据类型；
2. 理解变量的取值范围；
3. 熟悉 Java 运算符及表达式；
4. 掌握 Java 的流程结构；
5. 掌握数组的声明和使用。

2.1 Java 的标识符

标识符：就是给类、接口、方法、变量等起名字的字符序列。
Java 标识符的组成规则：
（1）只能包含英文大小写字符、数字、下划线 _ 和美元符号 $ 。
（2）必须以字母、下划线和美元符号开头，不能以数字开头。
（3）不能使用 Java 中的关键字。
（4）见名知意。
（5）大小写敏感。

Java 标识符命名一般采用驼峰命名法，顾名思义，标识符名称看起来就像骆驼的驼峰一样高低起伏，鳞次栉比，别具美感。通常由单个或多个英文单词构成，不间隔下划线、短横线或者其他符号；第一个单词首字母小写或大写，其余字母小写，从第二个单词开始，所有单词的首字母大写，其余字母小写。标识符的命名应简练和容易记忆，具有一定的含义，常见的命名规则如下：

变量名、方法名、对象名一般由一个或多个英文单词构成，首字母必须小写，变量名和对象名通常由名词组成，例 studentNumber、book。方法名通常由动词命名，例 getStudentNumber( )。

类名、接口名首字母大写，其他同变量名，例 Student、ActionListener。

包名所有字母小写，例 package org.test.java。

常量名全部大写，例 final int WEEK_FRIDAY = 5。

标识符示例：

int abc π 中文； //Java 的"字母"范围更大，可以使用希腊字母、汉字等。

double figure123 Ⅷ； //Java 的"数字"范围更大，可以使用罗马数字等。

long ￥abc123；

short Ⅷ abc123；

byte _abc123； //Java 标识符第一个字符不能是 '0'-'9' 这 10 个数字。下面是不合法的标识符：

1abc，a bc，a.bc，a–bc，a>bc。

2.2 Java 的关键字

Java 关键字是由系统定义的标识符，具有特定的意义和用途，一般意义上的关键字只有 50 个，这其中还包含了 2 个保留字，所谓保留字就是指在 Java 现有版本中保留了其名字，却没有被使用，主要避免和其他语言混淆。关键字和保留字都是由小写英文字母组成的且均不能用作变量名、方法名、类名、包名和参数。

具体保留字：const、goto。

具体关键字：

● 数据类型：boolean、byte、short、int、long、char、float、double；

● 包引入和声明：import、package；

● 类和接口声明：class、extends、implements、interface；

● 流程控制：if、else、switch、case、break、continue、for、do、while、return、default；

- 异常处理：try、catch、finally、throw、throws；
- 修饰符：abstract、final、native、private、protected、public、static、synchronized、transient、volatile；
- 其他：new、instanceof、this、super、void、assert、enum、strictfp。

2.3 基本数据类型

Java 与 C 语言相同，都是强类型语言，故而任何变量在使用前都应明确地给出其类型。Java 数据类型可以分为基本数据类型和引用数据类型，基本数据类型共有 8 种，其中整型 4 种、浮点类型 2 种、字符型 1 种、布尔型 1 种，如图 2-1 所示。

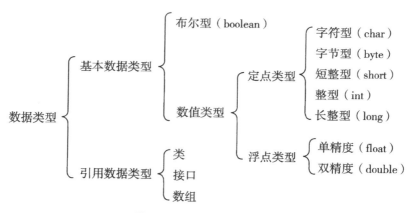

图 2-1 Java 基本数据类型

为了将基本的数据类型可以作为对象进行操纵，Java 建立了与基本数据类型所相对应的包装类，例如 long 的包装类就是 Long，从 Java 5 开始引入了自动装箱/拆箱机制，使得二者可以相互转换。原始类型和包装类型之间的关系为：

原始类型：boolean, char, byte, short, int, long, float, double；
包装类型：Boolean, Character, Byte, Short, Integer, Long, Float, Double。

Java 需要确定每种基本数据类型所占空间的大小，而且它们所占空间的大小是固定不变的，这也是 Java 具有高移植性的一个原因，表 2-1 是 Java 中所定义的 8 种基本数据类型的特性及其封装类。

表 2-1 Java 语言的基本数据类型

基本类型	大小（字节）	最小值	最大值	默认值	封装类
boolean	1	−	−	false	Boolean
char	2	Unicode 0	Unicode	\u0000(null)	Character
byte	1	−128	+127	(byte)0	Byte
short	2	-2^{15}	$+2^{15}-1$	(short)0	Short
int	4	-2^{31}	$+2^{31}-1$	0	Integer
long	8	-2^{63}	$+2^{63}-1$	0L	Long
float	4	IEEE754	IEEE754	0.0f	Float
double	8	IEEE754	IEEE754	0.0d	Double

2.3.1 整型

整型用以存储整数型数值，即没有小数部分的数值。整型既可以存储正数，也可以存储负数与零。Java 提供了四种整型，如表 2-2 所示。

表 2-2 Java 的整数类型

类型	存储空间	取值范围
byte	1 字节	$-2^7 \sim 2^7-1$
short	2 字节	$-2^{15} \sim 2^{15}-1$
int	4 字节	$-2^{31} \sim 2^{31}-1$
long	8 字节	$-2^{63} \sim 2^{63}-1$

Java 具有良好的可移植性。与 C 语言不同，在 Java 规范中没有"依赖具体实现"的地方。在整型中数据的存储空间是固定的，而 C 语言在 16 位与 32 位处理器上整型所占存储空间会有差异，这种差异给用 C 语言编写跨平台程序带来了很多问题。而 Java 在所有平台的整型都具有相同的存储空间，因而较于 C 语言有良好的可移植性。

Java 通过数据类型+变量名声明合法变量。Java 允许在一行中声明多个变量，也允许在声明变量的同时为其赋值。

例 int x=0,y=1,z;

2.3.2 浮点型

浮点型用以存储有小数部分的数值，其既可以存储正数，也可以存储负数与零。C 语言提供三种浮点型，而 Java 提供两种浮点类型，如表 2-3 所示。

表 2-3　Java 的浮点类型

类型	存储空间	取值范围
float	4 字节	大约 ± 3.40282347E+38F（有效位数为 6~7 位）
double	8 字节	大约 ± 1.79769313486231570E+308（有效位数为 15 位）

double 表示这种类型的数值精度是 float 类型的两倍（有人称之为双精度数值）。一般情况下，float 类型的精度难以满足实际应用的需求，通常在需要单精度数据的库与进行大量数据存储的情况下使用 float 类型，其余情况通常使用 double 类型。

在对 float 类型数据赋值时，数值必须有 F 或 f 后缀（例如 1.60F），否则 Java 虚拟机会将浮点数值当作 double 进行处理。而对 double 类型数据赋值时，数值可以添加 D 或 d 后缀，也可以不添加后缀。

float x=1.60F;　　　//float 类型的浮点数值必须添加 F 或 f 后缀。
float y=(float) 1.60;　// 浮点数值不添加 F 或 f 后缀，默认为 double 类型。
double z=1.60;　　　//double 类型的浮点数值可以不添加 D 或 d 后缀。

在 IEEE 754 规范中，用 Double.POSITIVE_INFINITY（正无穷大）、Double.NEGATIVE_INFINITY（负无穷大）与 Double.NaN（不是一个数字）表示溢出与出错的情况。

在检测一个特定的值 x 是否等于 Double.NaN 时，不能使用 "x= =Double.NaN"，应该使用 Double.isNaN() 方法，用 Double.isNaN(x) 进行判断。

2.3.3 字符类型

Java 使用 char 声明字符型常量，用以表示单个字符，Java 中的 char 占据 2 字节的存储空间，在 Java 中可以将汉字赋值于字符型变量。

在对 char 类型变量赋值时，所赋值字符要用单引号括起来，例如：char c='s';。用双引号括起来的字符是字符串，这将在 2.5 节详细介绍。

目前，一些 Unicode 字符可以用一个 char 值描述，另一些 Unicode 字符需要用两个 char 值。char 类型的值可以用 0~65536 之间的十进制整数表示，也可以用 \u0000~\uffff 范围内的十六进制值表示（其中 "\u" 必须为小写，不能写成"\U",其余部分不区分大小写)。例如 65 表示大写字母 A,'\u03C0'表示希腊字母 π。

除转义序列 \u 以外,还有一些转义序列,常见的转义序列如表 2-4 所示。

表 2-4　Java 语言转义字符表

转义字符	含义	对应 Unicode 码
'\b'	退格	'\u0008'
'\t'	水平制表符 tab	'\u0009'
'\n'	换行	'\u000a'
'\f'	表格符	'\u000c'
'\r'	回车	'\u000d'
'\"'	双引号	'\u0022'
'\''	单引号	'\u0027'
'\\'	反斜线	'\u005c'
'\d d d'	三位 8 进制数表示的字符	
'\u x x x x'	四位 16 进制数表示的字符	

2.3.4　布尔型

布尔 (boolean) 型又称为逻辑类型,只有 true 与 false 两个值,分别代指逻辑关系中的"真"与"假"。默认值是 false,例如:

```
boolean b = true;
```

注意:在 C 语言中允许将数字值转换成逻辑值,在 Java 中整型值与布尔值之间不能相互转化。

2.3.5　类型转换

当使用上面两个数值进行二元操作时 (例如 n + f, n 是整数, f 是浮点数),先要将两个操作数转换为同一种类型,然后再进行计算。

(1) 如果两个操作数中有一个是 double 类型,另一个操作数就会转换为 double 类型。

(2) 否则,如果其中一个操作数是 float 类型,另一个操作数将会转换为 float 类型。

（3）否则，如果其中一个操作数是 long 类型，另一个操作数将会转换为 long 类型。

（4）否则，两个操作数都将被转换为 int 类型。

2.3.5.1 基本数据类型的类型转换

在基本数据类型中大多都存在类型转换关系，但 boolean 类型较为特殊，它占一个字节，且与其他基本类型之间不能执行转换操作（既不能进行自动类型的提升，也不能强制类型转换）。

（1）基本数据类型中数值类型的自动类型提升，数值类型在内存中直接存储其数值的本身，并更具类型所占用字节大小分配相应存储空间。例如，byte 类型为 1 个字节，int 类型为 4 个字节。相应的，根据所占空间大小或者字节长度可得到不同基本类型所能够存储数值的范围。具体如图 2-2 所示。

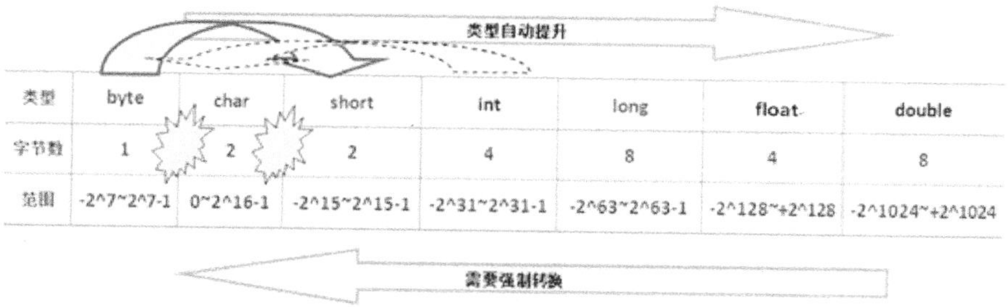

类型	byte	char	short	int	long	float	double
字节数	1	2	2	4	8	4	8
范围	-2^7~2^7-1	0~2^16-1	-2^15~2^15-1	-2^31~2^31-1	-2^63~2^63-1	-2^128~+2^128	-2^1024~+2^1024

图 2-2 Java 类型转换图

在 Java 中，整数类型包括四种，分别是 byte、short、int、long，且没有声明的数据类型的整形默认为 int 类型。浮点数类型包括两种，分别是 float 和 double，且没有声明数据类型的浮点型则默认为 double 类型。

接下来看看一个较为经典的例子：

【程序 2-1】
```
    public class TestCast {
      public static void main(String[] args) {
        byte a = 2020;    // 编译出错 Type mismatch: cannot convert from int to byte
        float b = 8.7;    // 编译出错 Type mismatch: cannot convert from double to float
        byte c = 10;      // 编译正确
      }
    }
```

出错的原因在于：在编译过程中，对于默认为 int 类型的数值 2020，将其赋给最大值只有 255 的 byte 类型的变量，超过数值 byte 的存储空间大小，因为编译出错。但是如果此 int 型数值 80 赋值给 byte 类型的变量，则编译器会执行隐式的类型转换，将此 int 型数值 80 转换成 byte 类型，然后赋值。

相反，当把范围较小的数值赋给一个更大范围的数值型变量时，编译过程中会将数值类型进行自动提升，且数值的精度不降低原数据的精度。

【程序 2-2】

```
public class TestCast2 {
    public static void main(String[] args) {
        long a = 12345678900 //编译出错：The literal
//12345678900 of type int is out of range
        long b = 12345678900L; // 编译正确
        int c = 2020;
        long d = c;
        float e = 2020.8F;
        double f = e;
    }
}
```

如上：12345678900 为数值，其默认类型为 int，但 int 类型的范围为 -2^{31} ~ $-2^{31}-1$，而 12345678900 超出了该范围，因此本身描述 12345678900 就出错。而改为 12345678900L 后则表明 12345678900 是一个 long 类型数值，故而可以赋值给 long 类型变量 b。

另外，值得注意的是：char 类型是两个字节的 unsigned 型，范围为 0 ~ $2^{16}-1$，而 byte 类型为一个字节，因此不能自动类型提升到 char。同时，因为负数的问题，char 和 short 之间也不会发生自动类型提升。

（2）基本数据类型中的数值类型强制转换。将数值范围大的数值类型赋给数值范围较小的数值类型变量时，需要进行强制转换，并且将可能会丢失一定的精度。

首先看如下的例子：

【程序 2-3】

```
public class TestCast3 {
    public static void main(String[] args) {
        byte p = 16; // 编译正确 :int 到 byte 编译过程中发生隐式类型转换
```

```
            int   a = 16;
             byte b = a;  // 编译出错：cannot convert from int to byte
            byte c = (byte) a;  // 编译正确
            float d = (float) 16.0;
        }
    }
```

byte p =16 时，数值 16 位默认的 int 类型，在编译过程中将自动隐式转换为 byte 类型，但如果将 int 类型的 a 赋予 byte 类型的 b 时则由于 a 已经明确定义为 int，此时就需要强制转换。此处恰巧没有发生精度损失，但对于浮点数的强制转化则时常发生精度丢失，甚至出现一些特殊情况。看下面的例子：

【程序 2-4】
```
public class TestCast4{
        public static void main(String[] args) {
            int a = 233;
            byte b = (byte) a;
            System.out.println("b:" + b);   // 输出：-23
        }
    }
```

为什么结果是 -23？需要从最根本的二进制存储考虑。

233 的二进制表示为：24 位 0 + 11101001，byte 型只有 8 位，于是从高位开始舍弃，截断后剩下：11101001，由于二进制最高位 1 表示负数，0 表示正数，其相应的负数为 -23。

（3）进行数学运算时的数据类型自动提升与可能需要的强制类型转换。
看如下代码：

【程序 2-5】
```
public class TestCast5 {
    public static void main(String[] args) {
        byte a = 3 + 5;  // 编译正常 编译成 3+5 直接变为 8
        int b = 3, c = 5;
        byte d = b + c;  // 编译错误：cannot convert from int to byte
        byte e = 10, f = 11;
        byte g = e + f;  // 编译错误 + 直接将 10 和 11 类型提升为了 int
```

```
        byte h = (byte) (e + f);   //编译正确
        }
    }
```
当进行数学运算时,数据类型会自动发生提升到运算符左右之较大者,以此类推。当将最后的运算结果赋值给指定的数值类型时,可能需要进行强制类型转换。

2.3.5.2 利用 wrap 类进行数据类型转换

(1)基本数据类型→字符串:

1)基本数据类型 +"";

2)用 String 类中的 valueOf(基本数据类型)。

(2)字符串→基本数据类型:

使用包装类中的静态方法:

1)int parseInt("123");

2)long parseLong("123");

3)boolean parseBoolean("false");

4)Character 没有对应的 parse 方法。

如果字符串被 Interger 封装成一个对象,可以调用 intValue()。

【程序 2-6】

```
class WrapDemo{
public static void main(String[] args)
{
    //基本数据类型→字符串:
    int i=123;
    System.out.println(i+"");//1.基本数据类型 +""
    System.out.println(String.valueOf(i));//2.用 String 类中的静态
方法 valueOf(基本数据类型);
    //字符串 ---> 基本数据类型:
    String s = "321";
    String s1 = "true";
    //方法一:使用包裹类中的静态方法
    System.out.println(Integer.parseInt(s));
    //System.out.println(Integer.parseLong(s));
    System.out.println(Boolean.parseBoolean(s1));
    //方法二:如果被 Interger 封装,可以调用 intValue.
```

```
        Integer j = new Integer("123");
        System.out.println(j.intValue());
    }
}
```

（3）基本数据类型→包装类：

1）通过构造函数来完成；

2）通过自动装箱。

（4）包装类→基本数据类型：

1）通过 intValue() 来完成；

2）通过自动拆箱。

【程序 2-7】

```
class WrapDemo2{
    public static void main(String[] args)
    {
    //基本数据类型→包装类：
    int i = 1;//
    Integer x = new Integer(i);①通过构造函数
    System.out.println(x);
    Integer y = 3;//②通过自动装箱
    System.out.println(y);
    //包装类→基本数据类型：
    Integer j = new Integer(522);
    int x1 = j.intValue();//①通过 int Value();
    System.out.println(x1);
    int x2 = j;//②通过自动拆箱：
    System.out.println(x2);
    }
}
```

输出结果为：

1

3

522

522

2.4 变量与常量

在程序执行过程中,其值可以改变的量称为变量,而值不能改变的量称为常量。变量与常量的声明必须使用合法的标识符,且所有变量与常量只有在声明之后,才能在其作用域内使用。

2.4.1 变量

变量在使用前需进行声明,以明确变量的数据类型。在声明变量时,变量类型必须位于变量标识符之前。

在使用变量时,除了需要事前声明变量之外,还需要使用赋值语句对变量进行显式初始化。对变量进行赋值时需要使用赋值运算符"=",将变量名放在赋值运算符的左边,并将相应的取值 Java 表达式放在赋值运算符的右边,如:

```
int test;
test=1;
```

我们也可以在对变量声明的同时进行显式初始化,如:

```
int test=1;
```

变量可以分为方法中的局部变量、方法中的参数变量、静态变量以及对象变量。这些概念将在后面的类与对象章节中进行深入介绍。

2.4.2 常量

常量与变量相同在使用之前都要对其进行声明与显式初始化。不同的是,常量需要用 Java 关键字 final 进行修饰,也因此常量也被称为"final 变量"。

关键词 final 表示被修饰变量,即常量,只能被赋值一次,被赋值后不能通过赋值语句进行修改。常量可以在声明时赋值,也可以先声明,后赋值习惯上用大写英文字母表示常量。

【程序 2-8】

```
public class FinalTest {
    public static void main(String[] args){
        final double PI=3.14;          // 使用关键字 final 指示变量。
        PI=3.141592654;                // 在对常量重新赋值时,Java 编译器会报错。
        System.out.println(" 常量 PI="+PI);
```

```
        final int NUM;
        NUM=10;                    // 先声明，后赋值。
        System.out.println("常量NUM="+NUM);
    }
}
```

注意：Java 的常量与 C 语言不同，C 语言用 #define 指令来定义常量，且常量值可以改变。

2.5 运算符

运算符是一种主要用于数学计算、数据赋值与逻辑比较的特殊符号。Java 提供了丰富的运算符，它们可分为赋值运算符、算术运算符、自增与自减运算符、比较运算符、逻辑运算符、位运算符与三元运算符。

2.5.1 赋值运算符

赋值运算符"="是将等号右边的赋值内容赋值给左边被赋值对象的特殊符号，其语法格式如下：

被赋值对象 = 赋值内容；

被赋值对象可以是常量，也可以是变量，但对于常量只能赋值一次。赋值内容可以是数值、表达式、字符、对象等。此外赋值运算符可以连续使用，且其运算方向是从右到左。

【程序 2-9】
```
public class Assignment {
    public static void main(String[] args){
        int a=1;                        // 数值赋值。
        int b=a+1;                      // 表达式赋值。
        String str="字符赋值";          // 字符串赋值。
        Integer c=new Integer(3);
        System.out.println("str="+str);
        System.out.println("a="+a+";b="+b+";d="+c);
        a=b=c=4;                        // 赋值符连续使用，从右到左以此赋值。
        System.out.println("a="+a+";b="+b+";d="+c);
```

        }
    }

2.5.2 算术运算符

Java 同大多数语言相同,使用 "+" "-" "*" "/" 与 "%" 算术运算符表示加、减、乘、除与求余。其中 "+" 与 "-" 还可以放在数值的前方,表示数值的正负。

在使用除法运算符时,当使用0作为除数运行时,系统会提示 Arithmetic-Exception。此外,当两个整型数据进行除法运算时,运算结果仍未整型数据,此时可以将 "/" 理解为整除;当有浮点型数据进行除法运算时,运算结果是浮点型数据。

【程序 2-10】
```
public class MathOperator {
    public static void main(String[] args){
        System.out.println(1+1);
        System.out.println(1-1);
        System.out.println(2*3);
        System.out.println(5%2);
        System.out.println(5/2);      // 两个整型数据相除,结果是整型数据。
        System.out.println(5/2.0);    // 浮点型数据进行除法运算,结果是浮点型数据。
    }
}
```

2.5.3 自增与自减运算符

自增与自减运算符是单目运算符,即针对一个数值变量进行操作的运算符。自增与自减运算符既可以放在数值变量前方,也可以放在数值变量的后方。在使用自增与自减运算符下的数值变量时,若自增与自减运算符位于数值变量的前方,会先对数值变量进行加1或减1的操作,然后取该数值变量;若自增与自减运算符位于数值变量的后方,会先取该数值变量的值,再对其进行加1或减1的操作。

【程序 2-11】
```
public class Plus {
```

```
public static void main(String[] args){
    int a=0;
    double b=0;
    System.out.println(a++);        // 先输出a，再对a进行加1操作。
    System.out.println(++b);        // 先对b进行加1操作，再输出b。
}
}
```

2.5.4 比较运算符

比较运算符是二元运算符，也称之为关系运算符，用于变量与变量、变量与常量以及其他类型信息之间的关系比较。比较运算符的运算结果是 boolean 型值，即关系成立运算结果为 true，关系不成立运算结果为 false。Java 的比较运算符与 C 语言的类似，具体运算符及其作用如表 2-5 所示。

表 2-5 Java 关系运算符

比较运算符	作用	举例	运算结果
>	比较左方是否大于右方	12 > 24	false
<	比较左方是否小于右方	3.14 < 3.1415	true
==	比较左方是否等于右方	3.14 == 3.14	true
>=	比较左方是否大于等于右方	'A' >= 'B'	false
<=	比较左方是否小于等于右方	'A' <= 'B'	true
!=	比较左方是否不等于右方	true != false	true

【程序 2-12】

```
public class Compare {
    public static void main(String[] args) {
        System.out.println("12 > 24 的运算结果是：" + (12 > 24));
        System.out.println("3.14 < 3.1415 的运算结果是：" + (3.14 < 3.1415));
        System.out.println("3.14 == 3.14 的运算结果是：" + (3.14 == 3.14));
        System.out.println("'A' >= 'B' 的运算结果是：" + ('A' >= 'B'));
        System.out.println("'A' <= 'B' 的运算结果是：" + ('A' <= 'B'));
```

```
            System.out.println("true! = false 的运算结果是: " + (true
!= false));
        }
    }
```

2.5.5 逻辑运算符

逻辑运算符经常用来连接关系表达式。对逻辑运算符的运算对象必须是逻辑型数据，运算结果是 boolean 型值。Java 具有与、或、非三种逻辑运算符，用 &&(&) 表示逻辑关系与、用 ||(|) 表示逻辑关系或，用！表示逻辑关系非。除此之外，Java 还具有异或逻辑关系，用 ^ 表示。逻辑运算结果如表 2-6 所示。

表 2-6 Java 逻辑运算符

A	B	A &&(&) B	A ||(|) B	A ^ B	! A
true	true	true	true	false	false
true	false	false	true	true	false
false	true	false	true	true	true
false	false	false	false	false	true

&& 与 & 都表示逻辑关系与，在进行逻辑运算时，若第一个操作数是 false，根据与关系无论第二个操作数是 true 还是 false，运算结果均为 false，此时使用 && 进行逻辑关系时对第二个操作数不进行判断，而使用 & 进行逻辑关系时仍需对第二个操作数进行判断。与之类似，|| 与 | 都表示逻辑关系或，若第一个操作数是 true，根据与关系无论第二个操作数是 true 还是 false，运算结果均为 true，此时使用 || 进行逻辑关系时对第二个操作数不进行判断，而使用 | 进行逻辑关系时仍需对第二个操作数进行判断。

【程序 2-13】
```
public class LogicalOperator {
    public static void main(String[] args) {
        boolean a=true;
        boolean b=false;
        System.out.print("用 && 进行逻辑运算时，若第一个操作数是 false，就不对第二个操作数进行判断，直接输出 false，如 b&&(a=false) 的运算结果是: ");
```

```
            System.out.println(b&&(a=false));
            System.out.print("因为未对(a=false)进行判断,故a仍为:");
            System.out.println(a);
            System.out.print("用&进行逻辑运算时,对两个操作数均进行判断,
如b&(a=false)的运算结果是:");
            System.out.println(b&(a=false));
            System.out.print("因为对(a=false)进行了判断,故a变为:");
            System.out.println(a);
            System.out.print("同样,用||进行逻辑运算时,若第一个操作数是
true,就不对第二个操作数进行判断,直接输出true,如!b||(a=true)的运算结果
是:");
            System.out.println(!b||(a=true));
            System.out.print("因为未对(a=true)进行判断,故a仍为:");
            System.out.println(a);
            System.out.print("用|进行逻辑运算时,对两个操作数均进行判
断,如!b|(a=true)的运算结果是:");
            System.out.println(!b|(a=true));
            System.out.print("因为对(a=true)进行了判断,故a变为:
");
            System.out.println(a);
    }
}
```

输出结果为:

用 && 进行逻辑运算时,若第一个操作数是 false,就不对第二个操作数进行判断,直接输出 false,如 b&&(a=false) 的运算结果是: false

因为未对 (a=false) 进行判断,故 a 仍为: true

用 & 进行逻辑运算时,对两个操作数均进行判断,如 b&(a=false) 的运算结果是: false

因为对 (a=false) 进行了判断,故 a 变为: false

同样,用 || 进行逻辑运算时,若第一个操作数是 true,就不对第二个操作数进行判断,直接输出 true,如 !b||(a=true) 的运算结果是: true

因为未对 (a=true) 进行判断,故 a 仍为: false

用 | 进行逻辑运算时,对两个操作数均进行判断,如 !b|(a=true) 的运算结果是: true

因为对 (a=true) 进行了判断，故 a 变为：true

2.5.6 位运算符

位运算符用于对内存中的二进制位进行操作。在 Java 中可以对整型与字符型的数据进行位运算，其位运算符如表 2-7 所示。

表 2-7　Java 位运算符

位运算符	作用	举例	运算结果
~	按位取反	~5	-6
&	按位与	'a' & 5	1
|	按位或	3 | 5	7
^	按位异或	3 ^ 5	6
<<	左移	5 << 1	10
>>	右移	-5 >> 1	-3
>>>	无符号右移	-5 >>> 1	2147483645

在使用 >> 进行右移运算时，会用符号位填充高位，而用 >>> 进行右移运算时，用 0 填充高位，故 >> 不能改变数据的正负属性，>>> 的运算结果为非负值。

【程序 2-14】

```
public class BitOperation {
public static void main(String[] args){
    System.out.println("~3 的结果是：" + ~3);
    System.out.println("a&3 的结果是：" + ('a' & 3));
    System.out.println("3|7 的结果是：" + (3 | 5));
    System.out.println("3^7 的结果是：" + (3 ^ 7));
    System.out.println("3<<1 的结果是：" + (3 << 1));
    System.out.println("-3>>1 的结果是：" + (-3 >> 1));
    System.out.println("3>>>1 的结果是：" + (3 >>> 1));
    System.out.println("-3>>>1 的结果是：" + (-3 >>> 1));
    }
}
```

运行结果为：

~3 的结果是：-4
a&3 的结果是：1
3|7 的结果是：7
3^7 的结果是：4
3<<1 的结果是：6
-3>>1 的结果是：-2
3>>>1 的结果是：1
-3>>>1 的结果是：2147483646

2.5.7 三元运算符

三元运算符是针对三个操作数进行运算的运算符，其中第一个操作数是条件表达式，其余两个操作数是赋值对象。Java 中的三元运算符与 C 语言的类似，其语法结构如下所示：

操作数 1（条件表达式）？操作数 2 ：操作数 3 ；

三元运算符的功能类似于 if…else 语句，都能通过条件表达式获取符合限制要求的结果。使用三元运算符对于判断两数大小时极为方便，下例是三元运算符和 if 语句使用的对比。

【程序 2-15】

```
public class 三元运算符 {
    public static void main(String[] args){
        int   a = 3;
        int   b = 5;
        System.out.println(a>b ? a:b);          // 三元运算符。
        if(a>b){                                //if 语句。
            System.out.println(a);
        }else{
            System.out.println(b);
        }
    }
}
```

2.5.8 运算符优先级

Java 中的表达式是一串用运算符将操作数连接起来的式子。运算符的优先级决定了表达式中各个运算的执行顺序。各运算符的优先级如表 2-8 所示。

表 2-8　Java 运算符优先级表

优先级	描述	运算符	结合性
1	括号	(、)	从左至右
2	正负号	+、-	从左至右
3	自增与自减运算符	++、--	从右至左
4	乘除	*、/、%	从左至右
5	加减	+、-	从左至右
6	移位运算	<<、>>、>>>	从左至右
7	比较大小	<、>、<=、>=	从左至右
8	比较是否相等	==、!=	从左至右
9	按位与	&	从左至右
10	按位异或	^	从左至右
11	按位或	|	从左至右
12	逻辑非	!	从右至左
13	逻辑与	&&	从左至右
14	逻辑或	||	从左至右
15	三元运算符	?:	从右至左
16	赋值运算符	=	从右至左

如果两个运算具有相同的优先级，则需要按照运算符的结合性进行运算。在编写表达式时可以使用括号来限定运算次序，以减少运算顺序错误。

2.6　字符串

字符串即 String 类，字符串是一个 Java 类而不是基本数据类型。但字符串与基本数据类型具有相似之处，具有相同的声明与初始化等操作。在 Java 中通用预定义类 String 应用字符串，Java 中的字符串更类似于 C 语言中的 char* 指针，String 中提供了很多方法，便捷了对字符串的操作。字符串在 Java 中使用频繁，是程序经常处理的对象，直接影响程序的运行效率，是一个非常重要的预定义类。

2.6.1 字符串声明与初始化

声明、初始化一个字符串既可以像基本数据类型一样，通过数据类型 + 变量名声明合法变量，并用 "=" 进行初始化赋值，也可以使用 String() 方法创建一个 String 对象。

【程序 2-16】

```java
public class StringTest {
    public static void main(String[] args){
        //用 String() 方法创建 String 对象，此时 str1 的值为 ""。
        String str1=new String();
        //用 String() 方法创建 String 对象，并附初值 "Hello"。
        String str2=new String("Hello");
        String str3;
        str3="";
        String str4="Hello";
        System.out.println("str1: "+str1);
        System.out.println("str2: "+str2);
        System.out.println("str3: "+str3);
        System.out.println("str4: "+str4);
    }
}
```

2.6.2 字符串拼接

字符串拼接是字符串的基本操作之一，与绝大多数程序设计语言相似，使用 "+" 拼接两个字符串，如：

```java
String str1="Hello";
String str2="World";
String str3=str1+str2;
```

Java 也可以将一个字符串与非字符串进行拼接。在 Java 中只要 "+" 连接的两个操作数中有一个是字符串，Java 编译器会自动地将另一个操作数转换为字符串形式，进而完成字符串拼接操作。
```
String str1="Hello";
int str2=123;
String str3=str1+str2;
```
同时，Java 提供 public static String join(CharSequencedelimiter, CharSequence... elements) 方法，用给定的连接符 "delimiter" 连接一组字符串。
```
String str1="Hello";
String str2="World";
String str3=String.join("_",str1,str2);
```

【程序 2-17】
```
public class StringJoint {
    public static void main(String[] args){
        String str1="Hello";
        String str2="World";
        String str3=str1+str2;
        int int4=123;
        String str5=str1+int4;
        String str6=String.join("_",str1,str2,str3,str5);
//只支持字符串型操作数拼接。
        System.out.println(str3);
        System.out.println(str5);
        System.out.println(str6);
    }
}
```

2.6.3 字符串长度

Java 提供 length() 方法以获取字符串的长度，可以认为由多个 char 字符拼接成该字符串，就认为该字符串的长度是多少。
```
String str1="Hello World!";
String str2="您好！";
System.out.println(str1.length());          //字符串长度为 12。
System.out.println(str2.length());          //字符串长度为 3。
```

2.6.4 字符串比较

Java 提供 equals(Object anObject) 与 equalsIgnoreCase(String anotherString) 两种方法进行字符串相等检测。equals() 与 equalsIgnoreCase() 的区别在于 equals() 严格区分大小写，而 equalsIgnoreCase() 不区分大小写。

同时，Java 还提供 compareTo(String anotherString) 比较两个字符串，但返回值为两个字符串中相应位置首个不同字符在字典顺序中的差值。返回值为 0 时，可以认为两个字符串的内容相同。

Java 字符串比较使用 == 和 equals 方法区别，先看代码：

```
String str1 = new String("hello");
String str2 = "hello";
System.out.println("str1= =str2: " + (str1= =str2));
System.out.println("str1.equals(str2): " + str1.equals(str2));
```

输出结果为：

```
str1= =str2: false
str1.equals(str2): true
```

关于 == 和 equals，需要知道 Java 中的数据类型，可分为两类：

（1）基本数据类型，byte, short, char, int, long, float, double, boolean 彼此之间比较时使用 ==，比较彼此的数值。

（2）复合数据类型(类)，对于复合数据类型之间进行 equals 比较，在没有覆写 equals 方法的情况下，比较的是其在内存中存放位置的地址值。String 属于符合数据类型，所以应该是使用 equals，假如使用 == 比较，肯定是比较它们的内存地址了，所以结果为 false 显而易见了。进而，在比较两个对象是否相等时，如果想比较两个对象是否完全相等，则使用 == 比较，而如果比较两个对象的内容是否相等，则需要将两个对象的属性逐一比较，当遇到属性是引用时，还要进入到引用内部进行比较。

2.6.5 获取指定字符的索引位置

String 类提供了 indexOf() 和 lastIndexOf() 方法来获取指定字符的索引位置，不同的是，indexOf() 方法返回搜索的字符首次出现的索引位置，而 lastIndexOf() 方法与 indexOf 相反，返回的是搜索的字符最后出现的索引位置。

Java 中提供了四种查找方法：

（1）int indexOf(String str)，返回 str 在被调用字符串中第一次出现的索引。

（2）int indexOf(String str, int startIndex)，从指定位置开始，返回 str 在被调

用字符串中第一次出现的索引。

（3）int lastIndexOf(String str)，返回 str 在被调用字符串中最后出现的索引。

（4）int lastIndexOf(String str, int startIndex)，从指定的索引处开始向后搜索，返回 str 在被调用字符串中最后一次出现的索引。

indexOf 方法返回值为整数，其代表 String 位置索引。如果没有找到相应的子字符串 str，则返回 –1。

【程序 2-18】

```
public class Test {
    public static void main(String[] args) {
    String str = "Hello everyone";
    System.out.println(str.indexOf("e"));
    System.out.println(str.indexOf("e", 3));
    System.out.println(str.indexOf("go"));
    System.out.println(str.lastIndexOf("e"));
    }
}
```

输出结果为：

1
6
-1
13

2.6.6 获取指定索引位置的字符

使用 String 类的 charAt() 方法可获取指定索引处的字符，返回字符的索引。charAt(int index) 方法是一个能够用来检索特定索引下的字符的 String 实例的方法。

charAt() 方法返回指定索引位置的 char 值。索引范围为 0~length()–1。

如：str.charAt(0) 检索 str 中的第一个字符 ,str.charAt(str.length()–1) 检索最后一个字符。

【程序 2-19】

```
public class Test2 {
 public static void main(String[] args) {
  String str = "Hello everyone";
  System.out.println(str.charAt(3));
  System.out.println(str.charAt(8));
```

}
}
输出结果为：
l
e

2.6.7 字符串子串

String 类的 substring 方法可以从一个较大的字符串提取出一个子串。

Java 中 substring 的用法：

str = str.substring(int beginIndex); 从 str 中的起始位置开始截取长度为 beginIndex 的字符串，将剩余的字符串赋值给 str；

str = str.substring(int beginIndex, int endIndex); 从 str 中的 beginIndex 开始截取至 endIndex 结束时的字符串，并将其赋值给 str。

示例：

`"good luck".substring(5, 8) returns "luc"`

参数：

beginIndex – 开始处的索引 (包括)。

endIndex – 结束处的索引 (不包括)。

返回：

指定的子字符串。

抛出异常：

IndexOutOfBoundsException – 如果 beginIndex 为负，或 endIndex 大于此 String 对象的长度，或 beginIndex 大于 endIndex。

以下程序演示了子串的操作：

【程序 2-20】

```
public class StringDemo{
public static void main(String agrs[]){
    String str="this is my original string"; //定义初始字符串
    String toDelete=" original";   //定义要删除的子串
    if(str.startsWith(toDelete))    //判断子串是否位于开头
       str=str.substring(toDelete.length());
    else
    if(str.endsWith(toDelete))     //判断子串是否位于末尾
       str=str.substring(0, str.length()-toDelete.length());
```

```
        else
        {
        int index=str.indexOf(toDelete);    // 获取子串的位置
        if(index!=-1)
        {
        String str1=str.substring(0, index);
        String str2=str.substring(index+toDelete.length());// 去除
子串
        str=str1+str2; // 得到合并后的字符串
        }
        else
        System.out.println("string '/toDelete'/ not found");
            }
        System.out.println(str);
    }
    }
```

输出结果为：

```
this is my string
```

2.6.8 字符串分割

split()方法根据指定的分割符对字符串进行分割，并将分割后的结果存放在字符化数组中。

【程序 2-21】
```
public class SplitTest {
 public static void main(String[] args) {
    // 一般分割
    String a="hello world ni hao";
    String[] array1=a.split(" ");
    System.out.println(array1[0]);
    System.out.println(array1.length);
}
```

输出结果为：
```
hello
4
```

特殊符号的分割：

【程序 2-22】
```
public class SplitTest {
  public static void main(String[] args) {
    // 特殊分割
    String a="hello|world|ni|hao";
    String[] array1=a.split("|");
    System.out.println(array1[0]);
    System.out.println(array1.length);
  }
}
```

输出结果为：

19

2.6.9　格式化字符串

格式化字符串是程序中经常用到的，主要包括日期格式化、时间格式化、日期/时间组合的格式化和常规类型格式化。

String 类可以使用 format() 方法来格式化字符串并连接多个字符串对象。format() 方法的两种重载形式为：

format(String format, Object... args) format 后的字符串使用本地语言环境。

format(Locale locale, String format, Object... args) 使用指定的语言环境。

Format 使用转换符将不同数据类型转换为字符串，如表 2-9 所示。

表 2-9　Java 字符串转换符

转换符	说明	示例
%s	字符串类型	"javastring"
%c	字符类型	't'
%b	布尔类型	true
%d	整数类型（十进制）	126
%x	整数类型（十六进制）	AF
%o	整数类型（八进制）	36
%f	浮点类型	12.34
%a	十六进制浮点类型	BC.AD13
%e	指数类型	1.22e+3

续表

转换符	说明	示例
%g	通用浮点类型 (f 和 e 类型中较短的)	
%h	散列码	
%%	百分比类型	%
%n	换行符	
%tx	日期与时间类型（x 代表不同的日期与时间转换符）	

【程序 2-23】

```
public static void main(String[] args) {
    String str=null;
    System.out.printf("2.8>3 的结果是：%b %n", 2.8>3);
    System.out.printf("333 的1/3是：%d %n", 333/3);
}
```

输出结果为：

2.8>3 的结果是：false

333 的一半是：111

时间日期的格式化实例：

【程序 2-24】

```
private static void formatTimeAndDate() {
    Calendar calendar = Calendar.getInstance();
    System.out.println(String.format("时间格式化为HH:MM时为：%tR", calendar));
}
```

输出结果为：

时间格式化为 HH:MM 时为：18:10

2.7 输入与输出

Java 语言的输入输出有两种方式：一种是 Java 的标准输入和输出流，使用 java.lang.System 类；另一种是使用图形化界面实现输入输出。本节先介绍简单的用于控制台的输入输出。

2.7.1 从键盘读取输入

Scanner 类通常用来在 Java 中获取用户的输入信息,它通过传入系统输入对象 System.in 来创建,使用 nextXxx() 来读取信息,并用 hasNextXxx() 方法来验证是否有输入数据,其中,Xxx 为具体的数据类型,如 nextInt()。创建 Scanner 对象基本语法为:

```
Scanner s = new Scanner(System.in);
```

【程序 2-25】

```java
import java.util.Scanner;
public class ScannerDemo {
    public static void main(String[] args) {
        Scanner scan = new Scanner(System.in);
        int i = 0;
        float f = 0.0f;
        System.out.print("输入整数:");
        if (scan.hasNextInt()) {
            // 判断输入的是否是整数
            i = scan.nextInt();
            // 接收整数
            System.out.println("整数数据:" + i);
        } else {
            // 输入错误的信息
            System.out.println("输入的不是整数!");
        }
        System.out.print("输入小数:");
        if (scan.hasNextFloat()) {
            // 判断输入的是否是小数
            f = scan.nextFloat();
            // 接收小数
            System.out.println("小数数据:" + f);
        } else {
            // 输入错误的信息
            System.out.println("输入的不是小数!");
```

```
        }
        scan.close();
    }
}
```
输出结果为：
输入整数：12
整数数据：12
输入小数：1.2
小数数据：1.2

注意：next() 与 nextLine() 区别：

next()：在读取到有效字符后输入，并且对输入有效字符之前遇到的空格将自动剔除。

nextLine()：在回车后获取输入，并可以获得空格输入。

2.7.2 向控制台窗口输出信息

Java 中控制台输出主要用到 System.out.print( ) 或 println( ) 方法，还有一个 printf( ) 方法，printf( ) 与 C 语言的 printf 十分类似，支持带有格式的输出。

print 与 println 功能相同，只是不换行。printf( ) 格式化输出形如：

System.out.printf("the number is: %d",t);

%d 为格式符，常见的格式有：

'%d'，整数，十进制整数；

'%o'，整数，八进制整数；

'%x'，'%X'，整数，十六进制整数；

'%e'，'%E'，浮点，计算机科学记数法表示的十进制浮点数；

'%f'，浮点，十进制数浮点数。

【程序 2-26】

```
package other;
public class TestPrint {
public static void main(String[] args) {
int a = 2020;
double b = 12.12;
System.out.print("print方法输出a为："+ a);
System.out.println( "println方法输出a为："+ a);
System.out.printf("printf方法输出a的值为:%d,b的值为:%f", a,b);
```

}
}
输出结果为：
print 方法输出 a 为：2020
println 方法输出 a 为：2020
printf 方法输出 a 的值为：2020，b 的值为：12.12

2.8 流程控制语句

流程控制语句是用来控制程序中各语句执行次序的语句，是程序里必要和基本的部分，Java 语言虽然是面向对象的语言，但在局部的语句块内部，仍需利用结构化程序设计的基本流程结构来组织语句，以完成相应的逻辑功能。这并非 Java 语言的缺点，任何一种语言都少不了结构化的部分。Java 语言具有三个基本结构，即顺序结构、条件结构、循环结构。

2.8.1 语句块

在深入学习控制结构之前，需要了解块 (block) 的概念。块表示复合语句，它使用大括号 {} 将某些语句包起来使得其成为一块单独的作用域，并且块也可以进行嵌套。

```
public static void main(String[] args){
        int n;
        ……
        {
           int k;
           ……
        }// k is only defined up to here.
    }
```

但是嵌套的两个块中不能声明同名变量，否则无法通过编译，示例如下：

```
public static void main(String[] args){
        int abc;
        ……
        {
           int defg;
```

```
        int abc; // 出错。
        ……
    }
}
```

2.8.2　分支语句

Java 里有两种分支语句：if 语句和 switch 语句。

2.8.2.1　if 条件语句

语法格式一：

if(条件){

if 语句的执行体

}

条件：结果必须是布尔类型 true||false，当结果为 true 时执行语句块内执行体的内容，当 if 条件是 false 的时候什么也不做。

语法格式二：

if(条件){

if 语句的执行体

}else{

else 的执行体

}

当 if 中的条件为 true，执行 if 的执行体，当 if 中的条件为 false，执行 else 中的执行体。

语法格式三：

if(条件){

if 的执行体

}else if(条件){

if 的执行体

}else if(条件){

if 的执行体

}else{

else 的执行体

}

适合在程序中实现多条件的判断，当 if 中的条件为 true，执行 if 的执行体；当 if 中的条件为 false，执行 else 中的执行体。一个语句中包含多个 if，只要有一个 if 条件是 true，其他的代码不再执行。下面的程序演示了 if 语句的使用。

【程序 2-27】
```java
import java.util.Scanner;
public class IfDemo{
    public static void main(String[] args){
        //方式 1
        int temp = 5;
        int b=100;
        if(temp>=5){
            b=50;
        }
        //方式 2
        if(temp>=5){
            b=50;
        }else{
            b=100;
        }
    }
}
```

if 语句在程序中使用场合非常普遍，下面的程序实现一个猜数字游戏，程序随机生成 100 以内自然数，然后由人来猜测，每次猜测计算机告诉结果是偏大还是偏小。

【程序 2-28】
```java
import java.util.Random;
import java.util.Scanner;
public class GuessNumber {
    public static void main(String args[])
    {
        int d=0;
        //产生一个随机数
        Random r=new Random();
        d=Math.abs(r.nextInt())%100+1;
        int input=0;
```

```
Scanner s=new Scanner(System.in);
//有 7 次猜测的机会,这里用到了 for 循环
for(int i=0;i<7;i++){
    System.out.println("请输入您所猜的数字:");
    //输入一个整数
    input=s.nextInt();
    if(input>d){
        System.out.println("您所猜的数字太大了,请重新输入:");
    }else if(input<d){
        System.out.println("您所猜的数字太小了,请重新输入:");
    }else{
        System.out.println("聪明伶俐一百分!!!");
        break;
    }
    if(i==6 && input!=d){
        System.out.println("Loser!!!");
    }
}
```

if 语句和三元运算符在有些情况下可以进行替换,若判断条件多,使用 if 语句。三元必须有结果,if 可以没有结果(即 if 后面大括号中可以不写内容)。

2.8.2.2　switch 多分支语句

switch 语句是多条件分支的开关控制语句,它包含控制表达式和一系列 case 标签,也可以增加一个 default 标签用于匹配不到任何 case 时默认执行。case 中控制表达式支持 byte、short、char、int、enum(Java 5)、String(Java 7) 类型,能够与 if-else 语句互相转换。case 与 if-else 有类似的效果,当某个 case 匹配后则其他 case 将不被检查,直至遇到 break 结束 switch。

switch 语句语法格式如下:
```
switch (表达式) {
case 条件 1:
    语句 1;
    break;
case 条件 2:
```

```
        语句 2;
        break;
    ...
default:
        语句;
}
```

【程序 2-29】
```
public class TestSwitchCase {
  public static void main(String[] args){
    int check = 1;
    switch(a){
    case 1 : System.out.println(" Alpha ");
    case 2 : System.out.println(" Beta ");
    default : System.out.println(" Gama ");
      }
    }
}
```
输出结果为：
　　Alpha

注意：

控制表达式的值必须为整型或者可转换为整型的数值类型，long 类型不能作用在 switch 语句上。

case 后的描述为常量表达式，若为表达式或者变量则需要加上单引号，并且常量表达式后为冒号，而非大括号。

2.8.3 循环语句

循环语句就是在满足一定条件的情况下反复执行某一个操作。Java 与绝大多数高级语言一样，支持三种循环语句，即 while 循环语句、do...while 循环语句和 for 循环语句。下面分别对这三种循环语句进行介绍。

2.8.3.1 while 循环语句

while 循环的语法是：
```
while(Boolean_expression)
{
    //循环体
}
```

在执行时，如果布尔表达式的结果为真，则循环中的动作将被执行。这将继续下去，只要该表达式的结果为真。在这里，while 循环的关键点是循环可能永远不会运行。当表达式进行测试，结果为 false，循环体将被跳过，在 while 循环之后的第一个语句将被执行。

【程序 2-30】
```java
public class Test {
  public static void main(String args[]) {
    int x = 10;
    while( x < 20 ) {
       System.out.print("value of x : " + x );
       x++;
       System.out.print(" ");
    }
  }
}
```
输出结果为：
```
value of x : 10
value of x : 11
value of x : 12
value of x : 13
value of x : 14
value of x : 15
value of x : 16
value of x : 17
value of x : 18
value of x : 19
```

2.8.3.2　do...while 循环

该循环与 while 循环十分类似，但 do ... while 循环的大括号内部分（循环体）至少将被执行一次。do...while 循环的语法是：
```
do
{
   //循环体
}while(Boolean_expression);
```
注意：do...while 中用于检测循环是否可以执行的布尔表达式放置在循

环的末尾，如果布尔表达式为 true，则程序回转到循环体执行，否则停止 do...while 循环。

【程序 2-31】

程序实现 1+3+5…99。

```
public class Test{
   public static void main(String[] args) {
       int i = 1;
       int sum = 0;
       do {
           sum = sum+i;
           i=i+2;
       } while (i < 1000);
       System.out.println("1+3+5…999 的和是：" + sum);
   }
}
```

输出结果为：

1+3+5…999 的和是：250000

2.8.3.3 for 循环

for 循环是三种循环语句中功能最强、使用最广泛的一个，for 循环可以有效地编写需要执行的特定次数的循环。

for 循环的语法是：

```
for( 表达式 1； 表达式 2； 表达式 3)
{
    // 循环体
}
```

表达式 1 一般是一个赋值语句，用于循环变量的初始化赋值，这个表达式首先被执行，并且仅执行一次。表达式 2 是一个布尔表达式，它决定何时循环结束。如果值是 true，则执行循环体。如果是 false，则退出循环。表达式 3 代表步长，用来修改循环变量，控制循环变量每次循环后变化的方式。

【程序 2-32】

计算 2+22+222+… 的前 5 项和。

```
public class ForTest {
```

```java
    public static void main(String[] args) {
        // 定义计算的结果变量
        long sum = 0;
        // 定义循环变量
        int i = 1;
        // 定义需计算的前 n 项数
        int n = 5;
        // 定义计算初值，a 取 3 可以计算 3+33+333…
        int a = 2;
        // 定义每次循环所需要的数值
        int t = a;
        for (i = 1; i <= n; i++) {
            sum += t;
            t = t * 10 + a;
        }
        System.out.println(sum);
    }
}
```

输出结果为：
24690

注意：n 取值大于 10 时结果会溢出。

【程序 2-33】

计算 $1^2+2^2+3^2+4^2+\cdots 100^2$。

```java
public class Test  {
    public static void main(String[] args)   {
        int result =0  ;
        for(int k=1; k<=100 ; k++)
            result += k*k ;      // 累加
        System.out.println("计算结果为：" + result ) ;
    }
}
```

【程序 2-34】

程序用于计算特别大数字的阶乘（本例为 1000!），用科学计数法记录下计算结果，从中可以体会 for 循环和 while 循环的不同之处。

```
public class Jiecheng {
    public static void main(String args[]){
        double head=1;
        int tail=0;
        for(int i=2;i<=1000;i++){
            head=head*i;
            while(head>=10){
                head=head/10;
                tail=tail+1;
            }
        }
        System.out.println(m+"的阶乘为："+head+"E"+tail);
    }
}
```

2.8.3.4 增强型 for 循环是 Java5 新增的内容，主要是用于数组、集合的遍历操作更为简洁方便。增强的 for 循环的语法是：

```
for (declaration : expression)
{
  //Statements
}
```

declaration 声明新的局部变量，该变量的类型必须和数组元素的类型一致，expression 是要访问的数组名，或者是返回值为数组的方法。

【程序 2-35】
```
public class Test {
 public static void main(String args[]){
    int [ ] numbers = {10, 20, 30, 40, 50};
    for(int x : numbers ){
        System.out.print( x );
        System.out.print(",");
    }
    System.out.print(" ");
    String [ ] names ={"James", "Larry", "Tom", "Lacy"};
    for( String name : names ) {
        System.out.print( name );
```

```
            System.out.print(",");
        }
    }
}
```
输出结果为:
```
10,20,30,40,50
James,Larry,Tom,Lacy
```
增强型 for 循环也经常用于可变参数类型的方法处理。即在方法定义中可以使用个数不确定的参数，对于同一方法可以使用不同个数的参数调用，例如 print("hello");print("hello","beijing");print("hello","beijing", "shanghai");

【程序 2-36】
```
public class VarArgusTest {
    public void print(String... args) {
        for (int i = 0; i < args.length; i++) {
            System.out.println(args[i]);
        }
    }
    public void print(String test) {
        System.out.println("----------");
    }

    public static void main(String[] args) {
        VarArgsTest test = new VarArgsTest();
        test.print("hello");
        test.print("hello", "beijing");
        test.print("hello", "beijing", "Shanghai");
    }
}
```

2.8.4 跳转语句

循环结构中用到的跳转语句主要有 break 和 continue 两个。

2.8.4.1 break 关键字

break 关键字必须使用在任何循环或 switch 语句中，用来强制退出循环。若 break 语句出现在嵌套循环中的内层循环，则 break 只会退出其当前所在的循环。

【程序 2-37】
```java
public class Test {
  public static void main(String args[]) {
    int [] numbers = {10, 20, 30, 40, 50};
    for(int x : numbers ) {
        // x 等于 30 时跳出循环
        if( x = = 30 ) {
       break;
        }
       System.out.print( x );
       System.out.print(" ");
    }
  }
}
```
输出结果为：
10
20

2.8.4.2 continue 关键字

continue 关键字的作用是终止本次循环而跳转至下一次迭代。对于 for 循环来说，continue 将跳转到更新语句，更新循环变量的值，然后检查布尔表达式。对于 while 循环或 do...while 循环来说，continue 将使得程序直接跳转到该循环的布尔表达式。

【程序 2-38】
```java
public class Test {
 public static void main(String args[]) {
   int [] numbers = {10, 20, 30, 40, 50};
   for(int x : numbers ) {
      if( x == 30 ) {
       continue;
      }
      System.out.print( x );
System.out.print("\n");           }
   }
```

}
输出结果为:
10
20
40
50

还有一种带标签的 continue 语句,将跳到与标签匹配的循环首部。

2.9 数 组

数组常常应用于需要多个变量的场景,以便于更有效地管理和处理各种数据资源。数组是一组元素的集合,这些元素具备相同的基本数据类型或者引用类型。在 Java 语言中,无论数组中元素是基本数据类型或是引用类型,其所构成的数组均是对象。数组根据维数的不同分为一维数组、二维数组和多维数组,习惯性地将一维看成直线、二维看成平面、三维看成立体空间,通俗地讲就是一维数组的每个基本单元都是基本数据类型的数据,二维数组就是每个基本单元是一维数级的一维数组,其余依此类推。数组元素可以通过基于 0 的下标依次进行访问。

2.9.1 一维数组

2.9.1.1 声明数组的两种方法

(1)数组元素类型 [] 数组名。
(2)数组元素类型 数组名 []。
例,声明整形数组 intA:
int [ ] intA;
int intA[ ];

上述声明仅给出了数组元素的类型,但没有给出数组元素的个数,也没有为每个元素分配实际的存储空间,如要分配存储空间则需要进行初始化或者使用 new 运算符,例:
int [ ] intA = new int[5];
String [ ] strA = new String[5];

在数组定义时,如果没有赋予初始值,则采用默认值。int 类型数组初始默认值为 0,double 类型数组默认值为 0.0,String 数组为引用数据类型,默认值为 null，char 类型数组的默认值是 u/0000，boolean 类型数组的默认值是 false。

2.9.1.2 数组的长度

利用数组名 .length 属性将得到数组的长度，所以数组名 .length 的结果是 int 类型。

例：`int len=arr.length;`

2.9.1.3 数组中元素的赋值

（1）数组的静态赋值，如果在 Java 程序之前就已经知道了数组中元素的值。

```
int [ ]array = {12,34,5,6,7};
int [ ]array = new int [ ] {12,34,5,6,7};    // 这里 [ ] 中不能写数字
```

例如：

```
int[ ]array;
array = new int[ ]{12,34,5,6,7};
```

【程序 2-39】

```
import java.util.*;
public class ArrayTest1{
    public static void main(String [] args){
        //声明 int 类型的数组，同时给数组中的元素赋值
        int [ ] intA={12,3,4,23};
        //声明并分配空间，6 个空间，默认值为 0
        int [ ] intB=new int[6];
        for(int i=0;i<intA.length;i++){
            intB[i]=intA[i];  //赋的是堆内存中的值
        }.
        // 输出数组 B
        for(int i=0;i<intB.length;i++){
            System.out.print(intB[i]+"\t");
        }
    }
}
```

（2）动态赋值，在 Java 程序运行之前，数组元素的值是不知道的，而是在运行时，通过键盘录入的方法实现给数组元素赋值。例如，对整数数组

intA[ ]进行复制：
```
for(int i = 0;i < intA.length;i++){
    intA[i]= input.nextInt();// input 为 Scanner 类产生的对象
}
```

2.9.1.4 数组间的赋值
（1）赋内存地址。
【程序 2-40】
```
public class ArrayTest2{
    publicstatic void main(String [] args){
        //声明 int 类型的数组，同时给数组中的元素赋值
        int [] intA={12,3,4,23};
        //声明并分配空间，6个空间，默认值为 0
        int [] intB=new int[6];
        System.out.println(" 赋值之前 ");
        System.out.println("intA="+intA);
        System.out.println("intB="+intB);
        //赋值
        intB=intA; // 从右到左进行赋值
        System.out.println("\n 赋值之后 ");
        System.out.println("intA="+intA);
        System.out.println("intB="+intB);
        for(int i=0;i<intB.length;i++){
            System.out.print(intB[i]+"\t");
        }
    }
}
```

输出结果为：

赋值之前

intA=[I@123772c4

intB=[I@2d363fb3

赋值之后

intA=[I@123772c4

intB=[I@123772c4

12 3   4   23

（2）赋元素的值。

【程序2-41】
```java
import java.util.*;
public class ArrayTest3{
    public static void main(String [] args){
        //声明int类型的数组，同时给数组中的元素赋值
        int [] intA={12,3,4,23};
        //声明并分配空间，6个空间，默认值为0
        int [] intB=new int[6];
        for(int i=0;i<intA.length;i++){
            intB[i]=intA[i]; //赋的是堆内存中的值
        }
        //输出数组B
        for(int i=0;i<intB.length;i++){
            System.out.print(intB[i]+"\t");
        }
    }
}
```
输出结果为：

12 3   4   23

2.9.1.5　声明数组是在栈内存中声明，而赋值则在堆内存中

```java
System.out.println( "array [0] = " + array[0] );    // 是下标为0的值
System.out.println( "array = " + array );    // 是内存地址
```
输出结果为：

array [0] = 12
array = [I@45bab50a

2.9.1.6　数组的遍历，是数组的常用操作，即将数组中的元素依次输出

```java
public static void print(int [] array){
    for(inti=0;i<array.length;i++){
        System.out.print(array[i]+"\t");
    }
}
```

}

2.9.1.7 数组的排序

对于正向排序，即由小到大升序，需要导包。

```
import java.util.Arrays;    // Arrays 这个包用于排序，升序
或通过 import java.util.*;    // 导的是 util 中所有的包；
调用方法：Arrays.sort(数组名);
```

2.9.1.8 数组的复制

复制数组有三种方法：

（1）借助循环语句将数组中的元素逐个复制到另一个数组中。

（2）借助系统的 System 类的方法 arraycopy，一次性拷贝多个元素到另一个数组。

（3）借助数组的 clone 方法克隆出另一个数组对象。

```
    int[] sourceIntA={2020,2021,2022,2023,2024,2025};
    int[] targetIntA=new int[sourceIntA.length];
    for(int i=0;i<sourceIntA.length;i++){
        targetIntA [i]=sourceIntA [i];
    }
    System.arraycopy(sourceIntA, 0, targetIntA, 0, sourceIntA.length);
    for (int i : targetIntA) {
        System.out.println(i);
    }
```

2.9.1.9 可变长参数列表

在参数传递时可以使用"…"表达可变长度参数，从而可以将同类型的多个元素传递给方法，将其看作数组进行操作。例如：

【程序 2-42】
```
    public class ArrayTest4{
        public static void main(String[] args) {
            printMaxData (2020,2021,2022,2023,2024,2025);
            printMaxData (new double[]{0,1,2,3,4,5});
        }
        public static void printMaxData(double...data){
            if(data.length==0){
                return;
```

```
        }
        double retDou= data[0];
        for(int i=1;i< data.length;i++){
            if(data[i]>result){
                retDou = data[i];
            }
        }
        System.out.println("The max data is"+ retDou);
    }
}
```

2.9.1.10　Arrays 类 (java.util.Arrays)

Java 提供的 Arrays 类包含一些实用的方法用于常见的数组操作，比如排序和查找。Arrays 类包含各种各样的静态方法，支持对数组元素的排序、查找、比较、填充，或者返回数组的字符串表示。

2.9.2　多维数组

2.9.2.1　二维数组

可以看成数组的数组——二维数组的每一个元素是一个一维数组。
（1）定义格式。
数据类型 [][] 数组名 = new 数据类型 [二维数组的长度 / 包含的一维数组的个数] [每个一维数组的长度]；

例：int[][] arr = new int[3][5];// 定义了一个整型的二维数组，其中包含 3 个一维数组，每个一维数组可以存储 5 个整数

arr[0]——下标为 0 的位置上的一维数组

arr[1][3]——如果要获取具体的元素需要两个下标

（2）数组元素的初始化。
数据类型 [][] 数组名 = {{ 元素 },{ 元素 1，元素 2},……}；
int[][] arr = {{2,5},{1},{3,2,4},{1,7,5,9}};

注意：[ ] 在变量名前的时候，是紧跟数据类型的；如果 [] 在后，则是属于当前变量名。

例：
```
String strAA[][] = new String[2][];
strAA [0] = new String[10];
strAA[1] = new String[20];
```

```
strAA[0][0] = new String("Happy");
strAA[0][1] = new String("Birthday");
```

（3）二维数组的应用。

二维数组的长度：数组名 .length 获取第一维数组的长度，数组名 [下标].length 获取第二维数组的长度。

二维数组的遍历——两重 for 循环。

```
for(int i = 0; i < arr.length; i++){  //遍历二维数组,
```
遍历出来的每一个元素是一个一维数组
```
    for(int j = 0; j < arr[i].length; j++){  //遍历对应位置
```
上的一维数组
```
        System.out.println(arr[i][j]);
    }
}
```

2.9.2.2　三维数组

二维数组的声明、初始化及元素引用等可以类似扩展到多维数组，以下通过实例直观说明：

```
public void ArrayTest5(){
    String[][][] str=new String[3][4][2];
    str[0][0][0]="1";
    str[0][0][1]="2";
    str[0][1][0]="3";
    str[0][1][1]="4";
    str[0][2][0]="5";
    str[0][2][1]="6";
    str[0][3][0]="7";
    str[0][3][1]="8";
    str[1][0][0]="9";
    str[1][0][1]="10";
    str[1][1][0]="11";
    str[1][1][1]="12";
    str[1][2][0]="13";
    str[1][2][1]="14";
    str[1][3][0]="15";
    str[1][3][1]="16";
```

```
str[2][0][0]="17";
str[2][0][1]="18";
str[2][1][0]="19";
str[2][1][1]="20";
str[2][2][0]="21";
str[2][2][1]="22";
str[2][3][0]="23";
str[2][3][1]="24";
for (int i = 0; i < str.length; i++) {
    for (int j = 0; j < str[i].length; j++) {
        for (int j2 = 0; j2 < str[i][j].length; j2++) {
            System.out.println(str[i][j][j2]);
        }
    }
}
}
```

2.9.3 数组的应用实例

2.9.3.1 求数组元素的最大值，最小值，和及平均值
【程序 2-43】
```
public class ArrayTest6{
public static void main(String [] args){
    //随机产生20个77~459的正整数存放到数组中，
    //并求数组中的最大值，最小值，平均值及各个元素之和
    //声明一个长度为20的数组
    int[] array = new int[20];
    //遍历数组
        for (int i = 0; i < array.length; i++) {
            int num = (int)(Math.random() * (459-77+1) + 18);
            array[i] = num;
            System.out.println(array[i]);
        }
        //声明最大值，最小值，和，平均值
        int max = 0;
```

```
            int min = array[0];
            int sum = 0;
            int mean = 0;
            for (int i = 0; i < array.length; i++) {
                //最大值
                if (max < array[i]) {
                    max = array[i];
                }
                //最小值
                if (min > array[i]) {
                    min = array[i];
                }
                //和值
                sum = sum + array[i];
            }
            //平均值
            mean = sum / 20;
            //打印
            System.out.println("数组中元素的最大值是" + max);
            System.out.println("数组中元素的最小值是" + min);
            System.out.println("数组中元素的和是" + sum);
            System.out.println("数组中元素的平均值是" + mean);
    }
}
```

2.9.3.2 数组与方法

数组可以作为方法的参数，也可以作为方法的返回值。

Java 中类的方法采用按值传递 (pass-by-value) 方式传递实参，如果参数为基本数据类型，则传递参数的数值，而如果参数为数组则传递数组的引用，因此如果在方法内修改了数组的内容，则在方法外数组的内容也相应发生改变。

【程序 2-44】

```
public class ArrayTest7{
    public static void main(String[] args) {
        int[] intA={1,2,3,4,5};
        int[] intB=reverse(intA);
```

```
            for (int i : intB) {
                System.out.println(i);
         }
       }
       public static int[ ] reverse(int[] intA){// 形参是数组,
返回值也是数组
         int[] retIntA=new int[intA.length];
         for(int i=0,j= intA.length-1;i< intA.length;i++,j--) {
               retIntA[j]= intA[i];
         }
         return retIntA;
       }
   }
```

2.9.3.3 数组的查找

在数组中查找元素通常使用线性查找法,其传递关键字 key,并将 key 与数组的每个元素进行比较,直至找到与 key 匹配的元素或者查找完整个数组。当与 key 匹配时将返回所匹配元素在数组中的索引,若未匹配则返回 –1。

【程序 2-45】

```
    public class ArrayTest8{
        public static void main(String[] args) {
              int[]intA ={1,4,4,2,5,-3,6,2};
              int a=linearSearch(intA, 4);
              System.out.println(a);
              int b=linearSearch(intA, -4);
              System.out.println(b);
       }
      public static int linearSearch(int[] intA,int key){
           for(int i=0;i< intA.length;i++){
              if(key== intA[i]){
                 return i;
              }
           }
           return -1;
       }
```

}

2.9.3.4 数组的排序
使用冒泡法，示例如下：
【程序 2-46】
```
public class ArrayTest9{
    public static void main(String[] args) {
        int[] intA={9,8,7,6,5,4,3,2,1};
        SelectionSort.selectionSort(list);
    }
    public static void selectionSort(int[] intA){
        for(int i=0;i< intA.length-1;i++){
            for(int j=i+1;j< intA.length;j++){
                int t= intA[i];
                intA[i]= intA[j];
                intA[j]=t;
            }
        }
        for (int i : intA) {
            System.out.println(i);
        }
    }
}
```

2.9.3.5 数组综合示例
输出杨辉三角，其核心部分为通过二维数组来表示杨辉三角的层次结构：
arr[i][j] = arr[i −1][j] + arr[i − 1][j − 1]
【程序 2-47】
```
import java.util.Scanner
    public class YangHui{
        public static void main(String[] args) {
        // 从控制台获取行数
        Scanner s = new Scanner(System.in);
        int row = s.nextInt();
    // 根据行数定义好二维数组，由于每一行的元素个数不同，所以不定义每一行的个数
```

```java
int[][] arr = new int[row][];
// 遍历二维数组
for(int i = 0; i < row; i++){
    // 初始化每一行的这个一维数组
    arr[i] = new int[i + 1];
    // 遍历这个一维数组，添加元素
    for(int j = 0; j <= i; j++){
        // 每一列的开头和结尾元素为1，开头的时候，j=0，结尾的时候，j=i
        if(j == 0 || j == i){
            arr[i][j] = 1;
        } else {// 每一个元素是它上一行的元素和斜对角元素之和
            arr[i][j] = arr[i -1][j] + arr[i - 1][j - 1];
        }
        System.out.print(arr[i][j] + "\t");
    }
    System.out.println();
}
```

输出结果为：

```
            1
           1  1
          1  2  1
         1  3  3  1
        1  4  6  4  1
       1  5  10  10  5  1
```

习　题

1. 哪些标识符是合法的：$21,java,while,class,your-name,3d,汽车。

2. 10.1，2.3e-2，100，2f，7D 哪些是正确的浮点数？

3. 输入三角形的三条边的长，若输入正确，计算三角形的面积和周长，否则输出：输入边长不正确。

4. 下面三种关于判断的写法结果是否相同？

（1） if(a>0)
　　{c=1;}
　　else if(b>0)
　　{c=2;}
　　else
　　{c=3;}
（2） c=1;
　　if(b>0)
　　{c=2;}
　　else if(a<0)
　　{c=3;}
（3） if(b>0&&a<=0)
　　{c=2;}
　　else if(b<=0&&a<=0)
　　{c=3;}
　　else
　　{c=1;}

5. 编程输出 1~1000 的所有素数。
6. 分别使用下述不同的方式计算 1+3+5+7+…+9999：
（1）使用 while+if；
（2）使用 while+continue；
（3）使用 while+ 步进值变量；
（4）使用 for 循环；
（5）使用数学。
7. 求任意两个正整数的最大公约数和最小公倍数。
8. 求出所有三位数的水仙花数，水仙花数指的是一个 N 位数各个数 3 次方之和等于该数，例 $153=1^3+5^3+3^3$。
9. 求斐波那契数列的前 50 个元素。
10. 编程求 n！，设 n=7。
11. 判断一个数是否回文数，例 12321。
12. 将数组的值从小到大输出。
13. 输出下面图形。

　　　　　　　　*

```
            * *
           * * *
          * * * *
         * * * * *
```

14. 凯撒加密是一种位移加密方案，给定字符串按照顺序移动固定长度的位置获得加密后的字串，解密时进行反向移动后即可获得解密结果，需要使用哪些 String 方法来实现这一加解密过程？

第 3 章 类和对象

引言

本章针对 Java 语言的核心内容进行学习。介绍面向对象程序设计的基本概念、类的声明、对象的创建和使用、Java 修饰符等内容。

学习目标

1. 了解面向对象思维；
2. 创建 Java 类；
3. 实例化对象；
4. 厘清类与对象之间的关系；
5. 分析类的属性与变量的区别；
6. 学习类的方法；
7. 掌握权限修饰符的作用范围。

3.1 类的概念

在程序开发初期结构化的、面向过程的开发语言被广泛使用，但随着时间的推移，软件的规模越来越庞大，对软件的维护与扩张也越来越复杂，这大大影响了软件的开发周期与产品的质量，人们开始认为这种开发方式已经不能很好地适应当前的软件开发需求。因此，人们开始将另一种开发思想——面向对象引入程序设计中。

面向对象程序设计是以封装、多态、接口等为主要核心思想的设计体系，相对于 C 语言等结构化的程序设计技术具有明显的优势。结构化程序设计主要采用算法和相应的存储结构来表述功能或者求解问题。这就是 Pascal 语言的设计者 Niklaus Wirth 将其著作命名为：算法 + 数据结构 = 程序的原因。需要注意的是，在 Wirth 命名的书名中，算法是第一位的，数据结构是第二位的，这明确地表述了程序员的工作方式。首先确定如何操作数据，然后决定如何组织数据，以便于数据操作。而面向对象的程序设计却调换了这个次序，将数据放在第一位，然后考虑操作数据的算法。

面向对象程序由类所创建的对象构成，对象是类的实例化产物，而类是具有相同的属性和功能的事物的抽象的集合，是对同一类事物的统称，人们把一类事物的静态属性和动态可以执行的操作即方法组合在一起得到类这个概念。类是个抽象的概念，用以模拟一类事物，一旦定义了一个类，这个类将永远存在。类是对象的模板，对象是类的实例。类只有通过对象才可以使用。面向对象是具体化的类，具备不同属性的对象是对类的个性化描述，彼此相对独立，具有独自的属性且拥有相同的方法。让一个个对象拥有属性，然后通过模块之间的组合、交互来完成实际问题。它有别于函数与数据相分离，用函数操作数据，进而通过数据在多个过程直接传递共享来完成整个过程的问题解决方案。面向过程与面向对象的设计思路对比如图 3-1 所示。

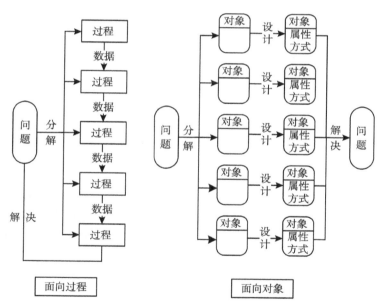

图 3-1 面向过程与面向对象的设计思路对比

规模较小的应用程序开发，采用结构化方法设计和开发更为便捷，但当规模较大时，则采用面向对象更加适合。例如：要想实现一个简单的 Web 浏览只可能需要大约 2000 个过程，这些过程可能需要对一组全局数据进行操作。采用面向对象的设计风格，可能只需要大约 100 个类，每个类平均包含 20 个方法。后者更易于程序员掌握,也容易找到 bug。假设给定对象的数据出错了,在访问过这个数据项的 20 个方法中查找错误要比在 2000 个过程中查找容易得多。

3.1.1　Java 类的定义

Java 是完全面向对象的,必须熟悉面向对象思想才能够编写 Java 程序。在 Java 中使用关键字 class 来定义类。语法如下:

```
[修饰符] class 类名称 [extends 父类] [implement 接口]{
        属性(变量);
        行为(方法);
}
```

类的定义由类体和类头两部分构成。其中类体是用 { } 包含的部分,其他部分是类头,用于规定类的一些基本属性。[ ] 内包含的内容代表可选项,可以有也可以没有,根据具体需要进行添加。

范例:定义一个 Person 类。

```
class Person {
        String name ;
        int height ;
        public void show() {
                System.out.println("人员姓名:" + name + ",身高:" + height) ;
        }
}
```

类 Person 需要通过关键字 class 来创建类,在 class 前面可以添加 public 访问修饰符,也可以不添加任何的修饰符。当一个 Java 文件中只有一个类时,Java 文件的名字与类的名称必须一致,以 Person 类为例,其所在的 Java 文件的名称必须为 Person.java。

3.1.2　Java 类的修饰符

修饰符:是一些 Java 语言的关键字,Java 语言提供了很多修饰符,主要分为以下两类:

访问修饰符:用于说明可访问性(如 public、private、protected 等)。对于类通常只有 public 或缺省两种属性。

非访问修饰符:用于说明一些特性(如 final、static、abstract 等)。对于类通常只有 abstract、final 属性，static 只能用于内部类。

修饰符用来定义类、方法或者变量，通常放在语句的最前端。通过下面的例子来说明：

```
public class ClassName {
    // ...
    private boolean flag;
    static final double price = 1.5;
    protected static final int BOARDWIDTH = 42;
    public static void main(String [] args) {
    // 方法体
    }
}
```

其中，public 表示任意位置都可以访问该类。

不写表示默认访问修饰符，即在同一个包(代表同一目录)中可以访问。

用 private 修饰外部类，表示该外部类不能被其他类访问，那么定义这个类就失去了意义，所以 private 只能修饰内部类。当一个内部类使用了 private 修饰后，只能在该类的外部类内部使用。

如果一个类被 protected 修饰，外部类无法访问，当然也无法继承使用，所以用 protected 修饰类是没有意义的。

abstract 用于刻画一个抽象类，抽象的类是非实体类，不能直接使用 new 创建抽象类的对象，可以通过继承抽象类而形成一个实体类，再用实体类来产生对象。抽象类的作用是可以实现面向对象的多态性。

final 用于描述一个终结类，该类是类的最终描述，不能被任何类所继承，其主要作用是表示一些固定的功能或者标准化的操作。

3.1.3 属性和方法的声明

3.1.3.1 属性的声明格式

Java 中类的属性主要用于描述类的静态特征，可以理解为用于存储数据的变量，因而属性也称为成员变量或域。

属性声明的语法是：

[public|private|protected][static][final][transient][volatile] 数据类型 变量名1[,变量名2];

访问控制符有：public、private、protected、缺省；

非访问控制符有：静态修饰符 static、最终修饰符 final、暂时性修饰符

transient、易失（共享）修饰符 volatile。

（1）Java 中可以使用访问控制符 default、private、public、protected 给定属性和方法的访问权限，具体权限如表 3-1 所示。

表 3-1　访问控制

修饰符	当前类	同一包内	子孙类（同一包）	子孙类（不同包）	其他包
public	√	√	√	√	√
protected	√	√	√	√	
default	√	√	√		
private	√				

1）default：称为默认访问特性，即在属性前不加任何访问控制符描述。被默认访问修饰符声明的变量在同一个包内的类均可访问。

注意：接口中的属性都被隐式描述为 public、static、final，而接口中的方法的访问权限则默认为 public。

2）private：称为私有访问特性，其所修饰的属性只能被自身所在的类访问。对于私有的属性，一般可建立 getter 方法和 setter 方法来进行读取和写入。私有访问特性往往用来隐藏类中方法的算法、细节信息或者保护类中的属性数据不被随意获取。

【程序 3-1】

```java
public class Dog {
    private String name;
    public String getName() {
        return this.name;
    }
    public void setName(String name) {
        this.name = name;
    }
}
```

Dog 类中的 name 变量为私有变量，除了 Dog 类之外所有的类都无法直接读写 name 属性，而只能通过 getName 和 setName 方法来访问 name 属性。

【程序 3-2】

```java
class Cat{
    String name;
    double weight;
```

```
    public void show(){
        System.out.println(name+"的体重为："+ weight);
    }
}
public class TestDemo {
        public static void main(String args[]) {
            Cat c = new Cat ();
            c.name = "加菲猫";
            c.weight = -10;
            c.show();
        }
}
```

输出结果为：

加菲猫的体重为：-10

上述代码可以正常运行，但猫的体重为-10则明显不符合现实状况，这是由于该Cat支持直接对weight属性的读写操作所导致。为了避免随意对weight等属性的操作，可将其修改为私有属性。即将前面的代码修改如下：

【程序3-3】

```
class Cat{
    private String name;
    private double weight;
    public void show(){
        System.out.println(name+"的体重为："+ weight);
    }
}
public class TestDemo {
        public static void main(String args[]) {
            Cat c = new Cat ();
            c.name = "加菲猫";
            c.weight = -10;
            c.show();
        }
}
```

但修改后运行时则发生错误，这是因为私有访问特性的修饰使在该类的外部已经不能直接访问属性 name 和 weight，因此需要定义相应的 setter 和 getter 方法，并对 weight 属性的访问进行控制，从而确保 Cat 类的对象的属性符合现实状况。

【程序 3-4】

```
class Cat{
    private String name;
    private double weight;
    public String getName(){
        return this.name;
    }
    public String getWeight(){
        return this. weight;
    }
    public void setName(String name){
        this.name=name;
    }
    public void setWeight(double weight){
        if (weight>0){
            this.weight=weight;
        }else{
        System.out.println("请输入合理的体重值");
        }
    }
    public void show(){
        System.out.println(name+"的体重为："+ weight);
    }
}
public class TestDemo {
  public static void main(String args[]) {
        Cat c = new Cat ();
        c.setName( "加菲猫");
        c.setWeight(10);
        c.show();
    }
}
```

输出结果为:

加菲猫的体重为: 10

3) public: 被 public 修饰的属性可以被任何其他类访问。值得注意的是,如果互相调用的 public 类来自不同的包,则需要使用 import 引入相应的类,才能够访问。另外,main() 方法必须为 public,否则该类将无法运行。

4) protected: 被声明为 protected 的属性与 public 修饰的差异在于,不能够被其他类所访问。

(2) 非访问修饰符。 除了访问修饰符之外,Java 还提供了一些非访问控制符,用于表明特定性质。

1) static 修饰符,被 static 修饰的属性称为静态属性,它是一种独立于对象的静态内容,就像该属性属于类一样,所有该类产生的对象的属性均指向同一个属性。

【程序 3-5】

```
public class Scope {
static int a;
int b;
public static void main(String[] args) {
   a++;
   Scope s1 = new Scope ();
   s1.a++;
   s1.b++;
   Scope s2 = new Scope ();
   s2.a++;
   s2.b++;
   Scope.a++;
   System.out.println("a="+a);
   System.out.println("s1.a="+s1.a);
   System.out.println("s2.a="+s2.a);
   System.out.println("s1.b="+s1.b);
   System.out.println("s2.b="+s2.b);
}
}
```

输出结果为:

a=4

```
s1.a=4
s2.a=4
s1.b=1
s2.b=1
```

2）final 修饰符，代表修饰的变量为常量，那么它的取值在程序的整个执行过程中都不会改变。变量一旦赋值后，不能被重新赋值。被 final 修饰的实例变量必须显示指定初始值。例：

```
static final Double PI = 3.1415926d
```

用 final 修饰符说明常量时，需要注意必须同时给出数据的类型和数值，这是因为 final 就是变量的最终状态，必须明确描述。另外，通常 final 修饰的属性一般也被 static 修饰，以减少存储空间的占用。

【程序 3-6】

```
public class Test{
  static final String NAME = "Tom";
  public void changeName(){
      NAME = "Jerry"; //出错，无法修改 final 变量
  }
}
```

3）transient 修饰符，用于刻画暂时性的属性，其不属于永久状态，不能被序列化。

4）volatile 修饰符，被 volatile 关键字修饰的属性，在发生内容改变时则即可视，以避免误操作。

（3）成员变量书写的位置。Java 中属性的位置比较灵活，可以将属性放置在方法之后，但不影响方法对该属性的使用，如程序 3-7 所示代码。这点也与按照顺序执行代码的 C 语言不同。

【程序 3-7】

```
public class People {
    private String name;         //姓名
    private String gender;       //性别
    public void printInformation(){
        System.out.println("我是"+this.name+"、"+this.gender+",今年"+this.age+"岁。");
    }
    private int year=this.age;   //使用 age 属性
```

```
        private int age;              // 年龄。
　　}
}
```

（4）成员变量与一般变量的区别。成员变量与一般变量的格式定义有些类似，但属性又与一般的变量不同，其主要有以下四点不同之处：

1）在类中声明的位置不同。属性是直接在类的内部声明的变量，而一般的变量还可以在构造方法、方法内、形参与代码块中进行声明，如程序3-1所示代码。

【程序3-8】

```
    public class People {
        String name;// 直接在 People 类中进行声明，是属性。
        public People(String newName){
            String str=newName;// 在构造方法中声明的变量不是属性。
            name=str;
        }
        public void printName(){
            String str=" 我是 "+name+"。";// 在方法中声明的变量不是属性。
            System.out.println(str);
        }
        public void printName(String newName){// 在形参中声明的变量不是属性。
            System.out.println(" 我的新名字是 "+newName+"。");
        }
        {
            String newName;// 在代码块中声明的变量不是属性。
        }
    }
```

2）属性可以用权限修饰符进行修饰。属性可以用 private、缺省、protected 与 public 权限修饰符进行修饰，而有些变量则不一定能被权限修饰符进行修饰，如上述代码中的非属性变量均不能用权限修饰符进行修饰。

3）属性可以不用显示的赋值。属性可以不用显示的赋值就可以直接使用，而一般的变量需要显性初始化赋值后才能使用。这是因为 Java 会提供一个默认的构造方法对属性进行初始化（构造方法将在 3.4 节进行详细介绍）。例如在程序 3-8 的第 8 行，未对 name 属性进行显示赋值就可以直接使用。同样是第8行，若不对 str 变量进行显性初始化赋值，就不能在第9行中直接使用 str 变量。

4）在内存中的存储位置不同。属性存储于内存的堆空间，而非属性变量存储于内存的栈空间。

3.1.3.2 方法的声明格式

方法与其他语言的函数类似，用来描述类所具有的行为操作，是对属性数据的处理过程。方法由方法头和方法体组成，其一般格式如下：

```
[public|private|protected ][static][final|abstract][synchronized]
     返回值类型    方法名([形式参数列表])
[ throws 异常列表 ]                        ……方法头
{
     方法体各语句；                         ……方法体
}
```

访问控制符有：public、private、protected、缺省；

非访问控制符有：静态修饰符 static、最终修饰符 final、抽象修饰符 abstract、同步修饰符 synchronized。

其中访问控制符和成员变量的含义相同。对于非访问控制符，看一下成员方法的特点。

（1）static 方法，其属于整个类的方法，而非某个特定对象的方法，使用时应通过类名.方法名()，以类名为前缀进行调用。

【程序 3-9】

```
public class ObjectCounter {
    private static int count = 0;
    public ObjectCounter(){
        count++;
    }
    public show(){
        System.out.println("当前已产生的对象数为："+this.count);
    }
    public static void main(String[] arguments) {
        ObjectCounter oc1=new.ObjectCounter();
        ObjectCounter oc2=new.ObjectCounter();
```

```
        ObjectCounter.show();
    }
}
```
输出结果为:

当前已产生的对象数为：2

（2）final 方法，被 final 修饰的方法为最终方法，其虽然可以被子类所继承，但不能被子类覆盖或者改写。

（3）abstract 方法，被修饰符 abstract 修饰的方法为抽象方法，其仅有方法名而无方法体，是一种没有实现的方法。

（4）synchronized 方法，被修饰符 synchronized 修饰的方法实现多线程之间的协调。

（5）类的方法与可以有返回值，也可以没有返回值；方法既可以有输入参数，也可以没有输入参数，如【程序 3-10】所示。同时，一个文件中只能有一个主方法（主函数），Java 主方法书写比较固定，主方法名必须为"main"，且必须用"public static void"进行修饰，但对形参的限制比较低，只要求形参是字符串数组即可。

【程序 3-10】

```
public class Test {
    void noArgsAndnoReturn(){              // 无返回值、无参数。
        System.out.println("noArgsAndnoRetrun");
    }
    String noArgs(){                       // 有返回值、无参数。
        return "noArgs";
    }
     void noReturn(String s){              // 无返回值、有参数。
        System.out.println(s);
    }
     public static void main(String[] abc){  // 主方法。
        System.out.println("abc");
     }
}
```

3.2 对象的实例化

3.2.1 对象的创建

类是对同一类事物的统称，它具有这一类事物的共同特征，类是抽象的。而对象是一个实实在在的个体，对象是具体的，是类的一个实例。比如："人"是一个类，而"教师"则是"人"的一个实例。比如："教师"是类。"张三老师"就是对象。

可以通过创建对象来细化这些特征以形成对事物的具体描述。对象是类的实例化体现，可以理解为对象就是类的载体。在 Java 程序中，我们将复杂的问题分解成一个个的对象，然后通过对象之间的相互作用解决问题。

创建一个对象包括对象的声明和为对象分配内存两个步骤。

3.2.1.1 对象的声明

类的名字　对象名字；

若 Cat 为类，则可用该类定义加菲猫对象 garfield 如下：

Cat garfield；

3.2.1.2 为声明的对象分配内存

为定义的对象分配内存使用 new 运算符配合类的构造方法来完成。类的默认构造方法为无参数构造方法，程序开发者可以覆盖该方法或者增强带有其他参数的构造方法。例如：

```
Cat garfield = new Cat();
```

或

```
Cat garfield;
garfield = new Cat();
```

对象分配内存后则其属性和方法可以访问，属性描述了对象的状态，而方法来自类，表示其所具备的功能或操作。对象调用自身的属性或方法使用引用运算符"."来实现。

通过一个类我们可以创建很多对象，这些对象可以是相同的，也可以是相异的。例如：

```
People people1 = new People();
People people2 = new People();
People people3 = new People();
people3=people2;
```

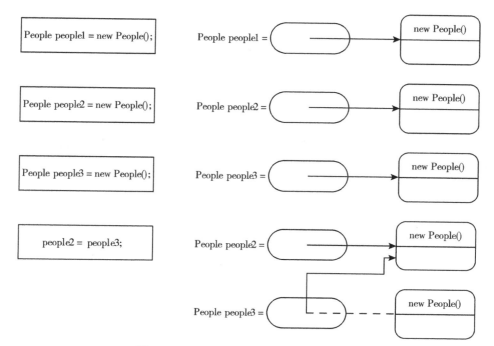

图 3-2 Java 实例化对象的内存存储机制

3.2.2 对象的引用

Java 中一切都被视为对象，可以直接操纵元素，也可以操纵实际指向一个对象的"引用"（reference）的标识符。对象和对象引用不是一回事，是两个完全不同的概念。看下面的例子，是通常用来创建一个对象的方式：

```
People p1 = new People ( );
```

此处，new People () 得到的是一个 People 的对象，而 p1 则是执行 new People () 这个对象的引用。如果对以上代码进行分解，则为：

（1）new People 以 People 为模板在堆中创建一个 People 类的对象。

（2）对象创建后，调用 People 类的构造方法 People() 为对象分配内存。

（3）People p1 定义一个以 People 为模板的引用对象。

（4）通过复制操作 "="，使引用对象指向在堆中创建的 People 类的对象。

值得注意的是，引用是存放在栈中，而对象存放在堆中，虽然 new People () 得到了一个对象，但其没有给出具体的命名，因而后方代码无法直接使用，故而使用 p1 指向了该对象，以便调用。另外，可以存在多个引用指向同一个对象的情况，例如：

```
People p1 = new People ();
People p2;
p2 = p1;
```
此处，People p2 完成 p2 的定义后没有指向任何一个对象，但通过 p2 = p1，将 p1 的引用赋予了 p2，即 p2 和 p1 指向了同一个对象，从而 p1 的属性发生改变则 p2 的属性也同样发生改变。

下面是一个简单对象使用实例，演示了进制对象的使用，可以完成 2~27 间任意进制的转换。

【程序 3-11】
```java
public class ClassTest {
    //定义默认进制 为2进制
    int jinzhi=2;
final static String Std_Str="0123456789ABCDEFGHIJKLMNOPQRSTUVWXYZ";
    //定义任意转换为10进制的方法
    String to10(String s){
        int sum=0;
        for(int i=s.length()-1;i>=0;i--){
            char c=s.charAt(i);
            int t=Std_Str.indexOf(c);
            sum=sum+(int)(t*Math.pow(jinzhi,s.length()-1-i));
        }
        return ""+sum;
    }
    public static void main(String args[]){
        //实例化对象ct
        ClassTest ct=new ClassTest();
        //设置为4进制，可以取2~27间的任意值
        ct.jinzhi=4;
        //调用方法将4进制的123转换成10进制
        String a=ct.to10("123");
        //输出转换后的结果
        System.out.println(a);
    }
```

}
输出结果为：
```
27
```

3.3 静态属性与静态方法

3.3.1 静态属性

如果类中的属性被 static 修饰，则称为静态属性。此时，所有的对象共同使用同一个属性，每个对象对该属性的修改都将引起属性值的变化。静态的属性可以不使用对象调用，即使没有类所创建出来的对象，静态属性也是存在的，其独立于对象而存在，属于类，因此可以直接用类名调用。

3.3.2 静态常量

静态常量与静态属性相比增加了 final 修饰，表明该属性属于类而且不再发生改变，例如在 Java 中的 Math 类中定义了一个 E 的静态常量：

```
public class Math{
    ...
    public static final double E = 2.718281828459045;
    ...
}
```

3.3.3 静态方法

静态方法是不使用对象而直接使用类名即可调用的方法，在静态方法中所调用的属性只能是静态的。例如，在 Math 类中就有 sin、cos、pow、abs、sqrt 等众多方法是静态方法，将其设计为静态方法省去了调用时必须生成对象的烦琐，否则描述一个数学公式时则需要预先声明一个 Math 类的对象，这样做显得代码极其冗余。如下是一个关于静态方法的示例：

【程序 3-12】
```
public class Example
{
 int x = 2;              //类的实例变量，初始化值为2
 static int  y = 3;      //类的静态变量，初始化值为3
```

```java
    public static void method()        // 静态方法
    {
    System.out.println("实例变量x = " + new Example().x);   //
在静态方法中访问类的实例变量需首先进行类的实例化
    System.out.println("静态变量y = " + y);  // 在静态方法中可直接
访问类的静态变量
      anthorMethod();      // 正确,可以调用静态方法
      //x=3;               // 错误,不能使用实例变量
      //resultMethod();    // 错误,不能调用实例方法
    }
    public static void  anthorMethod()       // 类的另一个静态方法
    {
     y++;
    }
    public  void   resultMethod()     // 类的一个实例方法
    {
     anthorMethod();       // 正确,可以调用静态方法
    }

    public static void main(String[] args)
      {
          Example.method();
          Example ex = new Example();
      }
}
```

Java 中 main 方法便是一个静态方法,是程序的入口方法,main 方法不操作任何对象。因为程序在启动时,还没有产生任何对象,静态的 main 方法将创建程序所需的对象,并予以执行。

使用 static 的注意事项:

(1) 静态方法仅能操作类中的静态属性。
(2) 非静态方法可以访问任何属性,包括静态属性和非静态属性。
(3) 非静态方法中不能定义任何的静态变量。
(4) 静态方法的方法体中不可使用 this 来引用属性或者方法。
(5) 静态方法中不能调用非静态的方法,但反之可以。

3.4 构造方法

3.4.1 构造方法的定义

构造方法是初始化类创建出来的对象的方法，它一般用于 new 运算符配合，给对象的属性赋初值，是一种特殊的没有任何类型返回值（包括 void）的方法。

在现实生活中，很多事物一出现，就天生具有某些属性和行为。比如人一出生，就有年龄、身高、体重，就会哭；汽车一出产，就有颜色、有外观、可以行驶等。因而就可以将这些天然的属性和行为定义在构造方法中，当 new 实例化对象时，也就具有这些属性和方法了，没必要再去重新定义了，从而加快了编程效率。

3.4.1.1 构造方法的主要作用

（1）创建对象。通过构造方法，程序将按照类这个模板建立起对象，并使得对象具备类的属性和方法。

（2）对象初始化。通过构造方法，程序可以按照构造方法的参数列表将相应的属性进行初始化，使得对象的属性具备参数所给定的初值。

3.4.1.2 构造方法示例

（1）无参构造方法中只定义了一个方法。new 对象时，就调用与之对应的构造方法，执行这个方法。不必写".方法名"。

【程序 3-13】

```
public class ConfunDemo {
    public static void main(String[] args) {
        Confun c1=new Confun();            // 输出 Hello World。
```
new 对象一建立，就会调用对应的构造方法 Confun()，并执行其中的 println 语句。
```
    }
}
class Confun{
    Confun(){           // 定义构造方法，输出 Hello World
        System.out.println("Hellow World");
    }
}
```

输出结果为：
Hellow World

（2）有参构造方法，在 new 对象时，将实参值传给 private 变量，相当于完成 setter 功能。

【程序 3-14】
```java
public class ConfunDemo2 {
    public static void main(String[] args){
        Person z=new Person("zhangsan",3);      // 实例化对象时，new Person()里直接调用Person构造方法并转递实参，相当于setter功能
        z.show();
    }
}
class Person{
    private String name;
    private int age;
    public Person(String n,int m){              // 有参数构造方法，实现给private成员变量传参数值的功能
        name=n;
        age=m;
    }
    //getter                                    // 实例化对象时，完成了sett功能后，需要getter，获取实参值。
    public String getName(){
        return name;
    }
    public int getAget(){
        return age;
    }
    public void show(){                         // 获取private值后，并打印输出
        System.out.println(name);
    }
}
```

输出结果为：
zhangsan

3.4.1.3 构造方法的特点
（1）构造方法名与其所在的类的名字同名。
（2）构造方法无任何返回值类型（与返回值为 void 类型不同，构造方法是连返回的类型都没有）。
（3）构造方法无 return 语句。
（4）构造方法可以重载，但只有构造方法才能调用构造方法。

3.4.1.4 默认构造方法
当一个类中没有定义构造方法时，系统会给该类中加一个默认的空参数的构造方法，方便该类初始化。只是该空构造方法是隐藏不见的。

如下，Person(){} 这个默认构造方法是隐藏不显示的。
```
class Person
{
    //Person(){}
}
```
如果某个类自己定义了一个构造方法，那么默认的空参数、空方法体的构造方法就消失了，如果仍需要空参数、空方法体的构造方法，则需要在类中自行编写。

3.4.2 构造方法的重载

构造方法也是方法的一种，同样具备方法的重载（Overloding）特性，即可以有多个方法名相同，参数不同的方法。

【程序 3-15】
```
class Cat
{
    private String name;
    private int height;
    Cat()                                   // 无参数构造方法
    {
        System.out.println("A:name="+name+":::height="+height);
    }
    Cat(String n)                           // 带一个参数的构造方法
    {
        name = n;
        System.out.println("B:name="+name+":::height="+height);
```

```
        }
        Cat(String n,int a)                    // 带两个参数的构造方法
        {
            name=n;
            height=a;
            System.out.println("C:name="+name+":::height="+height);
        }
}
class CatDemo2
{
        public static void main(String[] args)
        {
            Cat p1=new Cat();
            Cat p2=new Cat("tom");
            Cat p3=new Cat("tom",10);
        }
}
```
输出结果为：
A:name=null:::height=0
B:name=tom:::height=0
C:name=tom:::height=10

3.5 构造代码块

　　类中属性的赋初值可以在构造方法中实现，也可以在属性声明时给定一个初值，而另外一种赋初值则可以通过称之为初始化块 (initialization block) 的方式完成。类中可以按照需求定义多个初始化块，当类的对象被构造时所有的初始化块均将被执行，其实现类产生出的所有对象的统一初始化。

【程序 3-16】
```
class Cat{
        private int id;
        private String name;
        private int age;
```

```
        {
                show( );// 第一个初始化块，创建任何一个对象时 show 方法都被执行
        }
        public Cat(){// 构造方法，使用 new 进行初始化时 show 方法被调用
                show( );
        }
        public Cat(int id, String name, int age) {// 另一个含有多个
参数的构造方法
                this.id = id;
                this.name = name;
                this.age = age;
        }
        public void show(){
                System.out.println("I am a cat");
        }
}
```

若要实现类的静态域的初始化，则可以采用静态的初始化块。即将用于初始化的代码放在有大括号标记的块中，并使用 static 在大括号前进行标记。给静态的数组 intA 赋予一些初始的数值。

```
        static int[] intA=new int[4];
        static
        {
                intA[0]=0; intA[3]=8;
        }
```

3.6　this 关键字

this 关键字可以用来调用本类中的属性、方法或者在构造方法中调用另一个构造方法（此时，该调用需在第一行出现）。

【程序 3-17】
```
public class Cat {
    public Cat(String name) { // 定义一个带参数的构造方法
    }
```

```
  public Cat() { //定义一个无参数构造方法，该方法调用上面带参数的构造方法
    this("Tom");
}
  String name; //定义一个属性name
  private void setName(String name) { //定义一个方法，传入name用
于设置属性
    this.name=name; //将参数的值传递给对象的name属性
  }
}
```

上述代码中，参数 name 与 this.name 有本质不同，setName 方法在调用时将 name 作为参数传递给对象，并通过 this.name=name 将参数 name 的值赋值给对象的 name 属性。此处，this.name 相当于代表调用 setName 方法的对象的 name 属性。另外，this("Tom") 中的 this 表示构造方法，由于传递 String 类型的参数，因此 this() 实质上调用了 public Cat(String name) 这个构造方法。也就是说在构造方法中使用 this() 时，程序会根据传递的参数情况找寻相应的构造方法进行调研，如果没有找到则编译出错。

3.7 内 部 类

内部类（Inner Class）是定义在一个类的内部的类，相应的包括内部类的类则称之为外部类。内部类一方面可以隐藏一些内部特征，另一方面可以实现多个内部类独立地继承自同一个接口，并实现该接口从而形成多样化的特征。内部类除了包含其的外部类可以访问外，其他任何类均无方法，并且具备以下特性：

（1）内部类创建的对象都有自己的属性特征，且与外部类的对象互相独立。

（2）内部类可以访问外部类的属性和方法，但不能使用 this 进行调用。

（3）内部类不能使用 public 修饰，因为 Java 文件中只能有一个 public 修饰的类。

下面的程序演示了内部类的使用：

【程序 3-18】

```java
public class OuterClass {
    public String name ;
    public int age;
    public void display(){
       System.out.println("I am the display() of OuterClass");
    }
    public class InnerClass{
      public InnerClass(){
      name = "tom";
      age = 18;
     }
      public OuterClass getOuterClass(){
          return OuterClass.this;
    }
      public void display(){
          System.out.println( name +":" + age);
     }
   }
    public static void main(String[] args) {
      OuterClass outerClass = new OuterClass();
      OuterClass.InnerClass  innerClass = outerClass.new InnerClass();
        innerClass.display();
        innerClass.getOuterClass().display();
     }
 }
```

输出结果为：

```
Tom:18
I am the display() of OuterClass
```

程序【3-19】中的代码展示了本节讨论的很多特性：

（1）重载构造器；

（2）用 this(...) 调用另一个构造器；

（3）无参数构造器；

（4）对象初始化块；
（5）静态初始化块；
（6）实例域初始化。

【程序 3-19】
```java
import java.util.*;
public class ConstructorTest
{
    public static void main(String[] args)
    {
        // 实例化三个对象
        Employee[] staff = new Employee[3];
        staff[0] = new Employee("Harry", 40000);
        staff[1] = new Employee(60000);
        staff[2] = new Employee();
        // 输出所有信息
        for (Employee e : staff)
            System.out.println("name=" + e.getName() + ",id=" + e.getId() + ",salary="+ e.getSalary());
    }
}
class Employee
{
    private static int nextId;
    private int id;
    private String name = "";    //实例域初始化
    private double salary;
    //静态初始化块
    static
    {
        Random generator = new Random();
        // 设置 nextId 为 0~9999 间的随机数
        nextId = generator.nextInt(10000);
    }
    // 对象初始化块
```

```java
    {
        id = nextId;
        nextId++;
    }
    // 三个不同参数的构造方法
    public Employee(String n, double s)
    {
        name = n;
        salary = s;
    }
    public Employee(double s)
    {
        // 调用 Employee(String, double) 构造方法
        this("Employee #" + nextId, s);
    }
    // 默认构造方法
    public Employee()
    {
        // name 初始化为 ""
        // salary 初始化 0
        // id 在初始化块进行设置
    }
    public String getName()
    {
        return name;
    }
    public double getSalary()
    {
        return salary;
    }
    public int getId()
    {
        return id;
    }
}
```

3.8　Java 包

Java 将相关的类放置在同一个包 (package) 中以便于管理，也便于将同名的类加以区分。包实际上通过操作系统的文件夹管理机制来呈现，包用"."来描述一种层次关系，该关系对应于文件夹的嵌套关系。例如，Java 的标准类库中就有 java.util 这个包，那么对应层次关系就是 java 文件夹下的 util 文件夹。

3.8.1　类的导入

根据访问规则，任何类可以访问其所在包中的所有类以及其他包中的通过 public 修饰的类。如果需要调用另一个包中的类，一种方式是给出类的完整包名。例如：

```
java.util.Random r=new java.util.Random();
```

如上便是创建了一个来自 Java 包下 util 包中的 Random 类的对象 r。

另一种方式则是通过 import 语句在类声明之前，将所要使用的类引入到当前类中，或者将一个包下所有的类引入到当前类中。当使用 import 引入后，则不需要逐个明确指出包的名称的方式来声明要使用到的类。例如：

在类定义前声明 import java.util.*; 或 import java.util.Random 后，则可以直接使用 Random 来定义对象。

```
Random r=new Random();
```

值得注意的是，如果所 import 的多个包中包含了相同名称的类，在使用时必须明确地指出类的来源，否则会出现编译错误。例如，java.util 和 java.sql 包都有 Date 类，如果导入了这两个包，则在使用 Date 类时，仍需明确指出 Date 类的来源。

```
import java.util.*;
import java.sql.*;
java.util.Date now=new java.util.Date();
```

3.8.2　包的作用域

包的作用域一共有三种情况：

（1）修饰符 public：被 public 修饰的代码可以被任何类所调用；

（2）修饰符 private：被 private 修饰的代码只能被其自身所调用；

（3）没有指定修饰符的部分：这种默认的修饰可以被同一个包中类访问。

3.9 应用实例

(1) 求函数 y=|x*sin(x)| 在 {0,1} 区间的积分。

【程序 3-20】

```java
public class Jifen {
    //a、b代表区间取值
    double a=0;
    double b=1;
    public double f(double x){
        return Math.abs(x*Math.sin(x));
    }
    // 计算区间积分
    public void cal(){
        double y;
        int m=1000;
        double h=(b-a)/m;
        double s=0;
        double v=0;
        for(int i=1;i<=m;i++){
            double p0=a+(i-1)*h;
            double p1=a+i*h;
            double y0=f(p0);
            double y1=f(p1);
            s=s+(y1+y0)*h/2;
            v=v+y1*y1*Math.PI*h;
        }
        System.out.println("面积："+s+"   体积："+v);
    }
    public Jifen(int a,int b){
        this.a=a;
        this.b=b;
    }
```

```
    public static void main(String args[])
    {
        Jifen jf=new Jifen(1,100);
        jf.cal();
    }
}
```

（2）小游戏程序。从事先确定的棋子中由用户和电脑轮流取棋子，每次可以取 1~3 个棋子，谁取最后一个棋子谁就输掉游戏。看看能否下赢程序。

【程序 3-21】

```
import java.util.Random;
import java.util.Scanner;

public class ChessGame {
    // 定义默认棋子总数
    int chess=100;
     // 构造方法，参数是棋子总数
    public ChessGame(int c){
        this.chess=c;
    }
     // 获取所取的棋子数
    public int getInput(){
        Scanner s=new Scanner(System.in);
        int t=s.nextInt();
        while(t<1 || t>3){
            System.out.println(" 您必须取 [1、2、3] 个棋，请重新输入:");
            t=s.nextInt();
        }
        return t;
    }
      // 输出每轮用户所取棋子的数量信息
    public void humanStep(){
        System.out.println(" 当前有 ["+this.chess+"] 个棋，请输入您要取的棋的个数:[1、2、3]");
```

```java
                int t=this.getInput();
                this.chess=this.chess-t;
                System.out.println("您取掉了["+t+"]个,还剩["+this.chess+"]个");
    }
    //定义电脑取棋子的随机方法,
     public int getRandom(){
            Random r=new Random();
            return Math.abs(r.nextInt())%3+1;
    }
    //输出每轮电脑所取棋子的数量信息
    public void computerStep(){
            if(this.chess%4= =1){
                    int t=this.getRandom();
                    this.chess=this.chess-t;
                    System.out.println("电脑取掉了["+t+"]个,还剩["+this.chess+"]个");
            }else if(this.chess%4= =2){
                    this.chess=this.chess-1;
                    System.out.println("电脑取掉了[1]个,还剩["+this.chess+"]个");
            }else if(this.chess%4= =3){
                    this.chess=this.chess-2;
                     System.out.println("电脑取掉了[2]个,还剩["+this.chess+"]个");
            }else if(this.chess%4= =0){
                    this.chess=this.chess-3;
                     System.out.println("电脑取掉了[3]个,还剩["+this.chess+"]个");
            }
    }
    //游戏启动的方法
    public void start(){
        while(this.chess>1){
```

```
            this.humanStep();
            if(this.chess==1){
                System.out.println("您大获全胜");
                break;
            }
            this.computerStep();
            if(this.chess==1){
                System.out.println("我们抱歉地通知，您失败了");
                break;
            }
        }
    }
    public static void main(String args[]){
        ChessGame cg=new ChessGame(32);
        cg.start();
    }
}
```

习　题

1. 类和对象的关系是什么？
2. Java 中类成员的访问修饰符有哪些？各有什么作用？
3. 编写程序说明静态成员和实例成员的区别？
4. 修饰符是否可以混合使用？混合使用时需要注意什么问题？
5. 什么是最终类，如何定义最终类？
6. 简述构造方法的功能和特点，指出下面 book 类的构造方法所包含的错误。

```
Void  book(int   ID , String   name){
     BookID = ID;
     Bookname = name;
     return name;
}
```

7. 包的作用是什么？怎样在程序中引入已定义的类？
8. 设计一个长方形类，成员变量包括长和宽。类中有计算面积和周长的方法，并用相应的 setter 方法和 getter 方法设置和获得长和宽。编写测试类测试是否达到预定功能。要求使用自定义的包。

9. 请定义一个交通工具 (Vehicle) 的类，其中有：属性：速度 (speed)、体积 (size) 等，方法：移动 (move( ))、设置速度 (setSpeed(int speed))、加速 speedUp()、减速 speedDown( ) 等。最后在测试类 Vehicle 中的 main() 中实例化一个交通工具对象并通过方法给它初始化 speed,size 的值并且打印出来。另外调用加速、减速的方法对速度进行改变。

10. 定义一个表示学生信息的类 Student，要求如下：

（1）类 Student 的属性如下：

no 表示学号；name 表示姓名；gender 表示性别；age 表示年龄；score 表示课程成绩。

（2）类 Student 带参数的构造方法：

在构造方法中通过形参完成对成员变量的赋值操作。

（3）类 Student 的方法成员：

getNo( )：获得学号；

getName( )：获得姓名；

getGender( )：获得性别；

getAge( ) 获得年龄；

getScore( )：获得课程成绩。

11. 定义一个复数类，在主函数中实现复数的算数运算。

12. 定义一个圆类 Circle，在类的内部提供一个属性：半径 R，同时提供两个方法：计算面积 (getArea()) 和计算周长（getPerimeter())。通过两个方法计算圆的周长和面积并且对计算结果进行输出。最后定义一个测试类对 Circle 类进行使用。

13. 定义一个类 Calculaion，其中包含四个方法：加 (add( ))、减 (sub( ))、乘 times(( )) 和除 (div( ))。 创建一个具有 main() 方法的类。在 main( ) 方法中创建一个 Calculation 的实例对象并对其中的方法进行调用。

14. 编写猜数字游戏程序，规则如下：

（1）计算机随机生成 4 个数字 (每个数字 0~9 范围内，不重复)，例如 1234；玩家猜测这四个数字是多少；例如猜测为 3219。

（2）计算机根据人输入的结果来输出结果，凡是位置和数字均正确则返回一个 A。

（3）若仅有数字正确则返回一个 B，最终告知用户 xAyB。本例 3219 则返回 1A2B。直到用户猜测到 4A 或者超过 10 次仍未得到 4A 则游戏结束。

程序中应考虑以下问题：

如何输入最为有效？如何破解此游戏？如何增减游戏难度？如果计算机生成的数字可以重复应怎样处理？

第 4 章 继承与多态

引言

继承和多态是面向对象程序设计的重要特性，也是面向对象方法比较符合人类思维习惯的一个重要体现。通过继承可以形成关系明确、层级递进的类的体系，从而更加有效地组织程序结构。多态则可以提供类的抽象度和封闭性，统一对外的接口。应用继承和多态可以提高程序的重用性，使程序本身更加简洁。

学习目标

1. 继承和多态的概念；
2. 属性、方法在继承中的特点；
3. 多态性及其应用；
4. 接口的定义和作用。

4.1 继 承

继承指的是一个新的类从已经存在的类那里得到新的特性，并可以增加它自己的新功能的能力。已经存在的类称为父类或基类，产生的新类称为子类或派生类，子类同样也可以作为基类再派生新的类，这样就形成了类的层次结构。

按照继承的关系来看，父类更具有一般性、更为通用，而子类相对父类来说则更为具体、更具有个性化特征。例如，假设要建立一个笔记本电脑、台式电脑的类，笔记本电脑具有 name 属性和 display 方法、operate 方法和 move 方法，台式电脑具有 name 属性和 display 方法、operate 方法和 print 方法。那么不使用继承，则建立的类如下：

```
public class Laptop {
    public String name;
    public void display(){
    }
    public void operate(){
    }
    public void move(){
    }
}
public class Desktop {
    public String name;
    public void display(){
    }
    public void operate(){
    }
    public void print(){
    }
}
```

从以上两个类可以看出，name 属性和 display 方法、operate 方法对于笔记本电脑类 Laptop 和台式电脑类 Desktop 来说是共有，而 move 方法和 print 方法是他们各自的独立特性。这样如果电脑的 display 方法需要修改时，则两个类的 display 方法均需要做同样的修改，显得较为烦琐，且若修改时稍有不慎便可能导致两个类的方法不一致。采用继承则可以解决上述问题，并使得两个类具有自己的个性特征。此时应首先建立一个 Computer 类，作为父类。

```
public class Computer {
    public String name;
    public void display(){
    }
    public void operate(){
    }
}
```

Computer 类中具备了 Laptop 和 Desktop 的共同部分，即 name 属性和 display 方法、operate 方法。其后子类中添加自身的个性化部分即可。

```
public class Laptop extends Computer {
```

```
    public void move(){
    }
}
public class Desktop extends Computer {
    public void print(){
    }
}
```

值得注意的是，子类继承父类时，不但可以增加新的属性和方法，还可以改写父类的方法，这只需要在子类中将父类的方法重新按照自身意图改写即可。

继承分为单一继承(single inheritance)和多重继承(multiple inheritance)，对 Java 语言，出于安全、可靠性的考虑，摒弃了多重继承的复杂性，只支持单一继承。单一继承是一个子类只能继承一个父类，多一继承是一个类可以有一个以上的父类，它的成员属性和方法从所有这些父类中继承。单一继承采用树状结构，容易掌握和控制，而现实世界中类似网状关系的多重继承关系十分复杂，但均可以利用抽象类、接口类等机制配合继承予以解决。

4.1.1 类之间的关系

除了继承作为两个类之间的常见关系外，类之间还存在依赖、关联、聚合、组合关系，其各自实现不同的程序设计功能。

4.1.1.1 继承（实现）

继承是通过关键字 extends 所表示的子类继承父类的关系。如果父类为接口类，则这种过程使用 implements 关键字来表示，称之为实现，实现时可以借助一个类来实现多个接口的方法。

4.1.1.2 依赖

依赖关系表示一个类的方法操作依赖于另一个类来实现，通常表现为类的方法调用或使用另一个类的对象，即另一个类以局域变量、方法参数、静态方法、静态属性方式参与到类的方法描述中。例如：一个 Person 类可以通过 adopt 方法收养 Cat，那么 Person 类将依赖于 Cat，Cat 发生改变则 Person 将发生改变。

```
class Cat {
    public String name;
    public static void show(){
        System.out.println(" I am cat "+name);
```

            }
        }
        class Person {
            public void adopt(Cat cat){// 依赖于参数
                cat.show();
            }
            public void adopt(){
                Cat cat = new Cat(); // 依赖于局部变量
                cat.show();
            }
            public void adopt(){
                Cat.show();   // 依赖于静态方法
            }

4.1.1.3 关联

关联是两个类之间或者类与接口之间的强烈依赖关系，它不同于依赖，依赖关系中如果存在依赖关系的方法没有被调用则被依赖的类发生改变也不对结果产生影响。但依赖关系是以成员属性方式存在于另一个类中，因此关联的类发生改变必然产生影响。另外，关联分为单向关联和双向关联，单项关联表现为一个类以成员属性方式出现在另一个类中，而双向关联则是两个类互相都出现在对方的成员属性中。例如：

        class Cat {
            public String name;
            public static void show(){
                System.out.println(" I am cat "+name);
            }
        }
        class Person {
            Cat[] catA;
        }

4.1.1.4 聚合

聚合是两个类之间的强的关联关系，它表现为某个类作为另外一个类的一部分，彼此关系紧密。聚合与关联相同，也采用成员属性方式来呈现，这与关联在代码上的表征完全一致，仅是在语义上有差异。例如：Person 类和 Cat 类的关系，Cat 是属于人的宠物，且具备一定的操作方法。

```
class Person{
    Cat cat;
    public void set Cat (Cat c){
        This.cat = c;
    }
    public Cat get Cat (){
        return this.cat;
    }
}
```

4.1.1.5 组合

组合是一种比聚合更强的关联关系，表示整体—部分的强烈关联关系，且整体与部分共同存在。组合关系同样也适用成员变量实现，但成员变量一般会在构造方法中赋值。例如下面的代码：

```
class Person{
    Head head;
    public void setHead(Head h){
        This.head = head;
    }
    public Head getHead(){
        return this.head;
    }
    Public Person(Head head){
        this.head=head;
    }
}
```

值得注意的是，仅仅阅读代码并不能区分关联、聚合和组合，只有从同类的语义来分析确定具体是哪一种关系。

4.1.2 定义子类

extends 关键字定义了子类和父类之间的继承关系，在关键字之前的类称为子类，关键字之后的称为父类，子类继承了父类的所有属性和方法。

子类定义格式：

```
class SubClass extends SuperClass
```

{……

}

如果省略 extends 子句,则该类为 Object 的子类。

继承使得子类中自动包含了父类内的所有属性和方法(父类私有属性同样也可以通过父类的非私有方法访问,也即是父类中私有属性虽然对子类不可见,但依旧存在)。子类也可以根据需求定义与父类同名的属性,从而在应用子类时仅能访问到自身的属性,而不能访问父类的同名属性,使得父类的属性被隐藏(域隐藏)。例如:

【程序 4-1】
```
class A {
 int val;
 public void setVarA(int v){
  val=v;
   //设置属性值
 }
 public int getVarA(){
     return val;
     //获得属性值
 }
}
class B extends A{
 private long val;
 public void setVarB(long v) {
   val=v;
     //设置属性值
 }
 public long getVarB(){
    return val;
   }
}
public class Example{
 public static void main(String[] args) {
    B b=new B( );//创建对象b,b中有两个同名属性var
```

```
    b.setVarA(1234567890);
    // 调用继承自父类的方法设置继承自父类的 var
    b.setVarB(12345678900L);
    // 调用本身定义的方法设置本身定义的 var
    System.out.println(b.getVarA());// 输出继承自父类的 var
    System.out.println(b.getVarB());// 输出继承自子类的 var
    }
}
```

4.1.3 覆盖方法

父类的非私有（non-private）方法作为类的非私有成员，将被子类自动所继承，并且如果父类的某个私有方法被某个非私有方法所调用，则子类也可以同该非私有方法调用到父类的私有方法。子类同样也可根据需求定义与父类同名的方法，如果该方法名称、参数列表与父类方法相同，那么将覆盖父类方法。通常，覆盖父类的方法的目的是实现符合子类的行为或者按照子类的要求增强父类的功能。例如：

【程序 4-2】

```
class Shape{
    double d1;
    double d2;
    double area() {
        return(d1*d2);
    }
}
class Circle extends Shape{
    double r;
    Circle (double r) {
        super(r ,r);
        this.r=r;
    }
    double area() {
        return(d1*d2*Math.PI);
    }
}
```

这里 Circle 类中的方法 area 便覆盖了父类的 area 方法，其实现了根据半径来计算圆形的面积。

方法的覆盖应遵循的原则：

（1）覆盖方法的返回类型必须与它所覆盖的方法相同。

（2）覆盖后的方法不能比被覆盖的方法有更严格的访问权限（可以权限相同）。

（3）如果父类中的私有方法在子类中被重写，则并没有产生覆盖，这是因为子类不能继承父类的私有方法，故而不存在覆盖。

（4）覆盖后的方法不能比被覆盖的方法抛出更多的异常。

进行方法覆盖时必须遵从这些原则，否则编译器会指出程序出错。例如下面的代码：

```
class Parent {
    public void method1() {}
}
class Child extends Parent {
    private void method1() {}
    // 非法，子类中的method1()的访问权限private比被覆盖方法的访问权限public低。
}
```

4.1.4 子类构造方法

对于子类构造方法来说，与一般方法不同，子类并不继承父类的构造方法，但必须隐式或者显式地调用。

【程序 4-3】
```
public class ExtendsTest {
    public static void main(String[] args) {
        Son s = new Son(5678);
    }
}
class Father{
    public Father() {
        System.out.println(90);
    }
    public Father(int t) {
```

```
            System.out.println(t);
        }
    }
    class Son extends Father{
        public Son() {
        }
         public Son(int t) {
            System.out.println(1234);
        }
        public Son(int t1, int t2) {
            super();
            System.out.println(t1+t2);
        }
    }
```
输出结果为：
```
90
1234
```

程序通过 new Son(5678) 初始化子类 Son 的对象 s 时，调用了 public Son(int c) 这个构造方法，但调用该构造方法必须首先隐性地调用父类无参数的构造方法 Father()（如果父类无参数方法出现在子类则使用 super() 来描述），从而上述的构造方法等价于：

```
public Son(int c) {
    super(); // 必须在第一行
    System.out.println(1234);
}
```

另外，与 public Son(int c) 不同的是，public Son(int t1, int t2) 构造方法显式地调用了父类的构造方法。

4.1.5 super 关键字

关键字 super 是指向当前对象的直接父类对象的引用，它代表直接父类而不代表父类的父类或者更深层次的父类（祖先类）。super 只能用于子类的构造方法和实例方法中，不能用于子类的类（静态）方法中。因为 super 指代的是一个父类的对象，它需要在运行时被创建，而静态方法是类方法，它是类的一部分。当类被加载时，方法已经存在，但是这时候父类对象还没有被初始化。

子类中调用父类未被隐藏或覆盖的属性或方法,可以不加 super 关键字,而对于子类重写了属性或方法的情况,此时调用则必须增加 super 关键字,以明确区分所调用属性、方法来自子类还是父类。

super 的主要作用:

(1) super 在子类对象的方法中引用父类对象的成员。

【程序 4-4】

```java
class Vehicle
{
    int speed = 50;
    void speeding( ){
        speed++;
    }
}
class Car extends Vehicle
{
    int speed = 70;

    void display()
    {
        // 通过 super 调用父类的属性
        System.out.println("Speed: " + super.speed);
         // 通过 super 调用父类的方法
        super.speeding( );
    }
}
class Test
{
    public static void main(String[] args)
    {
        Car small = new Car();
        small.display();
    }
}
```

```
public String getInfo(){
    return super.getInfo() + ",school:" + school;
   }
}
```

（2）子类的构造方法可以通过 super (参数列表) 来调用父类的构造方法，但必须书写在子类构造方法的第一行。当使用 super() 时则调用父类的无参数构造方法，如果父类定义了无参数构造方法则调用该方法，如果父类不存在任何构造方法则调用父类默认的构造方法，如果父类定义了构造方法但没有定义无参数构造方法则出错。

【程序 4-5】

```
class Person
{
    Person()
    {
        System.out.println("Person class Constructor");
    }
}
class Student extends Person
{
    Student()
    {
        // 调用父类的构造方法
        super();
        System.out.println("Student class Constructor");
    }
}
   class Test
{
    public static void main(String[] args)
    {
        Student s = new Student();
    }
}
```

在 Java 中，子类是父类的派生类，它的实例化依赖于父类的实例化。所以它的任何一个构造方法都必须要初始化父类，Java 是 super 关键字调用父类构造方法来完成这个操作的。

如果在子类的构造方法中，没有显式调用 super 来初始化父类的话，那么 Java 会隐式地调用 super( );来调用父类无参构造方法并把它放在构造方法的第一行。因为子类的实例化依赖于父类的实例化，在构建子类时，必须要有父类实例，只能有了父类的实例，子类才能够初始化自己。如果父类没有无参构造方法，那么子类中就必须显示调用 super 关键字来调用已有的有参构造方法来初始化父类。

super 关键字指代父类对象，主要用于在子类中调用来自直接父类的方法和属性，也用于初始化子类时对父类进行初始化。子类的静态方法中不能使用 super 关键字。

4.1.6 父类对象与子类对象的转换

由于子类与父类同根同源，因此也存在与基本类型数据相似的强制类型转换关系。此处，将子类转化为父类称为向上转换，而从父类转化为子类称为向下转换。子类和父类之间的类型转化为便捷的程序开发提供了一个便利的条件。例如，ClothesBand 类为父类，其产生了 Nike、Lining、Adidas 等子类，如果 ClothesBand 用方法 evaluate 评价并返回 double 型的品牌价值，则子类均根据自身情况对 evaluate 方法进行了改写。如果我们要统计来自 2 个城市的 Nike、Lining、Adidas 的品牌价值，那么则可以使用如下方式：

【程序 4-6】

```
public class ClothesBandEvaluate{
    public static void main(String args[]) {
        ClothesBand[] cbA=new ClothesBand( "" )[6];
        cbA[0]= (ClothesBand)(new Nike( "xi'an" ));
        cbA[1]= (ClothesBand)(new Lining ( "xi'an" ) );
        cbA[2]= (ClothesBand)(new Adidas ( "xi'an" ) );
        cbA[3]= (ClothesBand)(new Nike( "shanghai" ) );
        cbA[4]= (ClothesBand)(new Lining ( "shanghai" ) );
        cbA[5]= (ClothesBand)(new Adidas ( "shanghai" ) );
        double ret=0;
        for(int i=0;i<cbA.length;i++){
            ret=ret+cbA[i]. evaluate();
```

            }
        }
    }
一般来说，从子类到父类的转化可以不强制显式地描述，但由父类转化为子类则必须明确地写出，同时如果将父类转化为子类还必须要求父类对象本身就是来自该子类的一个对象，否则将产生映射错误。也即是说：

```
public class ClothesBandEvaluate{
    public static void main(String args[]) {
        ClothesBand cb1=new ClothesBand();
        Nike n1=(Nike) cb1;//错误
        ClothesBand cb2=new Nike("shanghai");
        Nike n2=(Nike) cb2;//正确
    }
}
```

根据以上，父类对象和子类对象之间的转化应满足：

（1）子类对象能够自动或者强制转化后赋给一个父类对象。

（2）父类对象不能赋给子类对象，除非父类对象本身就是来自该子类的对象。

（3）接受父类对象作为参数的方法也接受子类对象作为参数。

4.2 多 态

所谓多态是指程序中定义的引用变量所指向的具体类型和通过该引用变量发出的方法调用在编程时并不确定，而是在程序运行期间才确定，即一个引用变量到底会指向哪个类的实例对象，该引用变量发出的方法调用到底是哪个类中实现的方法，必须在程序运行期间才能决定。因为在程序运行时才确定具体的类，这样，不用修改源程序代码，就可以让引用变量绑定到各种不同的类实现上，从而导致该引用调用的具体方法随之改变，即不用修改程序代码就可以改变程序运行时所绑定的具体代码，让程序可以选择多个运行状态，这就是多态性。

简言之，不同类的对象对同一消息作出不同的响应就叫作多态，它具有可替换性(substitutability)、可扩充性(extensibility)、接口性(interface-ability)、灵活性(flexibility)、简化性(simplicity)，实现了代码之间的替换、支持新增同名方法、向子类提供相同接口、支持灵活的方法调用、简化代码的修改。但以下三种类型的方法是没有办法表现出多态特性的（因为不能被重写）。

（1）static 方法，因为被 static 修饰的方法是属于类的，而不是属于实例的。

（2）final 方法，因为被 final 修饰的方法无法被子类重写。

（3）private 方法和 protected 方法，前者是因为被 private 修饰的方法对子类不可见，后者是因为尽管被 protected 修饰的方法可以被子类见到，也可以被子类重写，但是它无法被外部所引用。

（1）Java 中多态的实现方式：接口实现，继承父类进行方法重写，同一个类中进行方法重载：

1）person 为父类，student 为子类，那么：person p=new student( );

2）fliable 为接口，bird 为实现接口的类，那么：fliable f=new bird( );

3）fliable 为抽象类，bird 为继承 fliable 的类，那么：fliable f=new bird( )。

（2）多态导致子父类中的成员变量的变化。看如下代码：

【程序 4-7】
```java
class Father {
    int d = 4;// 父类属性
    void show() {// 父类方法
        System.out.println("Father");
    }
}
class Son extends Father {
    int num = 5; // 子类覆盖父类属性
    void show() { // 子类覆盖父类方法
        System.out.println("Son");
    }
}
class Test {
    public static void main(String[] args)  {
        Father f = new Father();
        System.out.println(f.d);
        Son s = new Son ();
        System.out.println(s.d);
        Father fa= new Son ();
        fa.show();
    }
```

输出结果为：
4
5
Son

（3）Java 语言中，多态性体现在两个方面：
1）由方法重载 (Overloading) 实现的静态多态性（编译时多态）；
2）由方法覆盖 (Overriding) 实现的动态多态性（运行时多态）。
最后看一个综合例子：

【程序 4-8】
```
class GrandFather {
    public String show(Daughter obj) {
        return ("Daughter is an arg of GrandFather");
    }
    public String show(GrandFather obj) {
        return ("GrandFather is an arg of GrandFather");
    }
}
class Father extends GrandFather {
    public String show(Father obj) {
        return ("Father is an arg of Father");
    }
    public String show(GrandFather obj) {
        return ("GrandFather is an arg of Father");
    }
}
class Son extends Father {
}
class Daughter extends Father {
}
public class TestClass{
    public static void main(String[] args) {
        GrandFather gf1 = new GrandFather();
        GrandFather gf2 = new Father();
```

```
        Father f = new Father();
        Son s = new Son();
        Daughter d = new Daughter();
        System.out.println("test:" + gf1.show(f));
        System.out.println("test:" + gf1.show(s));
        System.out.println("test:" + gf1.show(d));
        System.out.println("test:" + gf2.show(f));
        System.out.println("test:" + gf2.show(s));
        System.out.println("test:" + gf2.show(d));
        System.out.println("test:" + f.show(f));
        System.out.println("test:" + f.show(s));
        System.out.println("test:" + f.show(d));
    }
}
```

输出结果为：

```
test:GrandFather is an arg of GrandFather
test:GrandFather is an arg of GrandFather
test:Daughter is an arg of GrandFather
test:GrandFather is an arg of Father
test:GrandFather is an arg of Father
test:Daughter is an arg of GrandFather
test:Father is an arg of Father
test:Father is an arg of Father
test:Daughter is an arg of GrandFather
```

4.2.1 方法重载（编译时多态）

完成一组相似功能的方法可具有相同的方法名，只是方法接受的参数不同。例如要打印不同类型的数据：int、float、String, 只需要定义一个方法名：println()，接收不同的参数：

println(int); println(float); println(String);

程序会根据参数的不同来调用相应的方法、打印不同类型的数据。

具体调用哪个被重载（Overloading）的方法，是编译器在编译阶段静态确定的，故重载体现了静态的多态性。例如下面的代码：

```
public class Demo {
    // 一个普通的方法,不带参数,无返回值
public void add(){
    //method body
}
    // 重载上面的方法,并且带了一个整形参数,无返回值
public void add(int a){
    //method body
}
    // 重载上面的方法,并且带了两个整型参数,返回值为 int 型
public int add(int a,int b){
    //method body
    return 0;
    }
}
```

从以上示例可以看出,重载就是在一个类中出现多个同名的方法,但方法的参数列表不同,这种不同体现在参数的数量不同、参数的类型不同、参数类型的顺序不同,参数的名称不同并不是重载。重载为程序提供了相同名称的多个方法,以便于方法的管理,也便于方法的调用。

(1)重载的特点:

1)参数列表不同包括:参数的数量不同、参数类型的顺序不同、参数的类型不同。

2)构造方法同样可以实现重载。

3)被 final 或 static 修饰后的方法不能被重载。

4)方法的返回值类型不相同并不构成重载。

(2)方法重载的调用:

当编译器遇到同名的方法时,将查询方法参数的个数、参数的类型、参数类型的顺序,进行逐个匹配,如果匹配失败则编译器报错,如果匹配成功则调用相应的方法。下面的代码演示了重载的应用:

【程序 4-9】
```
public class MaxData {
    public int max(int a, int b){
        int m=a;
        if(b>a) m=b;
```

```
            return m;
        }
        public float max(float a, float b){
            float m=a;
            if(b>a) m=b;
            return m;
        }
        public int max(int[] A){
            int m=A[0];
            for(int i=1;i<A.length;i++){
                m=this.max(m,A[i]);
            }
            return m;
        }
        public static void main(String args[]){
            MaxData md=new MaxData();
            System.out.println(md.max(2, 5));
            int[] a=new int[]{1,2,3};
            System.out.println(md.max(a));
        }
}
```

（3）构造方法的重载。与普通方法一样，构造方法也可以重载。
```
    public class Person {
        int id;
        int age;
        public Person() {
            id=0;
            age=20;
        }
            public Person(int i) {// 构造方法重载一
            id=i;
            age=20;
        }
            public Person(int i,int j) {//构造方法重载二
```

```
            id=i;
            age=j;
        }
    }
```

下面的代码演示了构造方法的重载：

【程序 4-10】

```
public class Clothes {
    private double price;
    private String type;
    private String company;
    // 带两个参数的构造方法
    public Clothes(double price, String type) {
        this.price = price;
        this.type = type;
    }
    // 空构造方法
    public Clothes() {
    }
    // 带三个参数的构造方法
    public Clothes(double p,String type,String company){
        price=p;
        this.type=type;
        this.company=company;
    }
    public static void main(String arg[]){
        Clothes c1=new Clothes(100,"coat","NB");
        Clothes c2=new Clothes(150,"pants");
        Clothes c3=new Clothes();
    }
}
```

4.2.2 方法覆盖（运行时多态）

当方法被重写产生覆盖时，代码运行时系统将根据运行时调用该方法的对象判断具体调用哪个方法。对子类的一个对象，子类如果覆盖了父类的方法，则运行时系统调用子类的方法。如果子类继承了父类的方法但未重写覆盖,则运行时系统调用父类的方法。因此,一个对象可以通过引用子类的对象来调用父类的方法。这种运行时的方法动态绑定(dynamic binding)就是运行时多态。在动态绑定中,如果子类和父类具有相同的方法,当一个子类对象被转化为父类对象时,用父类对象调用该方法,则调用的是子类方法,这是因为父类对象实际上是来自一个子类对象。然而,如果子类有不同于父类的个性化方法,当子类对象被转化为父类对象,父类对象调用子类的个性化方法将出错,因此该方法对于该父类对象来说是不可见的。

【程序4-11】

```java
public class Shape {
    private int a=10;
    public void show(){
        System.out.println("父类方法");
    }
    private void doit(){}
    public int getA() {
        return a;
    }
}
public class Circle extends Shape{
    public void show (){
        System.out.println("子类方法");
    }
    public void walk(){
    }
    public void doit(){}
    public static void main(String args[]){
        Circle c=new Circle();
        Shape s=(Shape)c;
        s.show();
        Circle c2=(Circle)s;
        System.out.println(c2.getA());
    }
```

}
输出结果为：
子类方法
```
10
```

4.3 抽象类

4.3.1 抽象类的概念

抽象类是比类更为抽象的类，它不能实例化对象，这是因为抽象类并没有完成类的全部内容描述，其部分信息仅描述了一个框架。抽象类和普通的类一样，都具有属性和方法，但只有被继承后才可能形成实体的类，进而可以使用这个实体的类进行对象的创建。

抽象类通常至少有一个抽象的方法。抽象的方法是给出了方法名、参数列表、返回值的方法，但其缺少方法体的内容，同时被 abstract 关键字修饰。继承抽象类的子抽象类可以不实现这些方法，即给出方法的全部描述，然而集成抽象类的实体类则必须实现所有的抽象方法，明确描述各个抽象方法的方法体内容。此处，实体类和实体方法相对抽象类和抽象方法而言，就是指具有明确描述的类和方法。

4.3.1.1 抽象类的定义格式

```
abstract class A{
    public void fun(){ // 普通方法
        System.out.println("普通方法的方法体");
    }
    public abstract void print();// 使用 abstract 关键字修饰的没有方法体的抽象方法
}
```

4.3.1.2 抽象类的特点

（1）抽象方法一定在抽象类中。

（2）抽象方法和抽象类都必须被 abstract 关键字修饰。

（3）抽象类不可以用 new 创建对象，因为抽象类中的抽象方法没有实现，在对象调用时将出错。

（4）如要调用抽象类的抽象方法则必须继承抽象类形成子类的实体类，

并在子类中重写该抽象方法，给出方法的方法体，然后由子类建立的对象来调用。

（5）含有抽象方法的类必然是抽象类，但抽象类不一定含有抽象方法。

（6）由抽象类继承而来的子抽象类中的抽象方法不能和父类抽象方法同名。

（7）由于 final 修饰终结方法的描述，因此抽象类和抽象方法不能再被 final 修饰。

（8）由于 static 修饰方法时指定方法属于类，但抽象方法并未实现，因此抽象方法也不能使用 static 修饰。

4.3.2 抽象类的使用

4.3.2.1 实例

下面给出一个抽象类的使用，通过实例体会一下抽象类和抽象方法的定义，以及子类是怎样实现对父类抽象方法的重写。

【程序 4-12】
```
abstract class A{
    public void fun(){ // 普通方法
        System.out.println("普通方法的方法体");
    }
    public abstract void print();// 使用abstract关键字修饰的没有方法体的抽象方法
}
class B extends A{// 实体类B继承抽象类A
    public void print() {// 重写父类的抽象方法
        System.out.println("子类的实体方法被调用!");
    }
}
public class Test {
    public static void main(String[] args) {
        A a = new B();// 向上转型
        a.print();// 调用B的print方法
    }
}
```
输出结果为：

子类的实体方法被调用！

4.3.2.2 抽象类的使用问题

（1）抽象类的构造方法。抽象类中的构造方法与实体类的构造方法相同，均是用于初始化属性，并且满足先执行父类构造方法再执行子类构造方法的顺序。不同的是，抽象类的构造方法，只有由该抽象类继承出的子实体类的构造方法才能调用，这是因为抽象类无法直接通过 new 调用来初始化对象。

【程序 4-13】

```
abstract class A{
    public A(){
        System.out.println("抽象类A的构造方法");
    }
    public void fun(){ // 普通方法
        System.out.println("普通方法的方法体");
    }
     public abstract void print();// 使用abstract关键字修饰的没有方法体的抽象方法
}
class B extends A{// 实体类B继承抽象类A
    public B(){
        System.out.println("实体类B的构造方法");
    }
    public void print() {// 重写父类的抽象方法
        System.out.println("子类的实体方法被调用！");
    }
}
public class Test {
    public static void main(String[] args) {
        A a = new B();// 向上转型
    }
}
```

输出结果为：

抽象类 A 的构造方法

实体类 B 的构造方法

（2）抽象类不能使用 static 声明。static 修饰不能与 abstract 修饰联合使用来定义一个外部的类，以下声明的类将无法使用：

【程序 4-14】
```
static abstract class A{   //定义一个抽象类
    public abstract void print();
}
```

但 static 修饰可以与 abstract 修饰联合使用来定义一个内部的类，继承内部类时使用 "外部类.内部类" 的形式表示类名称。以下声明的类可以正常使用：

【程序 4-15】
```
abstract class A{    //定义一个抽象类
    static abstract class B{   //static 定义的内部类属于外部类
        public abstract void print();
    }
}
```

（3）static 不可修饰抽象方法但可以在抽象类中修饰实体方法。抽象类中的静态实体方法的调用和实体类中的静态实体方法的调用相同，直接使用抽象类的名字引用该方法即可。

【程序 4-16】
```
abstract class A{
    public static void fun(){
        System.out.println("抽象类中的静态实体方法");
    }
}
public class Test{
    public static void main(String[] args) {
        A.fun();
    }
}
```

输出结果为：

抽象类中的静态实体方法

（4）在抽象类中可以定义一个实体类和相应的方法来产生抽象类的对象。为了隐藏抽象类的实现细节，通常可以在抽象类的内部定义一个实体类，该实体类继承了抽象类并实现所有抽象方法，并且在抽象类中建立一个方法返回由实体类的对象。此时由于该实体类在抽象类的内部，故而被隐藏，而外部其他类无法察觉到它的存在。

【程序 4-17】
```
abstract class A{// 定义一个抽象类
    public abstract void fun();
    private static class B extends A
        public void fun(){
            System.out.println(" 内部类方法被调用 ");
        }
    }
    public static A createObjectOfB(){
        return new B();
    }
}
public class Test {
    public static void main(String[] args) {
        A a = A.createObjectOfB();
        a.fun();
    }
}
```

输出结果为：

内部类方法被调用

此例子中，B 类是抽象类 A 的内部类，并且 B 继承了 A 且实现了 A 的抽象方法，然而由于 createObjectOfB 被 static 修饰，因此在 Test 类中使用 A.createObjectOfB() 可以获得一个 B 的对象，且由于 B 是 A 的子类，因此可以赋给对象 a，此时从 Test 类中无法觉察到类 B 的存在。

4.4 接 口

4.4.1 接口的概念

接口是一个由 interface 定义的抽象类型，该抽象类型全部由抽象方法组成，接口内只能有抽象的方法和常量，没有构造方法。当一个方法在很多类中有不同的体现时，就可以将这个方法抽象出来做成一个接口。接口里面只能有不可修改的全局常量，只能有抽象的方法，接口没有构造方法。接口并不是类，编写接口的方式和类很相似，但它们属于不同的概念。类描述对象的属性和方法。接口则包含类要实现的方法。接口由于完全抽象，故而无法被实例化，只有实现后才能用于产生对象。实现接口的实体类，必须实现接口内所描述的所有抽象方法。然而使用抽象类，则不必实现接口所有的抽象方法。另外，通过接口可以实现类似继承多个父类特征的形式，即一个类实现多个接口。接口声明的一般语法格式：

```
[可见度] interface 接口名称 [extends 其他的接口名] {
            // 声明变量
            // 抽象方法
}
```

【程序 4–18】

```
interface Planet{
    void move();
    void shine();
}
public class Earth implements Planet {
    public void move (){
        System.out.println("Earth is moving");
    }
    public void shine(){
        System.out.println("Earth is shinning");
    }
    public static void main(String args[]){
        Earth e = new Earth ();
```

```
            e.move();
            e.shine();
    }
}
```
输出结果为：
```
Earth is moving
Earth is shinning
```

4.4.2 接口的特征

（1）接口中的方法均隐式地被 public abstract 修饰，是公开的、抽象的。

（2）接口中的属性均隐式地被 public static final 修饰，是公开的、静态的、终止的。

（3）接口中的方法均为抽象方法，不能实现，只能由实现接口的实体类来实现，由接口产生的抽象类可以不实现接口的方法。

（4）接口不能用于创建对象，因为接口不是类，也没有构造方法。

（5）两个接口之间不能互相实现，但一个接口可以继承自另一个接口或多个接口，此时子接口包含了父接口的所有属性和抽象方法。

```
public interface A {
    String get();
}
public interface B
{
    void set(String s);
}
public interface C extends A, B
{
    void doit();
}
```

（6）接口可以定义出引用变量，并使用该引用变量来引用实现接口的实体类的对象。如果实体类 B 实现了接口 A 则下述代码可正常执行：

`A a =new B();`

（7）extends 关键词后只能有一个父类，而 implements 后可以有多个接口，并且一个接口可以继承自多个接口。例如：

`class A extends B implements C,D,E`

```
interface F extends C,D
```
此处 A、B 为实体类或抽象类，C、D、E、F 均为接口。

4.4.3 接口与抽象类的区别

4.4.3.1 语法层面上的区别

（1）抽象类中可以有实体方法，而接口中只能有抽象的方法；

（2）接口中的属性只能被 public static final 修饰，而抽象类不受限制；

（3）静态代码块和静态方法可以在抽象类中出现，而接口类则不允许；

（4）实体类或抽象类只能继承一个抽象类，而实体类或抽象类却可以实现多个接口。

4.4.3.2 设计层面上的区别

抽象类是对一组类的抽象，它间接地抽象了实体的特征，而接口重于抽象事物的行为，并不完全地抽象实体特征。例如，在定义虎、兔、鹰三个类时，通常先定义一个父类动物，虎、兔、鹰继承动物类而形成子类。对于三个子类所具有的共同觅食、休息等方法可以放置于父类动物中，但飞翔方法必须独立动物类而存在，因为飞翔方法仅鹰具有，此时一种方案是将飞翔放在鹰这个子类中描述。若考虑后续可能，还需要建立动物的子类鹤、鸟等，如果采用该方案那么必须在鹤、鸟两个类中均描述飞翔方法。由于程序撰写人员习惯不同，容易出现各自的飞翔方法不够统一，也无法统一调用。故而可将飞翔定义在一个接口中，凡是具备飞翔能力的动物（如鹰、鹤、鸟）则实现该接口，不具备飞翔能力的动物不需要实现该接口。此时，鹰、鹤、鸟的飞翔方法均来自同一个接口，遵循相同的方法命名、参数列表和返回值，从而更加规范化，也便于后期代码的更新和维护。

4.5 应用实例

4.5.1 仿真模拟老鼠的世界

通过程序进行模拟一个老鼠的生活世界，其通过产生食物、消耗食物、繁殖后代等行为，模拟经过一定时间后的老鼠数量和食物数量的变化。

Rat 是老鼠的父类，FemalRat，MaleRat 为 Rat 的子类，Simulation 是仿真模拟的类（可以运行），起始给定 1000 单位食物，100 个随机老鼠，然后 start 开始模拟，每循环一次时间长度为 1 月，运行分别执行吃食物、产生食物、长大、繁殖等步骤。

4.5.2 Rat 类

```
package rat;
import java.util.ArrayList;
import java.util.Random;

public class Rat {
    int age;
    int sex;
    final int Big_Age=5;
    final int Death_Age=60;
    final int Male_Sex=1;
    final int Female_Sex=0;
    boolean deadFlag=false;
    public boolean isSmall()
    {
        return (this.age<=this.Big_Age);
    }
    public boolean isMustDead()
    {
        return (this.age>=this.Death_Age);
    }
    public boolean isBig()
    {
        return (this.age>this.Big_Age)&&(this.age<this.Death_Age);
    }
    public int eat()
    {
        return 0;
    }
    public int create()
    {
```

```java
        return 0;
    }
    public ArrayList<Rat> born()
    {
        return new ArrayList<Rat>();
    }
    public Rat createRandomRat() {
        Rat[] rs=new Rat[2];
        rs[0]=new MaleRat();
        rs[1]=new FemalRat();
        Random r=new Random();
        return rs[Math.abs(r.nextInt())%2];
    }
}
```

4.5.3　MaleRat 类

```java
package rat;
public class MaleRat extends Rat {
    public MaleRat()
    {
        this.sex=this.Male_Sex;
    }
    public int eat()
    {
        int num=1;
        if(this.isBig()) num=3;
        return num;
    }
    public int create()
    {
        int num=0;
        if(this.isBig()) num=5;
        return num;
    }
}
```

4.5.4 FemalRat 类

```
package rat;
import java.util.ArrayList;
import java.util.Random;

public class FemalRat extends Rat {
    public FemalRat()
    {
         this.sex=this.Female_Sex;
    }
    public int eat()
     {
         int num=1;
         if(this.isBig()) num=2;
         return num;
     }
    public int create()
     {
         int num=0;
         if(this.isBig()) num=4;
         return num;
     }

    public ArrayList<Rat> born()
     {
         ArrayList<Rat> children=new ArrayList<Rat>();
         if(this.isBig())
         {
             Random r=new Random();
             int count=Math.abs(r.nextInt())%(5-1+1)+1;
             for(int i=0;i<count;i++)
             {
```

```
                    Rat rat=createRandomRat();
                    children.add(rat);
                }
            }
            return children;
        }
    }
```

4.5.5 Simulation 类

```
package rat;
import java.util.ArrayList;
public class Simulation {
    ArrayList<Rat> rAL=new ArrayList<Rat>();
    int food=1000;
    public void eat()
    {
        for(int i=0;i<rAL.size();i++)
        {
            int num=rAL.get(i).eat();
            if(num>this.food)
            {
                rAL.get(i).deadFlag=true;
            }
            else
            {
                this.food=this.food-num;
            }
        }
    }
    public void create()
    {
        for(int i=0;i<rAL.size();i++)
        {
            this.food=this.food+rAL.get(i).create();
```

```
        }
    }
    public void grow()
    {
        for(int i=0;i<rAL.size();i++)
        {
            Rat rat=this.rAL.get(i);
            rat.age=rat.age+1;
            if(rat.isMustDead()||rat.deadFlag)
            {
                this.rAL.remove(i);
            }
        }
    }
    public void born()
    {
        for(int i=0;i<rAL.size();i++)
        {
            ArrayList<Rat> children=rAL.get(i).born();
            for(int j=0;j<children.size();j++)
            {
                this.rAL.add(children.get(j));
            }
        }
    }
    public void init()
    {
        for(int i=0;i<100;i++)
        {
            Rat rat=new Rat();
            rat=rat.createRandomRat();
            rAL.add(rat);
        }
    }
```

```
public void start()
{
    init();
    for (int i=0;i<1000;i++)
    {
        eat();
        create();
        grow();
        born();
        System.out.println("第 "+i+" 个月 food="+this.food);
        System.out.println("第 "+i+" 个月 count="+this.rAL.size());
    }
}
public static void main(String args[])
{
    Simulation s=new Simulation();
    s.start();
}
}
```

习 题

1. 子类能够继承父类的哪些成员变量和方法？
2. Java 语言有哪些实现多态的方法？
3. 比较抽象类和接口的异同，并说明其作用。
4. 方法的重载和覆盖有哪些区别？
5. 父类和子类相互转化的条件是什么？
6. This 和 super 的意义与作用。
7. 按要求编写一个 Java 应用程序：

（1）定义一个矩形类，具有 double 类型的属性长、宽和获取面积的方法。

（2）编写一个继承自矩形类的长方体类，具有 double 的属性长、宽、高和获取体积的方法。

（3）编写一个测试类调用长方体类，创建长宽高均为 100 的对象并输出长方体体积和表面积。

8. 定义一个Shape抽象类，提供计算面积、周长的抽象方法。定义其子类Circle、Rectangle类，实现具体方法。

9. 补全程序代码。
```
interface A{
void show();
}
interface B{
void add(int a,int b);
}
class C implements A,B{
// 请补全代码
}
class Demo{
public static void main(String [] args){
        C c=new C();
        c.add(4,2);
        c.show();
}
}
```

10. 写出下面程序的运行结果。
```
interface A{}
    class B implements A{
    public String func(){
            return "func";
      }
    }
    class Demo{
    public static void main(String [] args){
            A a=new B();
            System.out.println(a.func());
    }
    }
```

11. 写出下面程序的运行结果。
```
class A{
```

```
    boolean show(char a){
          System.out.println(a);
          return true;
       }
}
class Demo extends A{
boolean show(char a){
        System.out.println(a);
        return false;
}
public static void main(String [] args){
        int i=0;
        A a=new Demo();
        Demo d=new Demo();
        for(a.show('A');a.show('B')&&i<'Z';d.show('C')){
             i++;
             d.show('D');
        }
    }
}
```

第 5 章 类库与算法

引言

本章介绍Java编程中经常使用的一些类和接口，这些类是进行Java编程的基础，如果不利用这些已经存在的各种功能较为丰富的类，编程工作将变得极为复杂，因此应尽可能多地掌握Java基本类库的内容。灵活应用已有类到实际的项目开发中。

学习目标

1. Java提供的常见类；
2. 掌握常见集合类；
3. 熟悉Java数据结构；
4. 掌握常见的排序与查找算法。

5.1 Java基础类库

类库是Java语言的重要组成部分。Java语言由语法规则和类库两部分组成，语法规则确定Java程序的书写规范；类库提供了Java程序与运行它的系统软件(Java虚拟机)之间的接口。Java类库是一组由其他开发人员或软件供应商编写好的Java程序模块，每个模块通常对应一种特定的基本功能和任务，编写Java程序需要完成其中某一功能，就可以直接利用这些现成的类库。

系统定义好的类根据实现的功能不同，可以划分成不同的集合。每个集合是一个包，每个包中都有若干个具有特定功能和相互关系的类和接口，合称为类库。Java的类库是系统提供的已实现的标准类的集合，是编程的应用程序接口(application program interface，API)，它可以帮助开发者方便、快捷地开发程序。Java的类库主要由Sun公司提供，称为基础类库(JFC)，也有部分类库由第三方提供，依据功能的不同 Java 类库被划分不同的包。

5.1.1　java.lang 包

java.lang 包内含数学函数、字符串处理、线程、异常处理等基本类，是程序设计必不可少的系统类和核心类，该包缺省被加载，不需要通过 import 来声明引用。

5.1.2　java.io 包

java.io 包承担标准输入/输出功能，完成与操作系统、用户界面以及与其他数据的交换，各种类型的输入输出流都属于 java.io 包。

5.1.3　java.util 包

java.util 包是基本的工具类，时间、日期、矢量、线程、堆栈等类均来自 java.util 包，它提供了程序开发的基础环境，通常在一个应用程序中必不可少。

5.1.4　java.awt 包

java.awt 是实现图形用户界面 (GUI) 的类库，它包括了按钮、选择框、输入框、文本框、菜单等类以及用于绘图的 Graphics 类，同时还支持对这些可视化组件的管理和布局，提供与用户交互的事件响应。通常在带有可视化界面的软件开发中 java.awt 包经常被调用。

5.1.5　java.applet 包

Java.applet 包是配合网页服务而提供的一个小的工具类库的集合，通过 applet 包中的类及接口可以实现应用程序在网页上的呈现，在网页上实现大部分应用程序所能提供的功能服务。

5.1.6　java.net 包

java.net 包是面向网络服务提供的基础功能类库，完成基于套接字的网络通信、实现众多 WWW 体系下的服务，如 FTP、HTTP、SMTP 等。也可以用于建立与 CGI 网关相协调的服务机制，支持 C/S、B/S 模式的网络服务系统开发。

5.1.7　java.awt.event 包

java.awt.event 包是针对事件而建立的处理功能包，包括键盘事件、鼠标事件、调节事件等，其相关类的对象能够提供事件源的数据信息内容，并支持事件处理。

5.1.8 java.sql 包

java.sql 包针对于数据库应用程序开发，提供对 JDBC(Java data base connection) 的支持。配合数据库的驱动程序，通过 java.sql 包，应用程序可以使用多种方案管理不同的数据库，实现数据的增、删、改、查操作，以及数据库的事务处理工作。

更多关于 Java 类库使用说明可以参考 JDK API 文档，如图 5-1 所示。

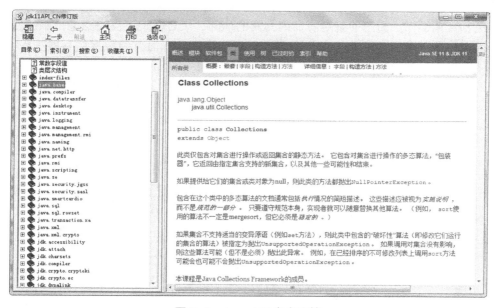

图 5-1　Java API 参考文档

类库提供了基本的编程资源，基于类库编写应用程序大大降低了编写难度，同时也避免了常用功能的重复编写，形成了标准化的编程体系，提高了程序的质量。因此在应用程序编写之前，一定要掌握几个基本的类库。

5.2　常见集合框架

Java 类库非常庞杂和强大，本章主要介绍存储大量数据的集合处理的类与接口。集合框架便是针对多个元素处理和管理的一系列基本类，其包括动态数组、链表、树、哈希表等常见的数据结构的实现类，以及相应的处理方法。

集合框架面向数据结构围绕一组标准化的服务功能接口设计，支持程序开发者直接调用其类功能方法完成数据的处理任务。Set、List、Queue 和 Map 是四种主要的集合框架。其中，集合 Set 是没有顺序、不能重复的元素集，通过元素自身来进行调用和管理；List 与 Set 相同均是集合，不同的是它具有顺序，也可以重复，支持通过索引序号来访问 List 中的各个元素；Map 是一种具有映射关系的集合，其由一系列的 key 和 value 组成，每个 key 和 value 对应，其元素的访问通过 key 实现。Queue 是队列的集合，它具有先进先出的特征。

集合框架类似一种可以装载各种元素的容器，能够将对象（有时甚至为来自不同类的对象）存储到容器中，由容器提供的方法来实现分析、处理、调用、管理操作。为了便于对容器内元素的访问，集合框架还支持泛型机制，使得在容器声明时便给出容器内所承载元素的个性，从而方便数据的存取工作，使得程序更加简洁、健壮。

来自集合框架的类大多数都存放在 java.util 包下，该包需要显式地使用 import 引入才可以使用其中的类。Java 集合框架如图 5-2 所示。

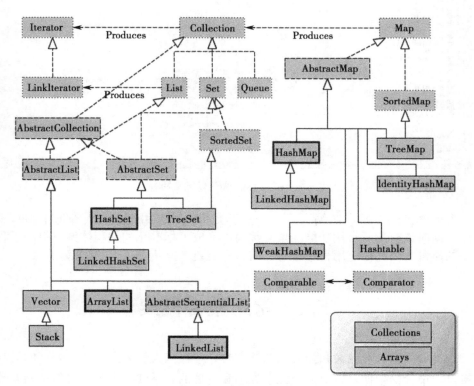

图 5-2　Java 集合框架图

上述类图中，实线边框的是实现各种集合框架接口的实体类，比如 ArrayList，LinkedList，HashMap 等。折线边框的是抽象类，它描述了各种集合的基本方法和属性，比如 AbstractCollection，AbstractList，AbstractMap 等。点线边框的是接口，比如 Collection，Iterator，List 等。从存储方式来看，集合框架主要包括两种类型：一种是集合 (Collection)，支持 List、Set 和 Queue 等，按照元素存取；另一种是映射 (Map)，支持 Map，存储键/值对映射。由这两种容器逐步演化出众多支持不同类型数据集的实体类，如 ArrayList、Vector、HashMap 等。除此之外，集合框架还提供了一些基础算法，例如排序、搜索等。基于接口、实体类、算法，集合接口完成了大量常见的数据结构，如图 5-3 所示，提高了程序开发的效率。

图 5-3 Java 集合框架体系图

5.2.1 Collection

5.2.1.1 定义

接口 Collection 是 Set、Queue 和 List 等元素集合的父接口。Collection 接口中定义了常用的添加、清除、比较、包含判断、为空判断、大小长度等一系列方法。

Collection 接口的常见方法有：

（1）Boolean add (Object obj)：加入一个元素。

（2）Boolean addAll(Collection c)：加入由 c 描述的多个元素。

（3）void clear()：清空集合。

（4）boolean contains(Object obj)：判断是否包含 obj。

（5）boolean containsAll(Collection c)：判断是否包含 c 中的所有对象。

（6）boolean equals(Object obj)：判断两个集合是否相等。

（7）int hashCode()：返回调用类集合的散列值。

（8）boolean isEmpty()：判断集合是否为空。

（9）Iterator iterator()：返回调用类集合的迭代器。

（10）boolean remove(Object obj)：从集合中删除 obj，如果执行成功返回 true，否则返回 false。

（11）boolean removeAll(Collection c)：从集合中删除 c 中的所有元素，如果执行成功返回 true，否则返回 false。

（12）boolean retainAll(Collection c)：从集合中删除 c 中包含元素之外的所有元素，如果执行成功返回 true，否则返回 false。

（13）int size()：返回集合中元素的个数。

（14）Object[] toArray()：将集合转化为一个数组。

5.2.1.2　Collections 和 Collection 的区别

　　Collection 是集合框架中的一个顶层接口，它定义了支持元素管理的基本方法，每个方法都是抽象的，需要该接口的类来实现。Collections 是集合框架中的一个实体类，该类已经被实现，且为了方便调用，其方法都是静态的，支持对集合类的基本排序、搜索等操作。

5.2.2　List

　　List 接口继承了 Collection 接口，提供了采用序号检索元素的列表集合的方法。List 内元素下标从零开始，支持元素的插入和访问，同时支持重复元素在列表中出现。List 在 Collection 给出的方法基础上定义了一些面向列表的方法。

（1）void add(int index, Object obj)：插入元素 obj 到指定的 index 位置，及其后元素一次按列表顺序后移。

（2）booleand addAll(int index, Collection c)：在 index 位置开始，将 c 中的所有元素插入列表中，index 位置及其后元素一次按列表顺序后移。插入成功，该方法返回 true，否则返回 false。

（3）Object get(int index)：取回 index 指定位置的元素。

（4）int indexOf(Object obj)：获取列表中第一个 obj 所在位置的索引值。如果 obj 在列表中不存在，则返回 –1。

（5）int lastIndexOf(Object obj)：获取列表中最后一个 obj 所在位置的索引值。如果 obj 在列表中不存在，则返回 –1。

（6）ListIterator listIterator()：返回调用列表的迭代器。

（7）ListIterator listIterator(int index)：返回调用列表从 index 处开始的迭代器。

（8）Object remove(int index)：将 index 位置的元素从列表中删除，被删除元素后面的元素依次向前移动。

（9）Object set(int index, Object obj)：将 obj 赋予列表中 index 位置的元素。

（10）List subList(int startIdx, int endIdx)：返回一个原列表的子列表，其存储原列表中索引 startIdx 到 endIdx – 1 的元素。

除此之外，Java 8 还为 List 接口添加了如下两个默认方法。

（11）void replaceAll(UnaryOperator operator): 根据 operator 指定的计算规则重新设置 List 集合的所有元素。

（12）void sort(Comparator c): 根据 Comparator 参数对 List 集合的元素排序。

实现 List 接口的集合主要有：ArrayList、LinkedList、Vector、Stack、Iterator 接口。

1）ArrayList：ArrayList 是实现 List 接口的典型列表，其表征为一个动态数组，并可以泛型后给出元素的具体类型。下面的代码演示了 ArrayList 的常见操作：

【程序 5-1】
```java
import java.util.ArrayList; // 导入类
public class RunoobTest {
    public static void main(String[] args) {
        ArrayList<String> sites = new ArrayList<String>();
        sites.add("A");
        sites.add("B");
        sites.add("C");
        sites.add("D");
        sites.set(2, "Two"); // 第一个参数为索引位置，第二个为要修改的值
        sites.remove(2); // 删除第三个元素
        for (String i : sites) {
            System.out.println(i);
        }
    }
}
```

2）LinkedList：LinkedList 是实现 List 接口的链表，它还同时实现了 Deque 接口，因此能够支持双端队列功能。LinkedList 由于通过链表实现，因此难以

随机访问任意位置元素，查找和修改的操作效率较低，但更容易执行元素的插入和删除操作。

因此，以下情况使用 ArrayList：
①频繁访问列表中的某一个元素。
②只需要在列表末尾进行添加和删除元素操作。

以下情况使用 LinkedList：
③需要通过循环迭代来访问列表中的某些元素。
④需要频繁地在列表开头、中间、末尾等位置进行添加和删除元素操作。

LinkedList 继承了 AbstractSequentialList 类。

LinkedList 实现了 Queue 接口，可作为队列使用。

LinkedList 实现了 List 接口，可进行列表的相关操作。

LinkedList 实现了 Deque 接口，可作为队列使用。

LinkedList 实现了 Cloneable 接口，可实现克隆。

LinkedList 实现了 java.io.Serializable 接口，即可支持序列化，能通过序列化去传输。

下面的例子演示了 LinkedList 的操作：

【程序 5-2】

```java
import java.util.LinkedList;
public class RunoobTest {
    public static void main(String[] args) {
        LinkedList<String> sites = new LinkedList<String>();
        sites.add("A");
        sites.add("B");
        sites.add("C");
        sites.add("D");
        // 使用 addFirst() 在头部添加元素
        sites.addFirst("head");
        // 使用 removeFirst() 移除头部元素
        sites.removeFirst();
        // 使用 addLast() 在尾部添加元素
        sites.addLast("Tail");
        // 使用 removeLast() 移除尾部元素
        sites.removeLast();
        System.out.println(sites);
```

```
          // 迭代输出
          for (String i : sites) {
                  System.out.println(i);
          }
    }
}
```

3）Vector：Vector 与 ArrayList 十分相像，具备相同的方法，但是 Vector 是同步的，是线程安全的动态数组。

4）Stack：Stack 是 Vector 的子类，新增了 5 个方法，提供了一个支持后进先出的堆栈。Stack 实现了数据结构中堆栈的基本方法 push 方法和 pop 方法，同时也支持获取栈顶元素的 peek 方法、判断堆栈是否为空的 empty 方法、查找元素位置的 search 方法。

5）Iterator 接口和 ListIterator 接口：Iterator 是一个集合迭代器的接口，通过 Iterator 能够容易地遍历集合中的每个元素。Iterator 包含的方法如下：

① boolean hasNext()：判别是否存在下一个元素。

② Object next()：获得集合的下一个元素。

③ void remove()：删除集合中上一次 next 方法返回的元素。

ListIterator 接口继承了 Iterator 接口，增加了面向 List 的操作方法。

① boolean hasPrevious()：判断是否存在上一个元素。

② Object previous()：获取上一个元素。

③ void add(Object o)：插入一个元素到列表中。

下面的代码演示了常见遍历的方法：

【程序 5-3】
```java
import java.util.*;
public class Test{
 public static void main(String[] args) {
        List<String> nameL=new ArrayList<String>();
        nameL.add("Tom");
        nameL.add("Jerry");
        nameL.add("Brain");
        // 通过 for-each 语句遍历
        for (String s : nameL) {
              System.out.println(s);
        }
```

```java
    // 通过数组来遍历
    String[] strA=new String[nameL.size()];
    nameL.toArray(strA);
    for(int i=0;i< strA.length;i++) {
        System.out.println(strA[i]);
    }
    // 通过迭代器来遍历
    Iterator<String> nameI=nameL.iterator();
    while(nameI.hasNext())// 判断下一个元素之后有值
    {
        System.out.println(nameI.next());
    }
  }
}
```

5.2.3 Set

Set 接口继承了 Collection 接口，形成了一个不允许元素重复的集合。调用 add() 方法增加重复元素到集合将操作失败，返回 false。

【程序 5-4】
```java
public class Test {
    public static void main(String[] args) {
        Set<String> s = new HashSet<String>();
        s.add("Tom");
        s.add("Jerry");
        s.add("Tom");// 新增元素失败，返回 false
        System.out.println("元素个数："+s.size());
        System.out.println("各元素为："+s.toString());
    }
}
```

输出结果为：

元素个数：2

各元素为：[Tom, Jerry]

SortSet 接口继承了 Set 接口，并将元素按升序进行排序。SortedSet 定义的方法有：

（1）Comparator comparator()：获取用于排序的比较器，如果采用自然排序，则返回 null。

（2）Object first()：按排序结果提取第一个元素。

（3）SortSet headSet(Object endIdx)：按排序结果提取小于 endIdx 的元素构成一个新的 SortedSet。

（4）Object last()：按排序结果提取最后一个元素。

（5）SortSet subSet(Object startIdx, Object endIdx)：按排序结果提取序号在从 startIdx 到 endIdx-1 的元素构成一个新的 SortedSet。

（6）SortSet tailSet(Object startIdx)：按排序结果提取大于等于 startIdx 的元素构成一个新的 SortedSet。

几个实现 Set 接口的实体类：

（1）HashSet 类：HashSet 是按照 Hash 算法来存储元 Set 集合的实现类，具有很好的存取和查找性能。HashSet 具有如下特点，例如：

【程序 5-5】

```java
import java.util.HashSet;
public class Test {
    public static void main(String[] args) {
    HashSet<String> sites = new HashSet<String>();
        sites.add("1");
        sites.add("2");
        sites.add("3");
        sites.add("4");
        sites.add("1");       // 添加重复元素将失败
        sites.remove("1");    // 删除制定元素
        System.out.println(sites.size()); //输出元素个数
        for (String i : sites) {
            System.out.println(i);
        }
        sites.clear(); //清空
    }
}
```

（2）LinkedHashSet 类：LinkedHashSet 是继承自 HashSet 的子类，但具有顺序性。该顺序按照元素的添加顺序来建立。显然这种顺序性增加了对 LinkedHashSet 中元素顺序的检查和保持操作，因此降低了效率，但常若使用迭代来访问，则并不受影响。

（3）TreeSet 类：TreeSet 是实现了 SortedSet 接口的实体类，TreeSet 借助红黑树的数据结构来存储元素，并保持排序顺序，且排序支持自然排序和定制排序。

1）自然排序：自然排序通过调用 TreeSet 的 compareTo(Object obj) 方法将所有元素升序排列。此时要求产生 TreeSet 的每个元素的类必须实现 Comparable 接口，即实现两个对象之间的比较方法，以支持 compareTo 操作。常用类中已有多个类实现了 Comparable 接口：

BigDecimal 以及基本类型的包装类：按数值大小比较。
Charchter：按照字 unicode 值比较。
Boolean：值为 true 的对象大于值为 false 的对象。
String：按照字符的 unicode 值比较。
Date、Time：按照离当前时间比历史时间大来比较。

2）定制排序：定制排序是按照定制方式确定的排序方案，它通过 Comparator 的对象与 TreeSet 联合来实现，Comparator 对象定义给出元素逻辑顺序。

【程序 5-6】

```
public class Student {
    public int height;
    public boolean equals(Student s) {
        if (this.height == s.height){
            return true;
        }else {
            return false;
        }
    }
}
public class Test{
public static void main(String[] args){
        Student s1 = new Student();
        p1.height =170;
        Student s2 =new Student();
        p2. height = 180;
    Comparator<Student> comparator = new Comparator<Student>()
{
```

```
            public int compare(Student t1, Student t2) {
                int ret=0;
                if(t1.height <t2.height){
                    ret= 1;
                }else if(o1.height >o2.height){
                    ret= -1;
                }
                return ret;
            }
        };
        TreeSet<Student>ts=new TreeSet<Student>(comparator);
        ts.add(p1);
        ts.add(p2);
    }
}
```

（4）EnumSet 类：EnumSet 是面向枚举的数据结构设计类，其元素有序且不能为空。

5.2.4 Queue 和 Deque

Queue< E > 接口（E 表示集合元素的类型）扩展了 Collection 接口、定义了一个队列数据结构的操作方式。队列定义了一个"头"位置，它是下一个将要被移除的元素。Queue 除了含有 Collection 接口的所有方法之外，还具备插入、提取和检查操作。其特有的方法为：

（1）boolean add(E e)：插入元素到队列。

（2）boolean offer(E e)：插入元素到队列，当比 add 方法更优。

（3）E remove()：获得队列的头，并从队列中移除，如果队列为空，则抛出异常。

（4）E poll()：获得队列的头，并从队列中移除，如果队列为空，则返回 null。

（5）E element()：获得队列的头，但不从队列中移除，如果队列为空，则抛出异常。

（6）E peek()：获得队列的头，但不从队列中移除，如果队列为空，则返回 null。

Deque 相较于 Queue，构造了一个支持在两端插入和移除元素的双端队列数据结构，支持插入、删除和检查方法。

5.2.5 Map

Map 接口中的元素由一对 key 和 value 构成，形成键和值之间的映射关系，因此，Map 中将维护 key 和 value 两个类别的数据，且不限制 key 和 value 的引用类型，但 Map 要求 key 值不能重复，否则无法根据 key 获取到唯一的 value。新添加 key-value 对中如果 key 已经在 Map 中存在则产生覆盖操作，旧有的 value 值将被新 value 替换。

注意：Map 没有继承 Collection 接口。

Map 常见的方法有：

（1）Object put(Object key,Object value)：添加或修改一个 key-value 对。

（2）void putAll(Map m)：添加 m 所有内容到 Map 中。

（3）Object remove(Object key)：获取 key 对应的 value 并移除此 key-value 对。

（4）void clear()：清空。

（5）Object get(Object key)：获得 key 对应的 value。

（6）boolean containsKey(Object key)：判断 key 是否已经存在。

（7）boolean containsValue(Object value)：判断 value 是否已经存在。

（8）int size()：获取 key-value 对的数量。

（9）boolean isEmpty()：判断当前 Map 是否为空。

（10）boolean equals(Object obj)：比较两个 Map 对象。

（11）Set keySet()：将所有 key 组织成 Set 返回。

（12）Collection values()：将所有 value 组织成 Collection 返回。

（13）Set entrySet()：将所有 key-value 对组织成 Set 返回。

（14）sort(List): 归并排序。

Map 常用实现类有 HashMap、LinkedHashMap、TreeMap 等。

（1）HashMap 与 Hashtable。HashMap 与 Hashtable 均实现了 Map 接口，它们之间的关系完全类似于 ArrayList 与 Vector，只是 Hashtable 更为烦琐，不允许使用 null 值作为 key 和 value。为了有效地在 HashMap 和 Hashtable 中管理元素，key 对象所对应的类应实现 hashCode() 方法和 equals() 方法。

【程序 5-7】

```
public class MapTest {
    public static void main(String[] args){
        Point p1 = new Point (0,0);
```

```
        Point p2 = new Point (3,5);
        Map<String, Point > m = new HashMap<String, Point >();
        m.put("Point No.1", p1);
        m.put("Point No.2", p2);
        System.out.println(m.containsKey("Point No.2"));
        System.out.println(m.containsValue(p2));
        Set<String> ks = m.keySet();
        for (String k : ks) {
            System.out.println(m.get(k));
        }
        m.remove("Point No.2");
        System.out.println(m);
    }
}
```

（2）LinkedHashMap 实现类。LinkedHashMap 是采用双向链表来维护 Map 的 key-value 对迭代顺序的实体类，其性能与 LinkedHashSet 类似，相较于 HashMap 较低。

（3）TreeMap 实现类。TreeMap 通过红黑树的数据结构完成 SortedMap 的实现。在 TreeMap 中每个 key-value 对构成红黑树的一个节点。TreeMap 与 TreeSet 类似，也有两种排序方式。其中，采用自然排序时 key 必须实现 Comparable 接口，采用定制排序时则需配合 Comparator 对象来实现排序。

5.2.6 集合与数组的转换

在编程过程中由于集合和数组有各自不同的特性，故而往往要互相转换，而 Collection 和 Arrays 中也分别提供了 To Array 方法和 ToList 方法支持这种转换。例如：

```
public void listToArray(){
    List<String> list = new ArrayList<>();
    list.add("Cat");
    list.add("Dog");
    String[] strA = list.toArray(new String[list.size()]);
}
public void arrayToList() {
    String[] strA = new String[]{"Cat","Dog"};
```

```
        List<String> list = Arrays.asList(strA);
    }
```
数组转集合使用的是 Arrays.asList(T...a) 方法。这里特别需要注意的是,使用这种方式转来的 list 的类型是 Arrays 的一个内部类,拥有的方法数量有限,不具备 add、remove 等的常用操作。(虽然这个内部类也叫 ArrayList。)

如下操作:
```
public void array2List() {
 String[]arr = new String[]{"123","345","456"};
 List<String> list = Arrays.asList(arr);
 list.add("567");      // 会报 UnsupportedOperationException 异常
 System.out.println(list);
}
```
若要经转化后有增加、删除等操作,可转为 ArrayList 或其他拥有完整操作的 list 类。
```
public void array2List() {
 String[]arr = new String[]{"123","345","456"};
 // 转为 ArrayList
 List<String> list = new ArrayList<>(Arrays.asList(arr));
 list.add("567");
 System.out.println(list);
}
```

5.2.7 泛型

泛型主要是对容器类或者方法制定一个多样化的参数类型,以便于实施对数据的访问和操作。泛型还提供了编译时对元素数据类型的检查机制,确保对于容器的操作均符合泛型指定的参数类型。

5.2.7.1 泛型方法

泛型方法在调用时可以接收不同类型的参数。这个类型参数由尖括号描述,并且类型参数声明部分在方法返回类型之前。泛型声明类型参数时各参数间使用逗号间隔。

下面一个采用泛型打印的示例:

【程序 5-8】
```
public class GenericMethodTest{
    public static < E > void printArray( E[] inputArray ){
```

```
            for ( E e : inputA ){
                System.out.printf( "%s ", e );
              }
              System.out.println();
    }
    public static void main( String args[] )
    {
            Integer[] intA = { 9,5,2,7};
            String[] strA = {" Java"," Class" };
            Character[] charA = { 'G', 'O', 'O', 'D'};
            printArray(intA);
            printArray(strA);
            printArray(charA);
    }
}
```
输出结果为：
```
9 5 2 7
Java Class
G O O D
```

5.2.7.2 有界的类型参数

泛型中有时为了确保参数在某个确定的范围，则需要给出有界的类型参数加以限定。有界的类型参数的声明需要列出类型参数名称并配合 extends 关键字形成参数的上界。示例如下：

【程序 5-9】
```
public class Test {// 三个数据的最大值提取
    public static <T extends Comparable<T>> T maximum(T a, T b, T c){
        T max = a;
        if ( b.compareTo( max ) > 0 ){
           max = b;
        }
        if ( c.compareTo( max ) > 0 ){
           max = c;
        }
        return max;
```

```
        }
        public static void main( String args[] ){
          System.out.printf(maximum(9, 5, 2));
          System.out.printf(maximum('a','b','c'));
          System.out.printfmaximum("java", "class", "test"));
        }
}
```
输出结果为：
9
c
test

泛型类定义与常见类的定义基本相同，只是在类的名称之后追加了类型参数的描述。类似于泛型方法，泛型类的类型参数也可以通过逗号间隔而描述多个参数。一个泛型类示例如下：

【程序 5-10】
```
public class Vessel <T> {
  private T t;
  public void put(T t) {
   this.t = t;
  }
  public static void main(String[] args) {
    Vessel <Integer> intV = new Vessel <Integer>();
    Vessel <String> strV = new Vessel <String>();
    intV. put(new Integer(12345));
    strV. put(new String("Java class test"));
  }
}
```

5.3 常用算法

5.3.1 排序算法

5.3.1.1 对数组的排序
利用 Array 类的 sort 方法：
```
public void arraySort(){
    int[] arr = {1,4,6,333,8,2};
    Arrays.sort(arr);// 使用java.util.Arrays对象的sort方法
    for(int i=0;i<arr.length;i++){
        System.out.println(arr[i]);
    }
}
```

5.3.1.2 对集合的排序
```
// 对list升序排序
    public void ListSort1(){
        List<Integer> listL = new ArrayList<Integer>();
        listL.add(2020);
        listL.add(2018);
        listL.add(2019);
        listL.add(2021);
        listL.add(2000);
        Collections.sort(listL);// 使用Collections的sort方法
        for(int a : listL){
            System.out.println(a);
        }
    }
    // 对list降序排序
    public void ListSort2(){
        List<Integer> listL = new ArrayList<Integer>();
        listL.add(1);
        listL.add(55);
```

```
            listL.add(9);
            listL.add(0);
            listL.add(2);
            // 使用Collections的sort方法，并且重写compare方法
              Collections.sort(listL, new Comparator<Integer>() {
                    public int compare(Integer i1, Integer i2) {
                          return i2 - i1;//一个小技巧，使用正负情况区分数
字的大小
                    }
            });
            for(int a : listL){
                  System.out.println(a);
            }
      }
```

注意：Collections 的 sort 方法默认是升序排列，如果需要降序排列时就需要重写 conpare 方法。

5.3.1.3 排序算法

使用算法进行排序，设有 int 数组 intA，以下是常见的经典排序算法：

（1）冒泡排序：冒泡排序是最为简单容易理解的典型排序算法，它遍历所有的元素并比较，如果出现元素不满足顺序要求就将元素位置进行交换，每循环一次调整好一个元素的位置，类似每次冒一个泡一样。将除了最后一个元素的所有元素均循环一次后获得最后的排序结果。

```
      public static void Sort3 (int[] intA) {
            int t;  // 用于数据交换
            int len = intA.length;
            for (int i = 1; i < len; i++) {
                  for (int j = 0; j < len - i; j++) {
                        if (intA[j] < intA[j+1]) {  // 交换位置
                              t = intA[j];
                              intA[j] = intA[j+1];
                              intA[j+1] = t;
                        }
                  }
            }
      }
```

（2）快速排序：快速排序借助分治策略将序列分为左右两个子序列，它的排序效率为 O(N*logN)，逐次将大于或等于分界值的数据移动到右边子序列，而将小于分界值的数据移动到左边子序列，然后将移动好的左右子序列分别再次分解为两个子序列，依次递归最终完成整个序列的排序。

```
public static void Sort4(int[] intA, int startIdx, int endIdx) {
    if (startIdx < endIdx) {
        int base = intA[startIdx];
        int t; // 用于数据交换
        int i = startIdx, j = endIdx;
        do {
            while ((intA[i] < base) && (i < endIdx))
                i++;
            while ((intA[j] > base) && (j > startIdx))
                j--;
            if (i <= j) {
                t = intA[i];
                intA[i] = intA[j];
                intA[j] = t;
                i++;
                j--;
            }
        } while (i <= j);
        if (startIdx < j)
            quickSort(intA, startIdx, j);
        if (endIdx > i)
            quickSort(intA, i, endIdx);
    }
}
```

（3）插入排序：插入排序的工作原理是通过构建有序序列，对于未排序数据，从第一个元素开始，该元素可以认为已经被排序，取出下一个元素，在已经排序的元素序列中从后向前扫描，如果该元素（已排序）大于新元素，将该元素移到下一位置，重复上述步骤，直到找到已排序的元素小于或者等于新元素的位置。

```
public static void insertSort(int[] intA) {
```

```
        int size = intA.length, t, j;
        for(int i=1; i<size; i++) {
            t = intA[i];
            for(j = i; j > 0 && t < intA[j-1]; j--)
                intA[j] = intA[j-1];
            intA[j] = t;
        }
    }
```

5.3.2 查找算法

5.3.2.1 利用集合提供的 java.util.Collections.binarySearch() 方法

```
// 建立一个 arraylist
    ArrayList<String> arlst=new ArrayList<String>();
    // 添加一些对象
    arlst.add("beijing");
    arlst.add("shanghai");
    arlst.add("xian");
    arlst.add("chengdu");
    // 查找 "xian"
    int index=Collections.binarySearch(arlst, "xian");
```

5.3.2.2 利用算法进行查找

（1）顺序查找：顺序查找按照数据存储顺序，依次将元素与关键字进行比较，若元素与关键字相等，则查找成功，若表中所记录的关键字和给定值都不相等，则查找失败。

算法实现：

```
        public static int search1(int k, int[] intA) {
            if (intA == null || intA.length < 1)
                return -1;
            for (int i = 0; i < intA.length; i++) {
                if (intA[i] == k) {
                    return i;
                }
            }
            return -1;
        }
```

（2）二分查找（也称折半查找）：折半查找的前提条件是在一个有序的序列中，首先确定待查询记录所在的区间，然后逐步地缩小范围区间直到找到或者找不到该记录为止，与数学中的二分法一样。

```
public static int search2(int[] intA, int k) {
    int low = 0;
    int high = intA.length - 1;
    while (low <= high) {
        int middle = (low + high) / 2;
        if (k == intA[middle]) {
            return middle;
        } else if (k < intA[middle]) {
            high = middle - 1;
        } else {
            low = middle + 1;
        }
    }
    return -1;
}
```

（3）分块查找。

1）首先将查找分成一系列有序的块，每个块之间存在递增或递减关系，即第一个块中任意元素均小于或大于第二个块，依次类推。而在块内，元素并不存在顺序关系，任意排放。

2）建立一个索引表，把每块中最大的关键字值按块的顺序放在一个辅助数组中，这个索引表也按升序排列。

3）查找时先用给定的关键字值在索引表中查找，确定满足条件的数据元素存放在哪个块中，查找方法既可以是折半也可以是顺序查找。

4）再到相应的块中顺序查找，便可以得到查询结果。

算法实现：

```
public static int search3(int[] idxA, int[] intA, int k, int m) {
    int i = search3(idxA, k);
    if(i >= 0) {
        int j = i > 0 ? i * m : i;
        int len = (i + 1) * m;
        for (int k = j; k < len; k++) {
```

```
                    if (k == intA[k]) {
                        return k;
                    }
                }
            }
            return -1;
        }
```

（4）二叉排序树查找操作：二叉排序树查找借助二叉树的遍历能力来实现数据的查找。

二叉树定义：

```
class Tree {
    int d;
    Tree left;
    Tree right;
    public Tree(int d){
        this.d=d;
    }
}
```

然后看看二叉排序树的查找和实现过程代码。

```
public class search4{
    public static void main(String[] args) {
        Tree t1 = new Tree(1);
        t1.left=new Tree(2);
        t1.right =new Tree(3);
        t1.left.left=new Tree(4);
        t1.left.right =new Tree(5);
        t1.right.left=new Tree(6);
        t1.right.right =new Tree(7);
        t1.right.right.left =new Tree(8);
        boolean f = searchTree(t1, 1, null);
    }
    public static boolean searchTree (Tree t, int k, Tree p) {
        if (null == t || 0 == bt.d) {
            return false;
```

```
        } else if (k == t.d) {
            return true;
        } else if (k < t.d) {
            return searchTree(t.left, k, t);
        } elsev
            return searchTree(t.right, k, t);
    }
}
```

习 题

1. 说明 Java 中集合框架的作用。

2. 比较 Java 的 Set、List 和 Queue 的特点和作用。

3. 自定义一个列表 MyList 泛型类，要求能存储元素、取值、删除、添加，并且能将保存的元素按照对象的字符串表示形式从小到大排序。

4. 将 1~100 中的 100 个自然数随机放到一个数组中，从中将获取重复次数最多且是最大的数显示出来。

5. 将一个字符串中的小写字母转换成大写字母，同时将其中的大写字母转换成小写字母，其他字符不变。

6. 向量与数组有什么不同，分别适合于什么场合？

7. 常用的查找和排序算法有哪些？

第 6 章

图形用户界面

引言

图形用户界面(Graphical User Interface,GUI)是程序与用户交互的窗体,良好的用户界面可以带来赏心悦目的效果。通过图形界面可以方便地进行数据的输入输出。显示图形图像,图形界面具有生动、操作简便、不必记忆各种命令等优点。本章主要介绍图形用户界面的基本组成、控件的使用以及 Java 的事件处理机制。

学习目标

1. AWT 与 Swing 的关系;
2. 容器及其布局管理;
3. 常用 Swing 组件;
4. 事件处理机制。

6.1 JavaGUI 概述

图形用户界面(Graphical User Interface, GUI)是采用图形化界面实现计算机与用户进行交互的模式,它支持用户通过鼠标、键盘、画板等设备来操作各种图形化控件,实现功能的调用、数据的处理和任务的执行。GUI 通常由按钮、对话框、窗体、选框、菜单等多种形式的控制机制构成,具有标准化的操作规范,使用事件机制完成对各项输入的响应和处理。

Java 语言中,主要的图形化界面使用 AWT、Swing 实现,这是一系列 JDK 中已经实现的接口、类等,支持图形化空间的布局,并且众多开发工具平台 IDE 也提供更加快速便捷的可视化界面设计功能,有效地提高了图形化界面应用程序的开发与实现。

6.1.1 AWT

抽象窗体工具包（Abstract Windowing Toolkit，AWT）是 Java 早期的图形用户界面基本工具，其由 java.awt 包管理，并且每个图形化界面元素（称为组件 Components) 都具备平台无关性，能够使用各种操作系统平台。AWT 支持事件处理模型、用户界面组件、图形图像工具、布局管理器，其中事件处理模型完成各种输入操作的识别、响应和处理，用户界面组件提供一批可视化的组件来完成界面的实现，图形图像工具提供字体、颜色、形状等的建立和管理，布局管理器则为各种组件布局设计形成界面提供支撑。

然而，AWT 功能相对较弱，在可视化能力以及功能调用上距离其他语言的可视化元素仍有不少差距，这导致了早期 Java 图形化界面开发并不能得心应手，甚至有时 GUI 在跨平台运行方面受到影响。故而，后期 AWT 的各种组件逐渐被 Swing 工具包所替代，摒除了原有的各种弊端，增强了图形化展示特征，提升了可视化元素的控制能力，因此 AWT 目前已经甚少使用。

6.1.2 Swing

Swing 作为 Java Foundation Classes（JFC）的核心部件，重点实现与图形化界面相关的各种元素组件和控制特征。Swing 是由 Java 语言本身开发轻量级组件，支持跨平台运行，并且在控制能力、展示效果等方面更为突出。与 AWT 相同，Swing 也支持按钮、菜单、对话框、选择框、文本输入框等全部 GUI 界面组件，形成一个应用 MVC 模式且功能更为强大的工具包，并增添了树、表格等组件，大大增加了 Swing 的灵活性、实用性。为了区别 Swing 组件类和它对应的 AWT 组件类，Swing 组件类在对应的 AWT 组件类前面加上了一个字母 J 前缀。

6.1.3 AWT 和 Swing 的关系

Swing 和 AWT 并非简单的替代关系，并且 Swing 依靠 AWT 进行基础开发，两者之间的不同主要是：

（1）AWT 由 C/C++ 程序编写，依赖于与操作系统相关的本地方法，运行速度快、消耗资源少；而 Swing 采用 Java 开发，建立在 AWT 之上，运行速度不如 AWT 的本地方法调用。

（2）AWT 与本地方法紧密联系，在不同操作系统下运行后所展示的界面及风格互不相同，但 Swing 界面的展示效果在各种操作系统下完全一致。

在可视化应用程序开发过程中，AWT 与 Swing 的选择取决于可视化应用程序所处的运行环境，其主要和硬件资源有关。例如：

（1）对于嵌入式应用程序开发，由于嵌入式影响资源特别是内存不足，常常受限，且此类程序往往要求更高的执行效率，因此建议采用简单而高效的 AWT 组件。

（2）对于普通 PC 应用程序开发，由于各种硬件资源充沛，无论是执行速度还是内存大小均支持各种形态的可视化组件的调用，因此，建议选用可视化展现能力和控制能力更强的 Swing 组件。

6.1.4　SWT/JFace

由于 Swing 过于消耗内存，为此 IBM 创建 SWT(Standard Widget Toolkit)，并在其 SWT 基础上创建了图形用户界面开发包 JFace。SWT/JFace 直接调用操作系统的图形库，提高了带有界面的应用程序的执行速度，形成了比 AWT 更丰富、比 Swing 更高效的可视化组件体系，故而其开发的可视化应用程序界面与操作系统一致，且效率更高。但主要的缺点是并非采用 Java 语言标准开发，并不是每个操作平台都支持。

6.1.5　Java 提供了三个主要包做 GUI 开发

java.awt 包——主要提供字体/布局管理器；

javax.swing 包——主要提供各种组件(窗体/按钮/文本框)；

java.awt.event 包——事件处理，后台功能的实现。

在进行 GUI 程序设计时，大多情形下都需要导入上述三个包中的类。

6.2　Swing 框架

Swing GUI API 包含容器类(container class)、组件类(component class)和辅助类(helper class)三个方面内容，其类的层次关系如图 6-1 所示。

6.2.1　容器类

容器类是用来包含其他组件的，例如 JFrame，JPanel，Swing 容器类又可分为如下几类：

（1）顶层容器：JFrame、JApplet、JDialog 和 JWindow。

1）JFrame：类似于 Windows 系统中窗体形式的应用程序，有时也被称为窗体。

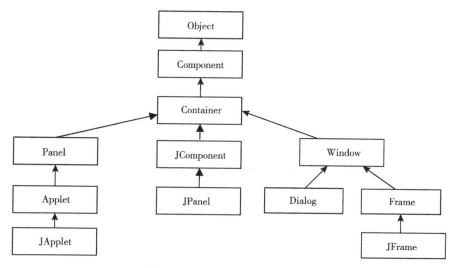

图 6-1 GUI API 层次体系结构

2）JDialog：和 JFrame 类似，用于设计对话框；是一个弹出式窗体或消息框。

3）JApplet：用于设计可以嵌入在网页中的小程序。

4）JWindow：不含标题栏及调整按钮的窗体，其他特性和 JFrame 类似。一般很少使用，可用以制作启动欢迎页面。

（2）中间容器：JPanel、JScrollPane、JSplitPane、JToolBar 等。这些容器可以充当载体，但也是不可以独立显示的组件，必须依附在顶层容器内才能显示，其中 JPanel 称为面板，是最为简单和实用的容器，在其上可以放置各类可视化组件甚至自身，也可以提供画板用来绘图。

（3）特殊容器：JInternalFrame、JRootPane、JLayeredPane 和 JDestopPane 等，是用于各种特定应用场景的中间性容器，实现了对大型可视化应用服务的支持。

6.2.2 组件类

组件类是用于呈现各种图形化界面元素，例如 JButton、JLabel、JTextField 等。

JComponent 类是所有轻量级 Swing 组件类的祖先类，组件类的实例可以显示在屏幕上，JButton 类的实例可以在屏幕上显示统一风格的按钮，组件类是本章主要学习的内容之一，常见的组件类的继承关系如图 6-2 所示。

JComponent 类定义了所有子类组件的通用方法，它来自继承 AWT 里的

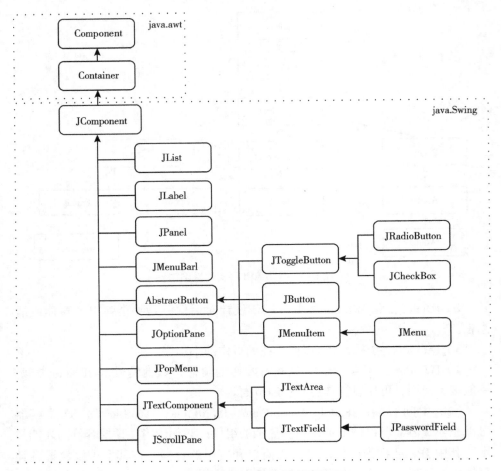

图 6-2 Swing 组件类继承关系

容器类 java.awt.Container 类，绝大部分 Swing 组件都是 JComponent 抽象类、Container 类的直接或间接子类，因此在 Swing 中往往都可以找到与 AWT 对应组件，只是在组件类的名前去掉了"J"。下面是命名例外的几个类：

（1）JComboBox：在 AWT 中对应的名称为 Choice。

（2）JFileChooser：在 AWT 中对应的名称为 FileDialog。

（3）JSrcollBar：在 AWT 中对应的名称为 Srcollbar。

（4）JCheckBox：在 AWT 中对应的名称为 Checkbox。

（5）JCheckBoxMenuItem：在 AWT 中对应的名称为 CheckboxMenuItem。

注意：Swing 中容器类四个组件直接继承了 AWT 组件，而不是从 JComponent 派生出来的，它们分别是：JFrame、JWindow、JDialog 和 JApplet，它们并不是轻量级组件，而是重量级组件(需要部分委托给运行平台上 GUI 组件的对等体)。绝大多数 Swing 组件类都以"J"开头，若偶然地忘记了书写"J"，程序大多数情况下仍然可以进行编译和运行，但将 Swing 和 AWT 组件混合在一起使用将会导致视觉和行为的不一致。

6.2.3 辅助类

辅助类 Graphics、Color、Font 等用来刻画图形效果的类均不是 Component 的子类，它们一方面可以支撑绘图操作，另一方面可以进一步美化可视化界面：

java.awt.Graphics——为画板提供功能，支持几何绘制和字符串绘制；
java.awt.Color——提供颜色的服务功能；
java.awt.Font——提供文本和图形的字体服务功能；
java.awt.Dimension——用于封装组件的宽度和高度；
java.awt.LayoutManager——管理组件的布局。

注意：辅助类来自 java.awt 包，这些辅助类在应用程序界面设计中往往必不可少。

6.2.4 建立 Swing GUI 程序的步骤

（1）建立容器(容器就是可以容纳其他图形对象的类，容器还可以添加容器)；
（2）建立组件(组件就是一套图形对象)；
（3）将组件添加到容器(将创建好的对象添加到容器中，才能在窗体上正式显示)；
（4）设置布局(设置组件的显示布局)。

下面使用 Swing 建立一个图形界面的带有欢迎文字的简单程序：

【程序 6-1】

```java
import java.awt.*;     //Swing 的容器类由 AWT 继承
import javax.swing.*; //java Swing 类位于 javax.swing 包中

public class FirstFrame extends JFrame { //GUI 界面大多从 JFrame 继承
    public static void main(String[] args)
    {
            FirstFrame f = new FirstFrame();
            JLabel la = new JLabel("Hello Java GUI");
            f.add(la,"Center");
```

```
            f.setTitle("第一个窗体程序");
            f.setDefaultCloseOperation(JFrame.EXIT_ON_CLOSE);
            f.setSize(500, 500);
            f.setLocationRelativeTo(null);
            f.setVisible(true);
        }
}
```

图 6-3　窗体运行结果

6.3　JFrame(框架)和 JPanel(面板)

6.3.1　JFrame

JFrame(框架)是一个可以独立显示的容器,用来设计类似于 Windows 系统中窗体形式的界面。JFrame 是 Swing 组件的顶层容器,该类继承了 AWT 的 Frame 类,支持 Swing 体系结构的高级 GUI 属性。创建一个用户界面需要创建一个 JFrame 来存放用户界面组件。例如存放按钮,文本框等。JFrame 的继承层次如下所示:

```
java.lang.Object
    java.awt.Component
        java.awt.Container
            java.awt.Window
                java.awt.Frame
                    javax.swing.JFrame
```

6.3.1.1 JFrame 常用方法

（1）JFrame()：无参数构造方法建立无标题的窗体。

（2）JFrame(String s)：以 s 为标题创建窗体。

（3）public voidsetBounds(int a,int b,int w,int h)：设置窗体的宽和长分别为 w 和 h，距离屏幕左边和上方的距离分别为 a 和 b，其中 a、b、w 和 h 的单位均为像素。

（4）public void setSize(int width,int height)：定义窗体大小。

（5）public void setLocation(int x,int y)：移动窗体到 (x,y) 位置。

（6）public void setVisible(boolean b)：显示或隐藏窗体。

（7）public voidsetResizable(boolean b)：设置窗体大小是否可以调整。

（8）publicvoid setExtendedState(int state)：设置口在扩展时的状态，state 值可为：

MAXIMIZED_HORIZ（水平方向最大化）；

MAXIMIZED_VERT（垂直方向最大化）；

MAXIMIZED_BOTH（水平、垂直方向都最大化）。

（9）publicvoid setDefaultCloseOperation(int operation)：定义窗体右上角的关闭图标被点击后执行的操作，其中 operation 值可为：

DO_NOTHING_ON_CLOSE（不做任何操作）；

HIDE_ON_CLOSE（隐藏窗体）；

DISPOSE_ON_CLOSE（隐藏窗体，并释放窗体所占资源）；

EXIT_ON_CLOSE（结束应用程序）。

6.3.1.2 窗体

窗体是一个容器，需要添加各种组件来完成程序的功能，调用 JFrame 继承自 Container 容器的 add(Component) 方法，可以将组件添加到屏幕上。

下例演示了按钮组件的添加：

【程序 6-2】

```
import java.awt.*;
import javax.swing.*;

public class FirstFrame extends JFrame {
public static void main(String[] args)
    {
    JFrame frame = new JFrame("frame 示例");
    // 创建按钮
```

```
        JButton button = new JButton("OK");
        // 向 frame 中添加一个按钮
        frame.add(button);
        // 设置尺寸
        frame.setSize(200, 100);
        // JFrame 在屏幕居中
        frame.setLocationRelativeTo(null);
        // JFrame 关闭时退出应用程序
        frame.setDefaultCloseOperation(JFrame.EXIT_ON_CLOSE);
        // 显示 JFrame
        frame.setVisible(true);
    }
}
```

运行结果如图 6-4 所示。

6.3.2 JPanel

图 6-4 带按钮组件的窗体

6.3.2.1 定义

JPanel 作为中间层容器是一个可以容纳其他组件或者绘图的区域，它不能独立承担窗体功能，无法直接呈现，必须依附 JFrame 等来展示效果。JPanel 可以相互嵌套，JPanel 类的构造方法如下：

（1）JPanel()：使用默认的布局管理器构造面板。

（2）JPanel(LayoutManagerLayout layout)：按照给定的布局创建面板对象。

JPanel 类的常用方法如下：

（1）Component add(Component comp)：追加组件 comp 到面板中。

（2）void remove(Component comp)：将 comp 组件从面板中清除。

（3）void setFont(Font f)：定义面板的字体。

（4）void setLayout(LayoutManager mgr)：给定面板的布局管理器。

（5）void setBackground(Color c)：定义组件的背景色。

下面的程序演示了面板在窗体中的应用：

【程序 6-3】

```java
import java.awt.Color;
import javax.swing.JButton;
import javax.swing.JFrame;
import javax.swing.JPanel;
```

```java
public class PanelDemo extends JFrame {
    public static void main(String[] args) {
        // 创建 JFrame
        JFrame frame = new JFrame("Panel 示例");
        // 设置尺寸
        frame.setSize(350, 350);
        // 设置窗体背景色
        frame.getContentPane().setBackground(Color.white);
        // 关闭布局管理器
        frame.setLayout(null);
        // 创建一个面板
        JPanel pn1 = new JPanel();
        //设置面板大小
        pn1.setSize(100,100);
        //设置面板背景色
        pn1.setBackground(Color.RED);
        //设置面板在窗体中的位置
        pn1.setLocation(0, 0);
        // 将面板加入窗体
        frame.add(pn1);
        // 再创建两个大小相同、颜色和位置不同面板，并加入窗体
        JPanel pn2 = new JPanel();
        pn2.setSize(100,100);
        pn2.setBackground(Color.green);
        pn2.setLocation(100, 100);
        frame.add(pn2);

        JPanel pn3 = new JPanel();
        pn3.setSize(100,100);
        pn3.setBackground(Color.BLUE);
        pn3.setLocation(200, 200);
        frame.add(pn3);

        // JFrame 在屏幕居中
```

```
        frame.setLocationRelativeTo(null);
        // JFrame 关闭时退出应用程序
        frame.setDefaultCloseOperation(JFrame.EXIT_ON_CLOSE);
        // 显示 JFrame
        frame.setVisible(true);
    }
}
```

运行结果如图 6-5 所示。

6.3.2.2 使用方法

JScrollPane 是一种中间容器，它展现为带滚动条可以左右上下滑动的面板，常常用户文本等组件内容超出一般面板空间范围时展示区域不变而对面板容纳内容扩充。

JScrollPane 常用构造方法：

JScrollPane()：无参数构造方法。

JScrollPane(Component view)：传入 view 组件的构造方法。

JScrollPane(Component view, int vsbPolicy, int hsbPolicy)：给定垂直和水平滑动策略及 view 的构造方法。

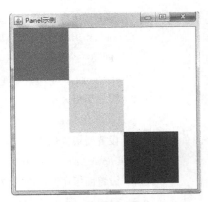

图 6-5 含有三个面板的窗体

JScrollPane(int vsbPolicy, int hsbPolicy)：给定垂直和水平滑动策略的构造方法。

其中参数 view 为需要滚动显示的视图组件，vsbPolicy 为垂直滚动条的显示策略，hsbPolicy 为水平滚动条的显示策略。

滚动条的显示策略的取值为：

（1）垂直滚动条（vsbPolicy）。

ScrollPaneConstants.VERTICAL_SCROLLBAR_AS_NEEDED // 需要时显示（默认）

ScrollPaneConstants.VERTICAL_SCROLLBAR_NEVER // 从不显示

ScrollPaneConstants.VERTICAL_SCROLLBAR_ALWAYS // 总是显示

（2）水平滚动条（hsbPolicy）。

ScrollPaneConstants.HORIZONTAL_SCROLLBAR_AS_NEEDED // 需要时显示（默认）

ScrollPaneConstants.HORIZONTAL_SCROLLBAR_NEVER // 从不显示

ScrollPaneConstants.HORIZONTAL_SCROLLBAR_ALWAYS // 总是显示

JScrollPane 常用方法：

（1）void setViewportView(Component view)：设置滚动显示视图内容组件。

（2）void setVerticalScrollBarPolicy(int policy)：设置垂直滚动条的显示策略。

（3）void setHorizontalScrollBarPolicy(int policy)：设置水平滚动条的显示策略。

（4）void setWheelScrollingEnabled(boolean handleWheel)：是否响应鼠标滚动事件，默认响应。

JScrollPane 示例：

【程序 6-4】

```java
import java.awt.Font;
import javax.swing.JFrame;
import javax.swing.JScrollPane;
import javax.swing.JTextArea;
import javax.swing.ScrollPaneConstants;
import javax.swing.WindowConstants;

public class JScrollPaneDemo extends JFrame {
    public static void main(String[] args) {
        JFrame jf = new JFrame("测试窗体");
        jf.setSize(120, 120);
        jf.setLocationRelativeTo(null);
        jf.setDefaultCloseOperation(WindowConstants.EXIT_ON_CLOSE);
        // 创建文本区域组件
        JTextArea textArea = new JTextArea();
        textArea.setLineWrap(true);// 自动换行
        textArea.setFont(new Font(null, Font.PLAIN, 18));
// 设置字体
        // 创建滚动面板，指定滚动显示的视图组件(textArea)，垂直滚动条持续显示，水平滚动条不显示
        JScrollPane scrollPane = new JScrollPane(
            textArea,
            ScrollPaneConstants.VERTICAL_SCROLLBAR_ALWAYS,
                ScrollPaneConstants.HORIZONTAL_SCROLLBAR_NEVER
        );
```

```
            jf.add(scrollPane);
            jf.setVisible(true);
        }
}
```
运行结果如图 6-6 所示。

6.3.2.3 JSplitPane 面板

JSplitPane 面板，带有分割条的面板，可以将面板分割成不同的区域。

图 6-6 含有滚动面板的窗体

（1）常见构造方法。

JSplitPane()：按照默认方式构建对子组件在水平方向可以无连续布局的分割面板。

JSplitPane(int newOrientation)：按照默认方式构建对子组件在 newOrientation 方向可以无连续布局的分割面板。

JSplitPane(int newOrientation, boolean newContinuousLayout)：按照默认方式构建按照重绘方式进行重绘且对子组件和在 newOrientation 方向可以无连续布局的分割面板。

（2）JSplitPane 常用方法。

setDividerLocation (double proportionalLocation)：按照百分比（proportionalLocation）给定分隔条的位置。

setDividerLocation(int location)：按照位置（location）给定分隔条的位置。

setContinuousLayout(boolean newContinuousLayout)：定义 continuousLayout 属性的值。

setDividerSize(int newSize)：定义分隔条大小。

getDividerLocation()：获得最后传递给 setDividerLocation 的值。

getDividerSize()：对应于 setDividerSize，获取分隔条大小。

JSplitPane 示例：

【程序 6-5】

```
import java.awt.BorderLayout;
import javax.swing.JFrame;
import javax.swing.JLabel;
import javax.swing.JSplitPane;
public class JSplitPaneDemo extends JFrame {
    public JSplitPaneDemo() {
        setTitle(" 分割面板 ");
```

```java
        setBounds(100, 100, 500, 375);
        setDefaultCloseOperation(JFrame.EXIT_ON_CLOSE);
        // 创建水平分割
        JSplitPane hSplitPane = new JSplitPane();
        hSplitPane.setDividerLocation(40);
        getContentPane().add(hSplitPane, BorderLayout.CENTER);
        hSplitPane.setLeftComponent(new JLabel(" 左区域 "));
        // 创建垂直分割
        JSplitPane vSplitPane = new JSplitPane(JSplitPane.VERTICAL_SPLIT);
        vSplitPane.setLeftComponent(new JLabel(" 上区域 "));
        vSplitPane.setRightComponent(new JLabel(" 右区域 "));
        vSplitPane.setDividerLocation(30);
        vSplitPane.setDividerSize(8);
        vSplitPane.setOneTouchExpandable(true);
        vSplitPane.setContinuousLayout(true);
        hSplitPane.setRightComponent(vSplitPane);
    }
    public static void main(String[] args) {
        JSplitPaneDemo instance = new JSplitPaneDemo();
        instance.setVisible(true);
    }
}
```

运行结果如图 6-7 所示。

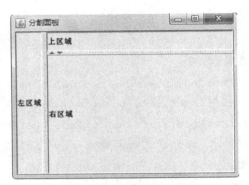

图 6-7 含有分割面板的窗体

6.4 布局管理器

在 GUI 程序中，组件的位置由容器默认布局管理器放置，它设定组件放置的顺序及基本位置，从而控制组件的呈现效果。当组件很多时，窗体会显得有些杂乱，若要设计合理布局界面，需要通过布局管理器实现，Java 定义了一个布局管理器接口 java.awt.LayoutManager，通过实现该接口的布局管理器类即可实现组件的布局。

6.4.1 常见的布局管理器

（1）流式布局管理器 (FlowLayout)：将组件从左至右水平排列，排满一行后换行。

（2）边界布局管理器 (BorderLayout)：将面板划分为东、西、北、南、中五个部分。

（3）网格布局管理器 (GridLayout)：以行和列的网格形式安排组件。

（4）卡片布局管理器 (CardLayout)：定义一组卡片，每个卡片容纳一系列组件，卡片叠加放置，显示时仅显示最顶层的卡片。

（5）网格包布局管理器 (GridBagLayout)：更复杂、功能更强的网格布局。

注意：如果使用 setLayout(null) 则关闭布局管理器；使用组件的 setLocation() 方法和 setSize() 方法分别给定组件的位置和大小则为绝对布局，此时界面呈现时组件的相对位置不发生变化。

6.4.2 默认的布局管理器

（1）对于 Window、Frame、Dialog 默认使用 BorderLayout。
（2）对于 Panel、Applet 默认使用 FlowLayout。

6.4.3 选择布局管理器的方法

（1）建立布局管理器类的对象。
（2）利用容器的 setLayout 方法为容器指定布局 (即指定一个布局管理器的对象)。

例：将 JFrame 布局设定为 FlowLayout 类型，myFrame 为 JFrame 的一个实例，调用 myFrame.setLayout(new FlowLayout());

6.4.4 流式布局

FlowLayout(流式布局) 是默认的也是最简单的布局管理器。它按照组件被加入容器的顺序依次将组件放置到容器中，直至无法放下后转至下一行继续放置。FlowLayout 有常量 LEFT、RIGHT、CENTER 指定组件的对齐方式，分别对应左对齐、右对齐和居中对齐。另外，组件之间空隙可以通过以下方法进行设置或提取。

int getHgap()：获取组件间的水平间隙。
int getVgap()：获取组件间的垂直间隙。
void setHgap(int hgap)：设置组件间的水平间隙。
void setVgap(int vgap) : 设置组件间的垂直间隙。

流式布局管理器的对齐方式默认值是 CENTER，水平间隔和垂直间隔默认值是 5 个像素。

流式布局管理器的构造方法：

（1）FlowLayout()：构造一个居中对齐、水平和垂直间隙是 5 个像素的 FlowLayout。
（2）FlowLayout(int align)：构造一个按照 align 对齐、水平和垂直间隙是 5 个像素的 FlowLayout。
（3）FlowLayout(int align, int hgap, int vgap)：构造一个按照 align 对齐、水平和垂直间隙分别是 hgap 和 vgap 像素大小的 FlowLayout。

流式布局示例：

【程序 6-6】
```
import java.awt.FlowLayout;
```

```java
import javax.swing.JFrame;
import javax.swing.JLabel;
import javax.swing.JTextField;
public class FlowLayoutDemo extends JFrame {
    public FlowLayoutDemo() {
        // 将 JFrame 默认布局修改为流式布局，左对齐，水平和垂直间隔为10、20 像素
        setLayout(new FlowLayout(FlowLayout.LEFT, 10, 20));
        add(new JLabel(" 姓名："));
        // 添加长度为 8 的文本框组件
        add(new JTextField(8));
        add(new JLabel(" 性别："));
        add(new JTextField(6));
        add(new JLabel(" 电话："));
        add(new JTextField(8));
    }
    public static void main(String[] args) {
        FlowLayoutDemo frame = new FlowLayoutDemo();
        frame.setTitle("FlowLayout");
        frame.setSize(500, 200);
        frame.setLocationRelativeTo(null);
        frame.setDefaultCloseOperation(JFrame.EXIT_ON_CLOSE);
        frame.setVisible(true);
    }
}
```

运行结果如图 6-8 所示。

该案例使用了 FlowLayout 管理器在框架放置组件。如果改变框架的大小，组建会自动地重新排列，以适应框架。

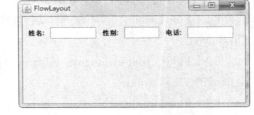

图 6-8 流式布局

6.4.5 边界布局

BorderLayout 边框布局是 JFrame 容器默认的布局管理器，该管理器将容器分为东、西、南、北中 5 个区域。BorderLayout 的 add(Component comp,int index) 方法用于将组件 comp 追加 index 所表示的区域：

（1）EAST：东区域的布局约束（容器右边）。

（2）WEST：西区域的布局约束（容器左边）。

（3）SOUTH：南区域的布局约束（容器底部）。

（4）NORTH：北区域的布局约束（容器顶部）。

（5）CENTER：中间区域的布局约束（容器中央）。

BorderLayout 的构造函数：

（1）BorderLayout()：构造无参数边框布局，所加入的组件无间隙。

（2）BorderLayout(int hgap, int vgap)：构造以 hgap、vgap 为水平、垂直间隙参数的边框布局。

BorderLayout 的主要方法：

（1）int getHgap()：返回组件间水平间隙。

（2）int getVgap()：返回组件间垂直间隙。

（3）void setHgap(int hgap)：设置组件间水平间隙。

（4）void setVgap(int vgap)：设置组件间垂直间隙。

容器会根据组件最合适的尺寸和在容器中的位置来放置，南北组件可以水平拉伸，东西组件可以垂直拉伸，中央组件既可以水平拉伸也可以垂直拉伸。

边界布局示例，在窗体中五个区域分别放置按钮：

【程序 6-7】

```
import java.awt.BorderLayout;
import javax.swing.JButton;
import javax.swing.JFrame;
public class BorderLayoutDemo extends JFrame {
    public BorderLayoutDemo() {
        setLayout(new BorderLayout(5, 10));
        add(new JButton("东"), BorderLayout.WEST);
        add(new JButton("西"), BorderLayout.EAST);
        add(new JButton("南"), BorderLayout.SOUTH);
        add(new JButton("北"), BorderLayout.NORTH);
        add(new JButton("中"), BorderLayout.CENTER);
    }
    public static void main(String[] args) {
        BorderLayoutDemo frame = new BorderLayoutDemo();
        frame.setTitle("BorderLayout");
```

```
        frame.setSize(300, 200);
        frame.setLocationRelativeTo(null);
        frame.setDefaultCloseOperation(JFrame.EXIT_ON_CLOSE);
        frame.setVisible(true);
    }
}
```

运行结果如图 6-9 所示。

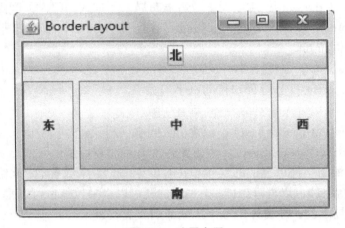

图 6-9　边界布局

6.4.6　网格布局

GridLyaout 将面板区域划分为横竖交错的网格，并将组件依序添加到网格的每个单元中。Gridlayout 在构造时可以指定网格中的行数和列数，但行数和列数不能同时都为 0。当仅有一个参数为 0 时，则不为 0 的行或列数量固定，为 0 的行或列由布局管理器动态决定其布局样式。

GridLyaout 构造方法：

（1）GridLayout()：构造默认值的网格布局。

（2）GridLayout(int rows, int cols)：按照行 rows 和列 cols 来构造网格布局。

（3）GridLayout(int rows, int cols, int hgap, int vgap)：按照行 rows 和列 cols 以及间隙 hgap 和 vgap 来构造网格布局。

GridLyaout 主要方法：

int getRows()：获取行数。默认值是 1。

int getColumns()：获取列数。默认值是 1。

int getHgap()：获取水平间距。默认值是 0。

int getVgap()：获取垂直间距。默认值是 0。

void setRows(int rows)：设置行数。默认值是 1。

void setColumns(int cols)：设置列数。默认值是 1。

void setHgap(int hgap)：设置水平间距。默认值是 0。

void setVgap(int vgap)：设置垂直间距。默认值是 0。

网格布局示例，与程序 6-5 类似依然添加 3 个标签和 3 个文本域，但布局采用网格布局形式：

【程序 6-8】

```java
import java.awt.GridLayout;
import javax.swing.JFrame;
import javax.swing.JLabel;
import javax.swing.JTextField;

public class GridLayoutDemo extends JFrame {
public GridLayoutDemo() {
    setLayout(new GridLayout(3, 2, 5, 5));
    add(new JLabel("姓名："));
    add(new JTextField(8));
    add(new JLabel("性别："));
    add(new JTextField(8));
    add(new JLabel("电话："));
    add(new JTextField(8));
    }
public static void main(String[] args) {
    GridLayoutDemo frame = new GridLayoutDemo();
    frame.setTitle("GridLayout");
    frame.setSize(200, 125);
    frame.setLocationRelativeTo(null);
    frame.setDefaultCloseOperation(JFrame.EXIT_ON_CLOSE);
    frame.setVisible(true);
    }
}
```

程序运行结果如图 6-10 所示。

当组件较多且相同时利用网格布局是一种较为常用的布局形式，例如制作计算器界面：

【程序 6-9】

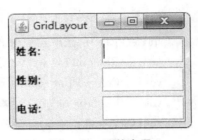

图 6-10　网格布局

```java
import java.awt.BorderLayout;
import java.awt.GridLayout;
import javax.swing.JButton;
import javax.swing.JFrame;
import javax.swing.JPanel;
import javax.swing.JTextArea;

public class GridLayoutDemo2 extends JFrame {
    // 定义面板，并设置为网格布局，4 行 4 列，组件水平、垂直间距均为 3
    JPanel p = new JPanel(new GridLayout(4, 4, 3, 3));
    JTextArea t = new JTextArea(); // 定义文本框
    // 定义字符串数组，为按钮的显示文本赋值
    // 注意字符元素的顺序与循环添加按钮保持一致
    String str[] = { "7", "8", "9", "/", "4", "5", "6", "*", "1",
"2", "3", "-", "0", ".", "=", "+" };

    public GridLayoutDemo2(String s) {
        super(s); // 为窗体名称赋值
        setLayout(new BorderLayout()); // 定义窗体布局为边界布局
        JButton btn[]; // 声明按钮数组
        btn = new JButton[str.length]; // 创建按钮数组
        // 循环定义按钮，并添加到面板中
        for (int i = 0; i < str.length; i++) {
            btn[i] = new JButton(str[i]);
            p.add(btn[i]);
        }
        // 将文本框放置在窗体 NORTH 位置
        getContentPane().add(t, BorderLayout.NORTH);
        // 将面板放置在窗体 CENTER 位置
        getContentPane().add(p, BorderLayout.CENTER);
```

```
        setVisible(true);
        setSize(250, 200);
        setDefaultCloseOperation(JFrame.EXIT_ON_CLOSE);
        setLocationRelativeTo(null);  // 让窗体居中显示
    }
    public static void main(String[] args) {
        GridLayoutDemo2 gl=new GridLayoutDemo2("计算器布局");
    }
}
```

运行结果如图 6-11 所示。

6.4.7 卡片布局

CardLayout 采用卡片叠加方式将多个组件融入到一个显示面板，每个卡片中显示一系列组件，初始时显示第一个卡片，卡片在运行过程中可以进行点击切换以呈现出不同的界面信息。

图 6-11 多组件网格布局

CardLayout 构造方法：

（1）CardLayout ()：创建具有默认值的卡片布局，组件距离容器边界 0 像素。

（2）CardLayout (int honrizontalGap, int verticalGap)：组件距离边界为指定值。

CardLyaout 主要方法：

void first(Container parent)：切换到第一张卡片。

void next(Container parent)：切换到下一张卡片。

void previous(Container parent)：切换到前一张卡片。

void last(Container parent)：切换到最后一张卡片。

void show(Container parent，String name)：显示指定卡片。

卡片布局通常和事件处理相配合，事件在后续章节介绍，看下面的示例：窗体默认边界布局，一个面板以卡片布局，面板上添加五个按钮，该面板添加到 CENTER 位置；另一个面板添加两个按钮，两个按钮添加事件来切换显示 CENTER 位置中的面板的组件。

【程序 6-10】

```
import java.awt.BorderLayout;
```

```java
import java.awt.CardLayout;
import java.awt.Container;
import java.awt.Panel;
import java.awt.event.ActionEvent;
import java.awt.event.ActionListener;
import javax.swing.JButton;
import javax.swing.JFrame;

public class CardlayoutTest extends JFrame implements ActionListener {
    JButton b0;
    JButton b1;
    Panel cardPanel = new Panel();
    Panel controlpaPanel = new Panel();
    CardLayout card = new CardLayout();
    public CardlayoutTest() {
        super("卡片布局管理器");
        setSize(300, 200);
        setDefaultCloseOperation(JFrame.EXIT_ON_CLOSE);
        setLocationRelativeTo(null);
        setVisible(true);
        cardPanel.setLayout(card);
        for (int i = 0; i < 5; i++) {
            cardPanel.add(new JButton("按钮" + i));
        }
        b1 = new JButton("下一张卡片");
        b0 = new JButton("上一张卡片");
        b1.addActionListener(this);
        b0.addActionListener(this);
        controlpaPanel.add(b0);
        controlpaPanel.add(b1);
        Container container = getContentPane();
        container.add(cardPanel, BorderLayout.CENTER);
        container.add(controlpaPanel, BorderLayout.SOUTH);
```

```
    }
    public void actionPerformed(ActionEvent e) {
        if (e.getSource() == b1) {
            card.next(cardPanel);
        }
        if (e.getSource() == b0) {
            card.previous(cardPanel);
        }
    }
    public static void main(String args[]) {
        new CardlayoutTest();
        }
}
```

运行结果如图 6-12 所示。

图 6-12　卡片布局

对于更为复杂的布局形式，常用的 IDE 工具大多提供 GUI 制作功能或利用插件的形式进行界面的设计。

6.5　按钮与文本相关组件

6.5.1　标签组件

JLabel 标签组件以静态文本方式呈现在界面上，不支持用户的修改，但可以通过代码设置其显示的内容，也可以呈现图像内容。

6.5.1.1 JLabel 常用构造方法
（1）JLabel()：创建一个空标签。
（2）JLabel(String text)：创建一个包含指定文本的标签。
（3）JLabel(String text, int horizontalAlignment)：创建一个包含对齐方式的标签。
（4）JLabel(Icon image)：创建一个绘制有 image 图标的标签。
（5）JLabel(Icon image, int horizontalAlignment)。
（6）JLabel(String text, Icon image, int horizontalAlignment)。

6.5.1.2 JLabel 常用方法
void setText(String text)：设置标签上显示的文本内容。
（1）void setIcon(Icon icon)：设置标签上显示图标内容。
（2）void setFont(Font font)：设置文本的字体类型、样式和大小。
（3）void setForeground(Color c)：设置字体颜色。
（4）void setToolTipText(String text)：设置当鼠标移动到标签上的提示信息。
（5）void setBackground(Color c)：设置标签背景颜色。
（6）void setVisible(boolean visible)：设置标签是否可见。
（7）void setOpaque(boolean isOpaque)：设置标签是否为不透明。

下面的程序演示了 JLabel 图标的添加：

【程序 6-11】

```java
import java.awt.Font;
import javax.swing.ImageIcon;
import javax.swing.JFrame;
import javax.swing.JLabel;
import javax.swing.JPanel;
import javax.swing.SwingConstants;

public class JLabelDemo extends JFrame {
    JPanel panel;
    JLabel la1,la2,la3;
    public JLabelDemo() {
        super("JLabel 示例 ");
        JPanel panel = new JPanel();
        la1 = new JLabel();
        la1.setText(" 只有文本 ");
```

```
            la1.setFont(new Font(null, Font.PLAIN, 24));
            panel.add(la1);
            JLabel la2 = new JLabel();
            la2.setIcon(new ImageIcon("la2.jpg"));
            panel.add(la2);
            JLabel la3 = new JLabel();
            la3.setText(" 文本和图片 ");
            la3.setIcon(new ImageIcon("la3.jpg"));
            la3.setHorizontalTextPosition(SwingConstants.CENTER);
            la3.setVerticalTextPosition(SwingConstants.BOTTOM);
            panel.add(la3);
            add(panel);
            pack();
            setLocationRelativeTo(null);
            setVisible(true);
    }
    public static void main(String[] args) {
            new JLabelDemo();
    }
}
```

运行结果如图 6-13 所示。

图 6-13　带图标的 JLabel

6.5.2　文本框

JTextField 文本框用来编辑单行的文本。

6.5.2.1 JTextField 常用构造方法

（1）JTextField()。

（2）JTextField(String text) text：默认显示的文本。

（3）JTextField(int columns) columns：计算首选宽度的列数。

（4）JTextField(String text, int columns)。

6.5.2.2 JTextField 常用方法

（1）String getText()：获取文本框中的文本。

（2）void setText(String text)：指定文本框内容。

（3）void setFont(Font font)：指定文本框字体样式。

（4）void setForeground(Color fg)：指定文本框字体颜色。

（5）void setHorizontalAlignment(int alignment)：指定文本内容的水平对齐方式。

（6）void setEditable(boolean b)：指定文本框是否可编辑。

（7）boolean isFocusOwner()：判断文本框被焦点。

（8）void setEnabled(boolean b)：设置文本框是否可用。

（9）void copy()：复制选中部分文本。

（10）void cut()：剪切选中部分文本。

（11）void paste()：粘贴文本到文本框。

（12）void addFocusListener(FocusListener listener)：添加焦点事件监听器。

（13）void addKeyListener(KeyListener listener)：添加按键监听器。

6.5.3 密码框

JPasswordField 是 JTextField 的子类，所具备方法和 JTextField 基本相同，但在显示用户输入的内容时用特定的字符替换（例如 * 或 ● ）。

6.5.3.1 JPasswordField 常用构造方法

（1）JPasswordField()。

（2）JPasswordField(String text)。

（3）JPasswordField(int columns)。

（4）JPasswordField(String text, int columns)。

6.5.3.2 JPasswordField 常用方法

（1）char[] getPassword()：获取密码框输入的密码。

（2）void setEchoChar(char c)：设置密码框默认显示的密码字符。

6.5.4 多行文本框

多行文本框 JTextArea 又称为文本区域，可以一次性输入多行文本内容，除了支持更多行的文本输入外，其方法与 JTextField 大体相同。

6.5.4.1 JTextArea 常用构造方法

（1）JTextArea()。

（2）JTextArea(String text) text：默认显示的文本。

（3）JTextArea(int rows, int columns)：默认由 rows 和 columns 决定首选大小。

（4）JTextArea(String text, int rows, int columns)。

6.5.4.2 JTextArea 常用方法

（1）void setLineWrap(boolean wrap)：是否自动换行，默认为 false。

（2）void setWrapStyleWord(boolean word)：设置自动换行方式。

（3）String getText()：获取文本框中的文本。

（4）void append(String str)：追加文本到文档末尾。

（5）void replaceRange(String str, int start, int end)：替换部分文本。

（6）int getLineCount()：获取内容的行数。

（7）int getLineEndOffset(int line)：获取指定行。

（8）int getLineOfOffset(int offset)：获取指定偏移量所在的行数（行数从 0 开始）。

（9）void setEditable(boolean b)：设置文本框是否可编辑。

注意：显示 JTextArea 滚动条需要将 JTextArea 加入 JScrollPane。

6.6 按钮与选择组件

6.6.1 按钮

JButton 按钮组件是 GUI 中最为常见的组件之一，程序的大多数功能都体现在点击按钮上。

6.6.1.1 JButton 常用构造方法

（1）JButton()：无参数方式创建按钮，按钮上没有任何显示信息。

（2）JButton(String text)：以 text 为按钮上的文字创建按钮。

（3）JButton(Icon icon)：以 icon 为按钮上的图像创建按钮。

6.6.1.2 JButton 常用方法
（1）void setText(String text)：指定按钮上显示的文本。
（2）void setFont(Font font)：指定按钮上显示的文本的字体。
（3）void setForeground(Color fg)：指定按钮上显示的文本的颜色。

6.6.1.3 JButton 常用监听器
（1）void addActionListener(ActionListener listener)：添加按钮的点击事件。
（2）void removeActionListener(ActionListener listener)：移除按钮的点击事件。

6.6.2 单选框

JRadioButton 单选按钮表示在一组选项中，必须选一个而且只能选择一个。

6.6.2.1 JButton 常用构造方法
（1）JRadioButton()。
（2）JRadioButton(String text)。
（3）JRadioButton(String text, boolean selected)：指定是否默认被选中。

6.6.2.2 JRadioButton 常用方法
（1）void setText(String text)：指定单选按钮边上显示的文本。
（2）void setFont(Font font)：指定单选按钮边上显示的文本的字体。
（3）void setForeground(Color fg)：指定单选按钮边上显示的文本颜色。
（4）void setSelected(boolean b)：设置单选按钮是否默认选中状态。
（5）boolean isSelected()：判断单选按钮是否已被选中。
（6）void setEnabled(boolean enable)：设置单选按钮是否可用。
（7）void addChangeListener(ChangeListener l)：添加状态改变监听器。

6.6.2.3 ButtonGroup（按钮组）
该按钮组是当一个界面中出现多个单选按钮时，用来设置只能其中一个被选中。此时将多个单选按钮放置在一个 ButtonGroup 中，由 ButtonGroup 来维护单个按钮被选择。如下给出设置两个单选按钮只能由 1 个被选中的示例：

ButtonGroup btnGroup = new ButtonGroup();
btnGroup.add(radioBtn01);
btnGroup.add(radioBtn02);

6.6.3 复选框

复选框 JCheckBox 与 JRadioButton 不同，支持同时多个选框被选择的操作方式，其界面呈现为小方框后面跟着标签文字，如果被选中则在框中打钩。

6.6.3.1 JCheckBox 类常用的构造方法

（1）JCheckBox()：无参数构造复选框。

（2）JCheckBox(String s)：用给定的标题 s 构造复选框。

（3）JCheckBox(String s, boolean b)：用给定的标题 s 和初始状态 b 构造复选框。

6.6.3.2 JCheckBox 类的主要方法

（1）getState()：获得复选框状态。

（2）setState(boolean b)：设置复选框状态。

（3）getLabel()：获得复选框标题。

（4）setLabel(String s)：指定复选框标题。

（5）isSelected()：判断复选框是否选中。

（6）itemStateChanged(ItemEvent e)：处理复选框事件的接口方法。

（7）getItemSelectable()：获得可选项，获得事件源。

（8）addItemListener(ItemListener l)：为复选框设置监视器。

（9）removeItemListener(ItemListener l)：清除复选框监视器。

下面的程序演示了单选按钮和复选框的使用。

【程序 6-12】

```java
import javax.swing.ButtonGroup;
import javax.swing.JCheckBox;
import javax.swing.JFrame;
import javax.swing.JLabel;
import javax.swing.JPanel;
import javax.swing.JRadioButton;

public class CheckButtonTest extends JFrame {
    JPanel panel;
    JRadioButton rb1, rb2;
    ButtonGroup bg;
    JCheckBox cb1,cb2,cb3;
    JLabel lb1,lb2;
    public JCheckButtonDemo () {
            super("选择按钮测试");
            panel = new JPanel();
            // 创建两个标签
```

```java
        lb1 = new JLabel("性别：");
        lb2 = new JLabel("爱好：");
        // 创建两个单选按钮
        rb1 = new JRadioButton("男");
        rb2 = new JRadioButton("女");
        // 创建按钮组，把两个单选按钮添加到该组
        bg = new ButtonGroup();
        btnGroup.add(rb1);
        btnGroup.add(rb2);
        rb1.setSelected(true);
        cb1 = new JCheckBox("足球");
        cb2 = new JCheckBox("排球");
        cb3 = new JCheckBox("篮球");
        p.add(lb1);
        p.add(rb1);
        p.add(rb2);
        p.add(lb2);
        p.add(cb1);
        p.add(cb2);
        p.add(cb3);
        add(p);
        setSize(400, 200);
        setDefaultCloseOperation(JFrame.EXIT_ON_CLOSE);
        setVisible(true);
    }
    public static void main(String[] args) {
        new CheckButtonTest();
    }
}
```

运行效果如图 6-14 所示。

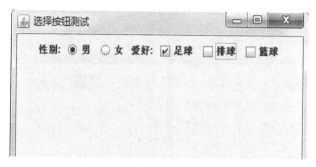

图 6-14　单选按钮和复选按钮

6.7　菜单与工具栏组件

6.7.1　创建菜单

菜单包括菜单栏 JMenuBar、菜单 JMenu、菜单项 JMenuItem 和弹出菜单 JPopupMenu 等一系列类，用于组建以菜单为核心的可视化应用程序界面，菜单栏、菜单、菜单项为依次包含关系，菜单的操作类同按钮，其在被鼠标点击或者激发选择事件时调用处理程序执行。菜单分为下拉式菜单和弹出式菜单。

6.7.1.1　创建下拉式菜单

（1）创建菜单栏 JMenuBar。菜单栏是添加到框架中的横向的条形区域，它构成该框架下所有菜单的根。在框架中，菜单栏只能有一个，但可以根据需要更换。例如：

```
JFrame f=new JFrame("菜单实例");
JMenuBar mb=new JMenuBar();
f.setJMenuBar(mb);
```

（2）创建菜单，添加到菜单栏中。

```
JMenu m1=new JMenu("文件");
JMenu m2=new JMenu("编辑");
JMenu m3=new JMenu("工具");
JMenu m4=new JMenu("帮助");
menuBar.add(m1);
menuBar.add(m2);
```

menuBar add(m3);

menuBar.add(m4);

（3）创建菜单项，加入到菜单中。菜单项是菜单树的"叶"节点。它们通常被加入到菜单中，以构成一个完整的菜单，例如：

JMenuItem mi1=new JMenuItem(" 新建 ");

JMenuItem mi2=new JMenuItem(" 装载 ");

JMenuItem mi3=new JMenuItem(" 保存 ");

JMenuItem mi4=new JMenuItem(" 退出 ");

menu1.add(mi1);

menu1.add(mi2);

menu1.add(mi3);

menu1.add(mi4);

（4）将建成的菜单栏添加到框架等容器中。例如，前面的例子中的 frame.setJMenuBar(JMB);，即设置 JFrame 对象 frame 的菜单栏为 menuBar。

（5）将菜单项注册给动作事件的监听者 ActionListener。例如：MenuListener myListener=new MenuListener( ); // 创建监听对象

（6）使用分隔线。如果希望在菜单项之间添加一条横向分隔线，以便将菜单项分成几组，则需要调用菜单的方法 addSeparator( )。例如：menu1.addSeparator ();

（7）为菜单项定义访问快捷键。除了可以单击鼠标选择菜单项外，还可以为每个菜单项定义一个键盘访问键，这样就可以用键盘来选择菜单项了。访问键是一个字母，定义好了之后，按住 Alt 键和该字母就可以选择菜单中对应的菜单项。

如果希望菜单还有子菜单，只需先建立带菜单项的菜单，再把该菜单像菜单项一样加入到另一个菜单即可。

6.7.1.2　JMenuItem 常用构造方法

（1）JMenuItem()。

（2）JMenuItem(String text)　text：菜单显示的文本。

（3）JMenuItem(Icon icon)　icon：菜单显示的图标。

（4）JMenuItem(String text, Icon icon)。

6.7.1.3　JMenuItem 常用方法

（1）void setText(String text)：设置菜单显示的文本。

（2）void setIcon(Icon defaultIcon)：设置菜单显示的图标。

（3）void setMnemonic(int mnemonic)：设置菜单的键盘助记符。

(4) void setAccelerator(KeyStroke keyStroke):设置修改键,使用键盘快捷键直接触发菜单项的动作。

例如,按下 ALT+P 键触发菜单项动作:

```
menuItem.setMnemonic(KeyEvent.VK_P);
menuItem.setAccelerator(KeyStroke.getKeyStroke
(KeyEvent.VK_P, ActionEvent.ALT_MASK));
void addActionListener(ActionListener l)
// 添加菜单被点击的监听器
```

6.7.1.4 JMenu 常用方法

JMenuItem add(JMenuItem menuItem):添加子菜单到 JMenu 中。
void addSeparator():添加一个子菜单分割线。

菜单使用实例:

【程序 6-13】

```java
import javax.swing.JFrame;
import javax.swing.JMenu;
import javax.swing.JMenuBar;
import javax.swing.JMenuItem;
import javax.swing.KeyStroke;

public class JMenuDemo extends JFrame {
JFrame fr;
JMenuBar mb;
JMenu m1;
JMenuItem open;
JMenuItem close;
JMenuItem exit;

public JMenuDemo() {
    super(" 菜单栏示例 ");
    mb = new JMenuBar();
    // 以下生成菜单组件对象
    m1 = new JMenu(" 文件 ");
    open = new JMenuItem(" 打开 ");
    close = new JMenuItem(" 关闭 ");
```

```
        exit = new JMenuItem("退出");
    // 设置快捷键
        exit.setAccelerator(KeyStroke.getKeyStroke(KeyEvent.VK_X,
0));
        setSize(350, 200);
        m1.add(open);    // 将菜单项加入到菜单中
        m1.add(close);
        m1.addSeparator();
        m1.add(exit);
        mb.add(m1);    // 将菜单加入到菜单条中
        setJMenuBar(mb);    // 显示菜单条
        setDefaultCloseOperation(EXIT_ON_CLOSE);
        setVisible(true);
    }

    public static void main(String[] args) {
        new JMenuDemo();
    }
}
```

运行结果如图 6-15 所示。

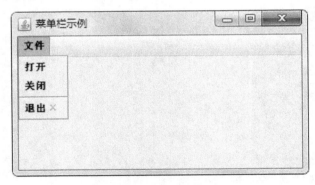

图 6-15　菜单栏使用

6.7.2　快捷菜单

快捷菜单也就是弹出式菜单，其同样依附于 JFrame，可以容纳多个菜单项，并通过 show 方法进行显示，使用 MouseEvent 来管理事件。

【程序 6-14】

```java
import java.awt.event.MouseAdapter;
import java.awt.event.MouseEvent;
import javax.swing.JButton;
import javax.swing.JFrame;
import javax.swing.JLabel;
import javax.swing.JMenuItem;
import javax.swing.JPopupMenu;

public class JPopMenuTest extends JFrame {
    JPopupMenu pm;
    public JPopMenuDemo() {
        super("右键弹出式菜单");
        pm = new JPopupMenu();
        pm.add(new JMenuItem("菜单项"));
        pm.add(new JButton("按钮"));
        pm.add(new JLabel("标签"));
        myEvents();
        setSize(320, 280);
        setLocation(300, 300);
        setVisible(true);
        setDefaultCloseOperation(JFrame.EXIT_ON_CLOSE);
    }

    private void myEvents() {
        addMouseListener(new MouseAdapter() {
            public void mousePressed(MouseEvent event) {
                triggerEvent(event);
            }
            public void mouseReleased(MouseEvent event) {
                triggerEvent(event);
            }
            private void triggerEvent(MouseEvent event) {
                if (event.isPopupTrigger())
```

```
                            pm.show(event.getComponent(), event.
getX(),event.getY());
                }
            });
        }
        public static void main(String[] args) {
            new JPopMenuTest();
        }
    }
```
运行结果如图 6-16 所示。

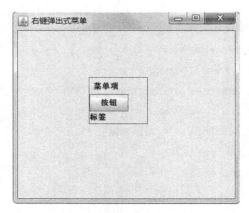

图 6-16　快捷菜单

6.7.3　菜单项的启用与禁止

某些情况下，有些特定的菜单项可能只能在某种特定的环境下才可以使用，例如当文件以只读方式打开时，保存功能的菜单项就没有意义，甚至有可能会导致误操作，这时需要将这个菜单项设置为禁用状态，以便屏蔽掉这些暂时不适用的命令，被禁用的菜单项被显示为灰色，使鼠标点击无法响应。

启用或禁用菜单项需要调用 setEnabled 方法：
menuItem.setEnable(false)；参数为 true 则启用菜单项。
图 6-17 是禁用打开和关闭菜单项的示例：

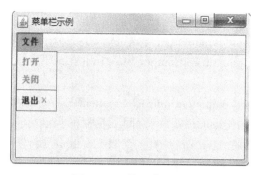

图 6-17　禁用菜单项

6.7.4　工具栏

常见的 GUI 程序中，在菜单栏的下方通常有工具栏，这些工具栏中提供了对菜单项的快速访问，Java 提供的 JToolBar 工具栏也是一种常见的容器组件，往往包含了若干按钮，可以将它随意拖拽到窗体的四周。

注意：如果希望工具栏可以随意拖动，窗体一定要采用默认的边界布局方式，并且不能在边界布局的四周添加任何组件。工具栏默认是可以随意拖动的。

6.7.4.1　常用构造方法

（1）JToolBar()：构建一个水平方向的 JToolBar。

（2）JToolBar(int orientation)：构建一个 orientation 特定方向的 JToolBar。

（3）JToolBar(String name)：构建一个指定名称 name 的 JToolBar。

（4）JToolBar(String name,int orientation)：构建一个 orientation 特定方向且指定名称 name 的 JToolBar。

其中入口参数代表的含义：

name：工具栏名称，悬浮显示时为悬浮窗体的标题。

orientation：工具栏的方向，值为 HORIZONTAL（水平方向，默认值）或 VERTICAL（垂直方向）

注意：在使用 JToolBar 时一般都采用水平方向的位置，因此在构造时多是采用上面的第一种构造方式来建立 JToolBar，如果需要改变方向时再用 JToolBar 内的 setOrientation() 方法来改变设置，或是以鼠标拉动的方式来改变 JToolBar 的位置。

6.7.4.2　JToolBar 常用方法

（1）public JButton add(Action a)：向工具栏中添加一个指派动作的新的

Button。

（2）public void addSeparator()：将默认大小的分隔符添加到工具栏的末尾。

（3）public Component getComponentAtIndex(int i)：返回指定索引位置的组件。

（4）public int getComponentIndex(Component c)：返回指定组件的索引。

（5）public int getOrientation()：返回工具栏的当前方向。

（6）public boolean isFloatable()：获取 Floatable 属性，以确定工具栏是否能拖动，如果可以则返回 true,否则返回 false。

（7）public boolean isRollover ()：获取 rollover 状态，以确定当鼠标经过工具栏按钮时，是否绘制按钮的边框，如果需要绘制则返回 true,否则返回 false。

（8）public void setFloatable(boolean b)：设置 Floatable 属性，如果要移动工具栏，此属性必须设置为 true。

下面的程序演示了工具栏的使用。

【程序 6-15】

```java
import java.awt.BorderLayout;
import java.awt.Dimension;
import java.awt.event.ActionEvent;
import java.awt.event.ActionListener;
import javax.swing.JButton;
import javax.swing.JFrame;
import javax.swing.JOptionPane;
import javax.swing.JToolBar;

public class JToolBarTest extends JFrame {
    JToolBar toolBar ;
    final JButton newJB;
    final JButton saveJB;
    final JButton exitJB;
    public JToolBarDemo() {
        super("工具栏示例");
        setBounds(400,400,400,400);
        setDefaultCloseOperation(JFrame.EXIT_ON_CLOSE);
        toolBar = new JToolBar("工具栏");// 创建工具栏对象
```

```
        toolBar.setFloatable(false);// 设置为不允许拖动
        newJB = new JButton(" 新建 ");// 创建按钮对象
        newJB.addActionListener(new ButtonListener());// 添加动作事件
监听器
        toolBar.add(newJB);// 添加到工具栏中
        toolBar.addSeparator();// 添加默认大小的分隔符
        saveJB = new JButton(" 保存 ");// 创建按钮对象
        saveJB.addActionListener(new ButtonListener());// 添加动作事
件监听器
        toolBar.add(saveJB);// 添加到工具栏中
        toolBar.addSeparator(new Dimension(20, 0));// 添加指定大小的分
隔符
        exitJB = new JButton(" 退出 ");// 创建按钮对象
        exitJB.addActionListener(new ButtonListener());// 添加动作事
件监听器
        toolBar.add(exitJB);// 添加到工具栏中
        add(toolBar, BorderLayout.NORTH);
        setVisible(true);
    }
    private class ButtonListener implements ActionListener {
            public void actionPerformed(ActionEvent e) {
                    JButton button = (JButton) e.getSource();
                    JOptionPane.showMessageDialog(null, "点击的是:
" + button.getText()+ " 按钮 ");
                }
        }
        public static void main(String[] args) {
            new JToolBarDemo();
        }
}
```

运行结果如图 6-18 所示。

图 6-18　工具栏示例

6.7.5　工具栏提示

工具栏虽然快捷，但有一个小缺点，就是有些图标按钮的含义对于初次接触的用户而言并不像文字一样容易理解，这个问题的解决可以采用工具提示(tooltips)来完成，就是当鼠标移动到工具栏某个按钮上稍作停留，便出现一个矩形区域显示工具提示信息，当鼠标移开则自动消失。工具栏按钮的 setToolText(Sting s) 方法实现了这项功能，例如：

`newJB.setToolTipText(" 这个是新建按钮 ");`

结果如图 6-19 所示：

图 6-19　工具栏提示

6.8 列表组件

列表框 JList 以列表的形式来呈现多个可选择项,其支持单选和多选,选项的内容由 ListModel 的对象来维护。默认 JList 的列表内容不能滚动,如需滚动则应融合 JScrollPane 实现滚动效果。

6.8.1 JList 常用构造方法

(1) JList()。
(2) JList(ListModel dataModel)。
(3) JList(Object[ ] listData)。
(4) JList(Vector<?> listData)。

6.8.2 JLis 常见的相关方法

(1) void setListData(Object[] listData):以数组形式设置选项数据,自动封装成 ListModel。
(2) void setListData(Vector<?> listData):以集合形式设置选项数据,封装成 ListModel。
(3) void setModel(ListModel<?> model):直接设置选项数据的 ListModel。
(4) ListModel<?> getModel():获取维护选项数据的 ListModel。
(5) void setSelectionMode(int selectionMode):设置选择模式,有三个模式:只能单选、可间隔多选、可连续多选。
(6) void setSelectedIndex(int index):设置某个选项选中。
(7) void setSelectedIndices(int[] indices):设置某一些选项选中。
(8) int getSelectedIndex():获取第一个选中的选项索引。
(9) int[] getSelectedIndices():获取所有选中的选项索引。

下面的程序演示了列表框的使用。

【程序 6-16】

```
import java.awt.Container;
import javax.swing.AbstractListModel;
import javax.swing.BorderFactory;
import javax.swing.JFrame;
import javax.swing.JList;
```

```java
import javax.swing.JScrollPane;
import javax.swing.ListModel;

public class JListTest extends JFrame {
Container contentpane;
ListModel mode;
JList list;

public JListDemo() {
    super("列表示例");
    contentpane = this.getContentPane();
    mode = new DataModel();
    list = new JList(mode);
    list.setBorder(BorderFactory.createTitledBorder("您最喜欢哪个体育活动"));

    contentpane.add(new JScrollPane(list));
    pack();
    setDefaultCloseOperation(EXIT_ON_CLOSE);
    setVisible(true);
}

public static void main(String[] args) {
    new JListTest();
   }
}
class DataModel extends AbstractListModel {
    String[] s = { "排球", "足球", "篮球", "羽毛球", "乒乓球", "网球", "铅球", "台球" };
    public Object getElementAt(int index) {
        return (index + 1) + "." + s[index++];
    }
    public int getSize() {
        return s.length;
    }
}
```

运行结果如图 6-20 所示。

图 6-20　列表框

6.9　表格组件

6.9.1　简单表格

二维表格 JTable 是一种常见的、简单的、网格化的信息表现形式，它以行和列方式构造数据，每列用来代表数据资源的一种属性，每行代表数据资源的一条记录。JTable 默认各列平均分配容器，但宽度也可以调整。与 JList 组件相似，JTable 需要构造一个 TableModel 的对象来实现对数据的管理。

6.9.1.1　JTable 常用构造方法

（1）JTable()：创建指定行列数的空表格，表头名称默认使用大写字母（A, B, C ...）依次表示。

（2）JTable(int numRows, int numColumns)：创建表格，指定表格行数据和表头名称。

（3）JTable(Object[][] rowData, Object[] columnNames)：使用表格模型创建表格。

（4）JTable(TableModel dm)。

6.9.1.2　JTable 常用方法

（1）selectAll()：选中所有行。

（2）clearSelection()：取消所有选中行的选择状态。

（3）getRowCount()：获取行数。

（4）getSelectedRowCount()：获取选择的行数。

（5）getColumnName(1)：第 2 列的名称。

（6）getValueAt(1, 1)：第 2 行第 2 列的值。

（7）tableModel.setValueAt(aTextField.getText(),selectedRow, 0)：修改表格模型当中的指定值。

（8）isRowSelected(2)：第 3 行的选择状态。

（9）tableModel.addRow(rowValues)：向表格模型中添加一行。

（10）tableModel.removeRow(selectedRow)：从表格模型当中删除指定行。

下面的例子演示了简单表格的使用：

【程序 6-17】

```
import javax.swing.JFrame;
import javax.swing.JScrollPane;
import javax.swing.JTable;

public class TableTest {
    JFrame jf = new JFrame("简单表格示例");
    JTable table;
    Object[][] tableData =
    {
      new Object[]{"张峰" , "男" , 32},
      new Object[]{"王海" , "男" , 50 },
      new Object[]{"陈红" , "女" , 29},
    };
    Object[] columnTitle = {"姓名" , "性别" , "年龄"};
    public void init()
    {
      table = new JTable(tableData , columnTitle);
      jf.add(new JScrollPane(table));
      jf.pack();
      jf.setDefaultCloseOperation(JFrame.EXIT_ON_CLOSE);
      jf.setVisible(true);
    }
    public static void main(String[] args) {
```

```
    new TableTest().init();
}
}
```

运行结果如图 6-21 所示。

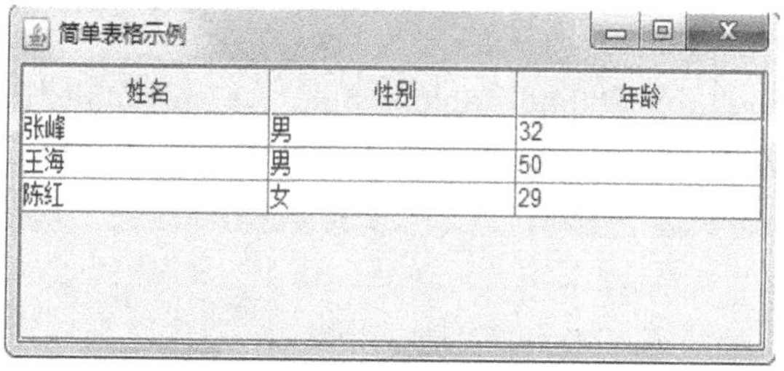

图 6-21 简单表格使用

6.9.2 表格模型

表格模型 TableModel 接口指定了 JTable 访问和操纵数据模型的一系列方法。TableModel 封装了表格中的各种数据，为表格显示提供数据。上面案例中直接使用行数据和表头创建表格，实际上 JTable 内部自动将传入的行数据和表头封装成了 TableModel。

6.9.2.1 TableModel 接口中的主要方法

（1）public int getRowCount()：返回总行数。

（2）public int getColumnCount()：返回总列数。

（3）public String getColumnName(int columnIndex)：返回指定列的名称（表头名称）。

（4）public boolean isCellEditable(int rowIndex, int columnIndex)：指定单元格是否可编辑。

（5）public Object getValueAt(int rowIndex, int columnIndex)：获取指定单元格的值。

（6）public void setValueAt(Object aValue, int rowIndex, int columnIndex)：设置指定单元格的值。

（7）public void addTableModelListener(TableModelListener l)：指定表格模型监听器。

（8）public void removeTableModelListener(TableModelListener l)：移除表格模型监听器。

6.9.2.2 JRE 中常用的已实现 TableModel 接口类型

（1）javax.swing.table.AbstractTableModel。抽象类 AbstractTableModel 实现了 TableModel 接口中大部分方法，构成了默认的表格数据处理方法集，负责生成 TableModelEvents 事件信息，并管理事件的监听器。因此要实现 TableModel 并成为 AbstractTableModel 子类，只需实现 getRowCount()、getColumnCount() 和 getValueAt(int row, int column) 方法。

（2）javax.swing.table.DefaultTableModel。DefaultTableModel 是 TableModel 的一个默认的实现类型，它通过 Vector 来存储各单元格的数据内容。DefaultTableModel 还具备许多方便操作表格数据的方法，例如支持添加和删除行列等操作。

下面使用 AbstractTableModel 创建一个表格：

【程序 6-18】

```
import java.awt.BorderLayout;
import javax.swing.JFrame;
import javax.swing.JPanel;
import javax.swing.JTable;
import javax.swing.table.AbstractTableModel;

public class TableModelTest extends JFrame {
    JPanel panel;
    public TableModelDemo() {
        super("TableModel 示例 ");
        panel = new JPanel(new BorderLayout());
        JTable table = new JTable(new MyTableModel());
        panel.add(table.getTableHeader(), BorderLayout.NORTH);
        panel.add(table, BorderLayout.CENTER);
        add(panel);
        pack();
        setLocationRelativeTo(null);
        setDefaultCloseOperation(EXIT_ON_CLOSE);
        setVisible(true);
    }
    // 表格模型实现，需要覆盖接口中的方法
    public static class MyTableModel extends AbstractTableModel {
```

```java
        //表头
        private Object[] columnNames = {"姓名","性别","年龄","民族"};
        //表格所有行数据
        private Object[][] rowData = {
                {"张峰","男",33,"汉族"},
                {"马蓝","女",23,"回族"},
                {"金夏","男",41,"满族"},
                {"斯乐","男",33,"蒙古族"},
                {"姚瑶","女",22,"汉族"}
        };
        //返回总行数
        public int getRowCount() {
            return rowData.length;
        }
        //返回总列数
        public int getColumnCount() {
            return columnNames.length;
        }

        //返回列名称（表头名称）
        public String getColumnName(int column) {
            return columnNames[column].toString();
        }
        //返回指定单元格的显示的值
        public Object getValueAt(int rowIndex, int columnIndex) {
            return rowData[rowIndex][columnIndex];
        }
    }
    public static void main(String[] args) {
        new TableModelTest();
    }
}
```

运行结果如图 6-22 所示。

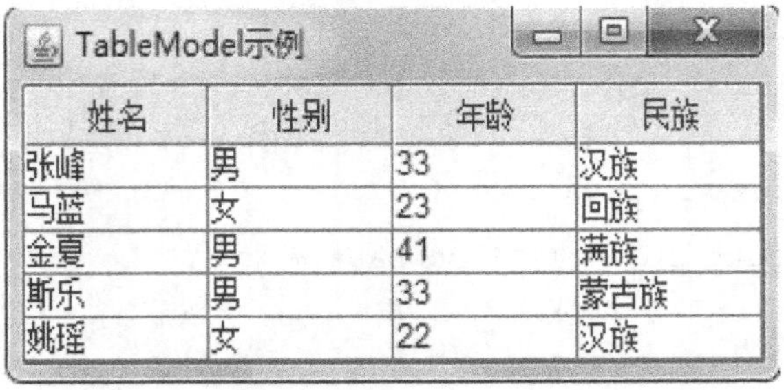

姓名	性别	年龄	民族
张峰	男	33	汉族
马蓝	女	23	回族
金夏	男	41	满族
斯乐	男	33	蒙古族
姚瑶	女	22	汉族

图 6-22　TableModel 使用

6.10　树组件

树层级结构是一种常用的图形界面形式，通常在文件目录结构、商品目录结构等应用中见到，Java 提供了 JTree 来构建树层次结构，JTree 像一颗倒置的树，有且只有一个结点是根节点，每一个结点只有一个父结点。Jtree 负责把内存中构造的整棵结构树显示出来。对于树结构，只需要得到一个根节点，就相当于获取到了整棵树的应用，因此只需要把一棵树的根节点传递给 JTree 便可显示整棵树。

6.10.1　JTree 构造方法

（1）指定一个根节点创建树。

```
JTree tree = JTree(TreeNode root);
```

（2）先创建一个树模型（自定义树模型或使用已实现的默认树模型），再用指定树模型创建树。

```
TreeModel treeModel = new DefaultTreeModel(TreeNode root);
JTree tree = JTree(treeModel);
```

（3）先创建一个空树，再设置树模型。

```
JTree tree = JTree();
tree.setModel(TreeModel newModel);
```

6.10.2　JTree 对节点的操作方法

（1）TreePath getPathForRow(int row)：通过行索引获取指定行的树路径。

（2）int getRowForPath(TreePath path)：根据树路径获取指定节点所在

行索引。

（3）int getRowForLocation(int x, int y)：根据在 JTree 组件内的坐标获取指定坐标所在的节点定位。

（4）void expandRow(int row)：展开指定节点。

（5）void expandPath(TreePath path)。

（6）void collapseRow(int row)：折叠指定节点。

（7）void collapsePath(TreePath path)。

（8）boolean isExpanded(int row)：判断指定节点是否处于展开状态。

（9）boolean isExpanded(TreePath path)。

（10）int[] getSelectionRows()：获取当前选中的节点。

（11）TreePath getSelectionPath()。

（12）TreePath[] getSelectionPaths()。

（13）void setRootVisible(boolean rootVisible)：是否显示根节点。

（14）void setEditable(boolean flag)：是否允许编辑节点。

6.10.3　JTree 示例

【程序 6-19】

```
import javax.swing.JFrame;
import javax.swing.JScrollPane;
import javax.swing.JTree;
import javax.swing.tree.DefaultMutableTreeNode;
public class SimpleJTree {
    // 定义属性
    JFrame jf = new JFrame("简单树");
    JTree tree;
    DefaultMutableTreeNode root;
    DefaultMutableTreeNode shanxi;
    DefaultMutableTreeNode sanxi;
    DefaultMutableTreeNode xian;
    DefaultMutableTreeNode xianyang;
    DefaultMutableTreeNode taiyuan;
    DefaultMutableTreeNode datong;
public SimpleJTree() {
```

```java
        init();
    }
    // 初始化
    public void init() {
        // 创建节点
        root = new DefaultMutableTreeNode("中国");
        shanxi  = new DefaultMutableTreeNode("陕西");
        sanxi = new DefaultMutableTreeNode("山西");
        xian  = new DefaultMutableTreeNode("西安");
        xianyang = new DefaultMutableTreeNode("咸阳");
        taiyuan = new DefaultMutableTreeNode("太原");
        datong = new DefaultMutableTreeNode("大同");
        // 通过add()方法建立树节点之间的父子关系
        shanxi.add(xian);
        shanxi.add(xianyang);
        sanxi.add(taiyuan);
        sanxi.add(datong);
        root.add(shanxi);
        root.add(sanxi);
        // 以根节点创建树
        tree = new JTree(root);
        jf.add(new JScrollPane(tree));
        jf.pack();
        jf.setDefaultCloseOperation(JFrame.EXIT_ON_CLOSE);
        jf.setVisible(true);
    }
    public static void main(String[] args) {
        new SimpleJTree();
    }
}
```

图 6-23 树组件示例

6.11 对话框

6.11.1 创建自定义对话框

对话框是一块具备独立显示功能的临时窗体区域,其可以融入其他空间呈现出人机对话环境。应用程序能够从中获取信息、输入信息。JDialog 类和 JOptionPane 类是两个不同的对话框类。JDialog 类用于建立一般性的对话框,而 JOptionPane 类则形成了一批常用的对话框模型。JDialog 类的基类是 Dialog 类,也都是 Window 的子类。对话框的显示依赖于其父类窗口,会跟随父类窗体最小化、消失或者恢复。由于 JDialog 能够容纳其他组件,因此也需要给 JDialog 对话框设定布局管理器,其默认布局为 BoarderLayout 布局。各种可视化组件可以通过 JDialog 的内容面板添加到对话框中。

对话框分为强制和非强制两种。强制型对话框也称有模式对话框,它需要完成对话框内的操作并关闭对话框后其他操作才能执行。非强制型也称非模式对话框则无此限制,用户可以在人机对话交互过程中,去执行其他操作,或者响应其他事件。

6.11.1.1 JDialog 类常用的构造方法

(1) JDialog():无参数构造非强制型对话框。

(2) JDialog(JFrame f,String s):为框架 f 构建不可见、标题为 s 的非强制型对话框。

(3) JDialog(JFrame f,String s,boolean b):为框架 f 构建不可见、标题为 s 的

b 型对话框。b 参数描述是否为强制型。

6.11.1.2 JDialog 类的常用方法

（1）getTitle()：读取对话框标题。

（2）setTitle(String s)：指定对话框标题。

（3）setModal(boolean b)：指定对话框模式。

（4）setSize()：指定对话框大小。

（5）setVisible(boolean b)：显示或隐藏对话框。

下面是一个简单的对话框示例。

【程序 6-20】

```java
import java.awt.BorderLayout;
import javax.swing.JDialog;
import javax.swing.JLabel;
public class DialogTest extends JDialog {
JLabel about = new JLabel("这是一个对话框");
public DialogDemo() {
    this.setTitle("对话框示例");
    this.setSize(350, 300);
    this.setVisible(true);
    this.getContentPane().add(about, BorderLayout.CENTER);
}
public static void main(String[] args) {
    new DialogTest();
    }
}
```

运行结果如图 6-24 所示。

图 6-24　JDialog 示例

6.11.2 标准对话框

JOptionPane 是 Java Swing 内部已实现好的，以静态方法的形式提供调用，能够快速方便的弹出要求用户提供值或向其发出通知的标准对话框。

JOptionPane 提供的标准对话框类型分为以下几种：

（1）showMessageDialog：消息对话框，向用户展示一个消息，没有返回值。

（2）showConfirmDialog：确认对话框，询问一个问题是否执行。

（3）showInputDialog：输入对话框，要求用户提供某些输入。

（4）showOptionDialog：选项对话框，上述三项的大统一，自定义按钮文本，询问用户需要点击哪个按钮。

上述四个类型的方法（包括其若干重载）的参数遵循一致的模式，例如 showMessageDialog 方法的静态方法重载有：

```
static void showMessageDialog(Component parentComponent, Object message)
```

```
static void showMessageDialog(Component parentComponent, Object message, String title, int messageType)
```

```
static void showMessageDialog(Component parentComponent, Object message, String title, int messageType, Icon icon)
```

下面介绍各参数的含义：

（1）parentComponent：对话框的父级组件，决定对话框显示的位置，对话框的显示会尽量紧靠组件的中心，如果传 null，则显示在屏幕的中心。

（2）title：对话框标题。

（3）message：消息内容。

（4）messageType：消息类型，主要是提供默认的对话框图标。可能的值为：

JOptionPane.PLAIN_MESSAGE——简单消息（不使用图标）

JOptionPane.INFORMATION_MESSAGE——信息消息（默认）

JOptionPane.QUESTION_MESSAGE——问题消息

JOptionPane.WARNING_MESSAGE——警告消息

JOptionPane.ERROR_MESSAGE——错误消息

（5）icon：自定义的对话框图标，如果传 null，则图标类型由 messageType 决定。

（6）optionType：选项按钮的类型。

（7）options、initialValue：自定义的选项按钮以及默认选中的选项按钮。

（8）selectionValues、initialSelectionValue：提供的输入选项以及默认选中的选项。

6.11.2.1　JOptionPane.showMessageDialog

JOptionPane.showMessageDialog(null,"要显示的信息内容""标题",JOptionPane.ERROR_MESSAGE);

例：JOptionPane.showMessageDialog(null,"友情提示");

图 6-25　JOptionPane 消息提示

JOptionPane.showMessageDialog(null,"提示消息.""标题",JOptionPane.ERROR_MESSAGE)。

图 6-26　JOptionPane 消息错误提示

6.11.2.2　JOptionPane.showConfirmDialog

可返回一个 int 型变量，通过判断其值得到点击哪个按钮。

例：int num =JOptionPane.showConfirmDialog(null,"是否删除？","提示",JOptionPane.YES_NO_CANCEL_OPTION,JOptionPane.QUESTION_MESSAGE);

将输出下述对话框，如图 6-27 所示。

图 6-27 JOptionPane 确认对话框

6.11.2.3 JOptionPane.showInputDialog
返回用户输入的信息，类型为 String。

例：JOptionPane.showInputDialog(null,"请输入一个整数：\n","输入数据",JOptionPane.PLAIN_MESSAGE);

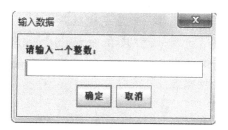

图 6-28 JOptionPane 输入对话框

6.11.2.4 JOptionPane.showOptionDialog
带有自定义选择按钮的选择提示框，按钮和提示消息均可自定义。

例：JOptionPane.showConfirmDialog(null, "确定退出?", "标题", JOptionPane.YES_NO_OPTION);

图 6-29 JOptionPane 选择对话框

6.11.3 文件对话框

JFileChooser 是 Java Swing 框架中的文件选择器，在应用程序中经常会遇到打开文件和保存文件等操作，文件选择器 JFileChooser 是专门应对这种情况而出现的。

JFileChooser 文件选择器是 Swing 中经常用到的一个控件。它的使用主要包含以下几个参数：

（1）当前路径。也就是它第一次打开时所在的路径，许多软件喜欢设置为桌面。

（2）文件过滤器。通过设置文件过滤器，只有特定类型的文件是可见的，比如文本、音频等。

（3）选择模式。包含三种情况：仅文件，仅目录，文件或目录。

（4）是否允许多选。

注意：

（1）文件过滤器建议使用 FileNameExtensionFilter，它是 FileFilter 的子类，以非常方便的方法实现了过滤器。用法见代码。

（2）getSelectedFiles() 方法，它只在 isMultiSelectionEnable() 方法返回 true 时有效。也就是说，如果你不允许多选，则只能使用 getSelectedFile() 方法，否则只能得到一个空的文件列表。

6.11.3.1 打开文件

```
JFileChooser fc = new JFileChooser();
fc.showOpenDialog(null);
File f = fc.getSelectedFile();
if(f != null){}
```

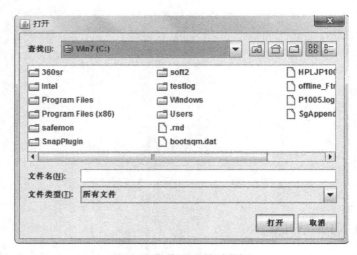

图 6-30　打开文件对话框

注意：调用 setFileSelectionMode 中可以的指定文件对话框时是否显示为目录模式。

6.11.3.2 保存文件

```
JFileChooser fc = new JFileChooser();
fc.setFileSelectionMode(JFileChooser.SAVE_DIALOG | JFileChooser.DIRECTORIES_ONLY);
fc.showDialog(null,null);
File f = fc.getSelectedFile();
String s = f.getAbsolutePath()+"\\Text.txt";
System.out.println("保存："+s);
try{
    FileWriter out = new FileWriter(f);
    out.write("保存成功");
    out.close();
}
catch(Exception e){}
```

6.11.4 颜色选择器

JColorChooser 可以让用户选择自己想要的颜色并更改某个组件的颜色。JColorChooser 的静态方法 showDialog() 即可直接显示一个颜色对话框，并支持用户对颜色的选择。另外，JColorChooser 常用的静态方法 createDialog() 可以获取一个 JDialog 对象，该对象可以实现颜色选择对话框的进一步个性化定制。

【程序 6-21】

```
import java.awt.Color;
import java.awt.event.ActionEvent;
import java.awt.event.ActionListener;
import javax.swing.JButton;
import javax.swing.JColorChooser;
import javax.swing.JFrame;
import javax.swing.JLabel;
import javax.swing.JPanel;
public class JColorChooserTest extends JFrame {
private JLabel la = new JLabel("Label");
```

```java
        private JButton b = new JButton("Choose Color");
    public JColorChooserDemo() {
        this.setSize(320, 200);
        this.setDefaultCloseOperation(JFrame.EXIT_ON_CLOSE);
        JPanel p = new JPanel();
        la.setBackground(null);
        p.add(la);
        b.addActionListener(new ButtonListener());
        p.add(b);
        this.add(p);
        this.setVisible(true);
    }
    private class ButtonListener implements ActionListener {
        public void actionPerformed(ActionEvent e) {
            Color c = JColorChooser.showDialog(null, "Choose a Color", sampleText.getForeground());
            if (c != null)
                sampleText.setForeground(c);
        }
    }
    public static void main(String[] args) {
        new JColorChooserTest();
    }
}
```

运行后点击按钮可以打开颜色对话框，如图 6-31 所示。

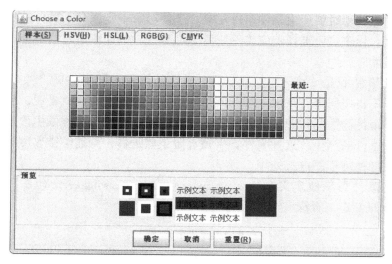

图 6-31　颜色对话框

6.12　事件处理

6.12.1　事件处理机制

图形用户界面提供了和用户进行交互的简便灵活的方式，用户通过键盘和点击鼠标可以完成命令的操作行为，为了能够接收用户的输入，Java 定义了键盘和鼠标的键入、移动等事件，在事件的处理机制下会调用事件处理的程序代码，从而实现对键盘或鼠标操作的反映。这就是 GUI 中事件和事件响应的基本原理。

除了键盘和鼠标操作，系统状态的改变、窗体大小的调整或关闭、文本框输入信息、选择下拉框元素等组件的操作都可以引发事件，在这些事件处理中分别编写对应的处理程序代码，即可保证应用程序在不同的情形下都可以合理有效的工作。

事件处理机制采用委派事件模型，它根据事件源信息以及预先设定好的处理程序来处理事件内容，而事件监听器负责监测事件的产生。

6.12.1.1　事件和事件源

（1）事件是表述用户操作行为的事项，而用户操作行为则会引发相应事件类的对象的创建。在用户与 GUI 组件进行交互时就会生成事件，例如点击按钮会产生点击事件，生成一个点击事件对象，其保存着按钮的信息；当鼠标在面板发生移动时就产生移动事件对象,事件对象中则保存了鼠标的位置和按键等信息。程序可以选择响应事件或者忽略事件。例如点击忽略事件,点击按钮就没有反应。

(2)事件源是一个产生(或触发)事件的对象,即事件的产生来源。例如,对于单击按钮事件来说,按钮就是该事件的事件源。也就是说,当用于操作事件源组件而引起状态变化,或者通过程序激发事件源组件发生改变时,将引起某种事件的产生,这种事件如果被设定了监听器,则能够被监测到,同时赋予相应的处理程序进行处理。

各种事件类型被定义在 java.awt.event 包和 javax.swing.event 包中,常见的事件类型如表 6-1 所示。

表 6-1 常见事件类型

事件类型	说明
ActionEvent	通常在按下按钮或双击时发生
AdjustmentEvnet	当操作一个滚动条时发生
ComponentEvent	组件隐藏、移动、改变大小时发生
ContainerEvent	组件从容器中加入或者删除时发生
FocusEvent	组件获得或是失去焦点时发生
ItemEvent	选择框或选择菜单被选中
KeyEvent	按键被按下,松开时发生
MouseEvent	鼠标拖动、移动、点击、按下时发生
TextEvent	文本区域和文本域的文本发生改变时发生
WindowEvent	窗体激活、关闭、失效、恢复、最小化时发生

6.12.1.2 监听器

监听器是监听事件源是否发生状态改变的实现类。例如,当点击一个按钮,想要按钮执行一些动作,需要一个对象来监控按钮,当点击按钮的事件发生时,该对象就会监听到按钮事件。进而可以执行一些处理这个事件的方法代码。在 JDK 类库中,每个事件均与监听器接口相对应,接口定义了如何接受事件信息并处理的基本方法,而监听器则实现了这个接口,从而可以被添加给具备激发该事件的组件,使组件产生相应的事件后即刻进行事件的处理。

由于事件监听器是实现类,所以它可以同时实现多个监听器接口,从而实现对多个事件的监听和处理。监听器接口和事件一样都被定义在 java.awt.event 包和 javax.swing.event 包中。

6.12.1.3 指定监听者

如果要使组件的某个事件能够激发相应的处理,则需要为事件源定义监听者,例如在 GUI 界面中点击按钮,此时作为事件源的按钮会产生动作事件即 ActionEvent,这个事件对应的接口是 ActionEventListener,我们就需要实现这个接口,形成一个支持该事件处理的实现类,并调用按钮的 addActionListener(object) 方法将该实现类的对象(监听者对象)添加给按钮。参数 object 是实现了 ActionEventListener 接口所定义类的实例对象。在 actionPerformed 方法中编写具体处理的代码。

整个过程如图 6-32 所示。

图 6-32 ActionEvent 处理过程

6.12.1.4 事件继承层次结构

所有的事件类都是 java.util 包中的 EventObject 类扩展而来。EventObject 类有一个子类 AWTEvent,它是所有 AWT 事件类的父类。图 6-33 显示了 AWT 事件的继承关系图。

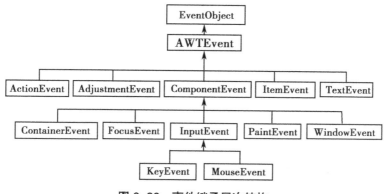

图 6-33 事件继承层次结构

有些 Swing 组件将生成其他事件类型的事件对象；它们都直接扩展于 EventObject，而不是 AWTEvent。

注意：

（1）一个组件能够产生不同类的事件，并可添加不同的监听器来分别处理这些事件。

（2）一个监听器可以实现针对多个事件的监听器接口，从而可以处理多个事件。

（3）多个组件的同一类事件可以添加相同的监听器来进行统一处理，避免代码冗余。

6.12.2 动作事件

ActionEvent 可能是使用得最多的事件类型，当用户单击按钮、在文本框按回车、点击菜单项都会引发 ActionEvent，其对应的监听器是 ActionListener 接口，实现该监听器接口就必须重写 actionPerformed 方法，当事件发生时就会调用该方法。

这个方法的原型是：public void actionPerformed (ActionEvent e)，其中 actionPerformed 方法就是当事件发生时，由系统自动调用的方法，因此可以将希望事件发生时需要做的业务逻辑写在这个方法中，但这个方法只需要重写即可，不需要调用，因为它是一个回调方法。

下面的代码演示了动作事件的处理，在窗体中包含三个按钮，点击不同的按钮可以给窗体设置不同的背景颜色。

【程序 6-22】

```java
import java.awt.BorderLayout;
import java.awt.Color;
import java.awt.Panel;
import java.awt.event.ActionEvent;
import java.awt.event.ActionListener;
import javax.swing.JButton;
import javax.swing.JFrame;

public class ActionEventTest extends JFrame implements ActionListener {
    Panel panel = null;
    JButton jbt1, jbt2,jbt3;
```

```java
    public ActionEventDemo() {
        super("ActionEvent 示例");
        panel = new Panel();
        p.setBackground(Color.white);
        jbt1 = new JButton("红色");
        jbt2 = new JButton("绿色");
        jbt3 = new JButton("蓝色");
        p.add(jbt1);
        p.add(jbt2);
        p.add(jbt3);
        add(p);
        jbt1.addActionListener(this);
        jbt2.addActionListener(this);
        jbt3.addActionListener(this);
        setSize(320, 220);
        setLocation(520, 520);
        setDefaultCloseOperation(JFrame.EXIT_ON_CLOSE);
        setVisible(true);
    }
    public void actionPerformed(ActionEvent e) {
        if(e.getSource()==jbt1){
            p.setBackground(Color.red);
        } else if(e.getSource()==jbt2){
            p.setBackground(Color.green);
        }
        else
            p.setBackground(Color.blue);
    }
    public static void main(String[] args) {
        new ActionEventTest();
    }
}
```

运行结果如图 6-34 所示。

图 6-34 ActionEvent 示例

6.12.3 窗体事件

6.12.3.1 定义

当窗体在被打开、将要被关闭、已经被关闭等事件时都会触发 WindowEvent 事件。其事件监听接口是 WindowListener，注册窗体事件的方法是 addwindowListener，WindowListener 接口的具体定义如下所示：

```
public interface WindowListener extends EventListener {
        public void windowActivated(WindowEvent e);  // 窗体被激活时触发
        public void windowOpened(WindowEvent e);// 窗体被打开时触发
        public void windowIconified(WindowEvent e);  // 窗体被图标化时触发
         public void windowDeiconified(WindowEvent e);// 窗体被非图标化时触发
         public void windowClosing(WindowEvent e);// 窗体将要被关闭时触发
        public void windowDeactivated(WindowEvent e);// 窗体不再处于激活状态时触发
        public void windowClosed(WindowEvent e);// 窗体已经被关闭时触发
    }
```

下面的代码演示了窗体事件：

【程序 6-23】

```java
import java.awt.event.WindowEvent;
import java.awt.event.WindowListener;
import javax.swing.JFrame;
public class WindowEventDemo extends JFrame {
    public WindowEventDemo() {
        super("窗体事件");
        setBounds(400, 400, 400, 400);
        setDefaultCloseOperation(JFrame.EXIT_ON_CLOSE);
        addWindowListener(new WindowListener() {
            public void windowOpened(WindowEvent e) {
                System.out.println("窗体打开了");
            }
            public void windowIconified(WindowEvent e) {
                System.out.println("窗体最小化了");
            }
            public void windowDeiconified(WindowEvent e) {
                System.out.println("窗体非最小化了");
            }
            public void windowDeactivated(WindowEvent e) {
                System.out.println("窗体处于非激活状态");
            }
            public void windowClosing(WindowEvent e) {
                System.out.println("窗体正被关闭");
            }
            public void windowClosed(WindowEvent e) {
                System.out.println("窗体被关闭！");
            }
            public void windowActivated(WindowEvent e) {
                System.out.println("窗体被激活！");
            }
        });
        setVisible(true);
    }
}
```

```java
    public static void main(String[] args) {
        new WindowEventDemo();
    }
}
```

6.12.3.2 窗体事件适配器

由上例可见实现 WindowListener 接口的对象需要重写 7 个接口方法，因为接口中的方法都是抽象的。虽然大多数情形下只需要用到 1~2 个接口方法，其他的方法也必须定义，即使方法体是空白的。这样就会带来使用上的不便。在 Swing 时代窗体事件较少使用。而在 AWT 时代经常会用到窗体事件，当继承自 Frame(不是 JFrame) 的对象 GUI 界面显示时，虽然包含关闭按钮，但点击按钮关闭窗体时却发现窗体无动于衷，因为关闭事件并未被显式处理，这也是 AWT 被诟病的原因之一。解决这个问题大多需要用到窗体事件的处理，重写 windowClosing 方法。下面看一个简单的 AWT 窗体的例子：

【程序 6-24】

```java
import java.awt.Frame;
import java.awt.event.*;

public class SimpleAWTDemo extends Frame {
public SimpleAWTDemo() {
    super("关闭窗体示例");
    setSize(350,350);
    setVisible(true);
    addWindowListener(new WinListener());
}
class WinListener implements WindowListener{
    public void windowActivated(WindowEvent e) {
    }
        public void windowOpened(WindowEvent e) {
        }
    public void windowIconified(WindowEvent e) {
        }
        public void windowDeiconified(WindowEvent e){


        }
```

```
    public void windowClosing(WindowEvent e){
    System.exit(0);
      }
    public void windowDeactivated(WindowEvent e){
      }
      public void windowClosed(WindowEvent e){
      }
}
    public static void main(String[] args) {
        new SimpleAWTDemo();
    }
}
```

为了简化代码编写，Java 提供了一个称为适配器 (Adapter) 的类，在适配器类中实现了相应接口的所有方法，但方法体都为空，这样就不必再实现全部方法了，只实现适配器里所关心的事件处理方法即可。上例可以将 WinListener 类修改如下：

```
    class WinListener extends WindowAdapter{
        public void windowClosing(WindowEvent e){
            System.exit(0);
            }
    }
```

其他代码保持不变，即可实现同样的窗体关闭功能，由此可见事件适配器的便利之处。

通常适配器的名称为 XxxAdapter，Xxx 是事件名称，以下是 Java 语言为一些 Listener 接口提供了 Adapter 类。可以通过继承事件所对应的 Adapter 类，重写需要的方法，无关方法不用实现。

java.awt.event 包中定义的事件适配器类包括以下几个：

ComponentAdapter，构件适配器。

ContainerAdapter，容器适配器。

FocusAdapter，焦点适配器。

KeyAdapter，键盘适配器。

MouseMotionAdapter，鼠标运动适配器。

MouseAdapter，鼠标适配器。

WindowAdapter，窗体适配器。

注意：如果在使用适配器类时不小心将方法名拼写错了，编译器不会捕获到这个错误。例如，如果在 WindowAdapter 类中定义一个 windowIsClosing 方法，就会得到一个包含 8 个方法的类，并且 windowIsClosing 方法没有做任何事情。

6.12.4 鼠标事件

鼠标是最为常见的输入方式，用户可以用鼠标实现对象的选择控制，可以用鼠标实现图形的绘制，Java 语言中主要提供了鼠标事件、鼠标移动事件和鼠标轮滚动事件三种不同类型的鼠标事件，这三种类型的鼠标事件一般是以容器组件作为事件源，它们有各自的监听器。

6.12.4.1 鼠标事件处理

鼠标事件处理需要实现监听器接口 MouseListener，通过重现相应的处理方法读取鼠标事件 MouseEvent 内容来进行，具体步骤：

（1）组件通过方法 addMouseListener() 注册到 MouseListener，监听有没有鼠标事件发生。

（2）实现 MouseListener 接口的所有方法，提供事件发生的具体处理。

MouseListener 接口针对按下鼠标、释放鼠标、点击鼠标、鼠标进入、鼠标退出均有相应的处理方法，这些方法都需要传入 MouseEvent 的对象，通过该对象可以获得的信息和方法有：

（1）getX()：鼠标 X 坐标。

（2）getY()：鼠标 Y 坐标。

（3）getModifiers()：鼠标左键或右键是否点击。

（4）getClickCount()：鼠标被点击次数。

（5）getSource()：发生鼠标事件的事件源。

（6）addMouseListener(listener)：添加监视器。

（7）removeMouseListener(listener)：移去监视器。

要实现的 MouseListener 接口的方法有：

（1）mousePressed(MouseEvent e)：鼠标按下处理方法。

（2）mouseReleased(MouseEvent e)：鼠标释放处理方法。

（3）mouseEntered(MouseEvent e)：鼠标进入处理方法。

（4）mouseExited(MouseEvent e)：鼠标离开处理方法。

（5）mouseClicked(MouseEvent e)：鼠标点击处理方法。

6.12.4.2 鼠标移动事件处理

MouseEvent 对应的另外一个监听器接口 MouseMotionListener，该接口可以实现鼠标的移动处理和鼠标拖动处理，事件的处理步骤：

（1）组件通过方法 addMouseMotionListener() 注册到 MouseMotionListener，监听有没有鼠标事件发生。

（2）实现 MouseMotionListener 接口的所有方法，提供事件发生时具体的处理过程，其方法有 mouseDragged(MouseEvent e) 和 mouseMoved(MouseEvent e)。

6.12.4.3 鼠标轮滚动事件处理

鼠标轮滚动事件是 JDK1.4 后引入的鼠标事件，用于鼠标中间滚动轮的动作处理。这种事件的实现依赖于事件类 MouseWheelEvent 和接口 MouseWheelListener，事件的处理步骤：

（1）组件通过方法 addMouseWheelListener 注册到 MouseWheelLIstener，监听有无 MouseWheelEvent 事件。

（2）实现 MouseWheelListener 接口的所有方法，提供事件发生时具体的处理过程。

要实现的 MouseWheelListener 接口方法：Void mouseWheelMoved(MouseWheelEvent) 鼠标滚轮旋转时调用。

类 MouseWheelEvent 是 MouseEvent 的直接子类，具体 MouseEvent 的特点，其自身常见方法有：

（1）int getScrollAmount()：获取滚动的单位数。

（2）int getScrollType()：获取滚动的类型。

（3）int getWheelRotation()：获取鼠标轮旋转量。

下面的程序演示了鼠标事件的处理。

【程序6-25】

```
import java.awt.BorderLayout;
import java.awt.Color;
import java.awt.TextField;
import java.awt.event.MouseAdapter;
import java.awt.event.MouseEvent;
import javax.swing.JFrame;

public class MouseEventTest extends JFrame {
    TextField tf;
public MouseEventDemo() {
    super(" 鼠标事件示例 ");
    tf=new TextField();// 文本框
```

```java
        add(tf, BorderLayout.SOUTH);
        setBackground(new Color(57,255,55));
        MyMouseAdapter mouseAdapter = new  MyMouseAdapter();
        addMouseListener(mouseAdapter);
        addMouseMotionListener(mouseAdapter);
        setDefaultCloseOperation(EXIT_ON_CLOSE);
        setSize(300,200);
        setVisible(true);
    }
    class MyMouseAdapter extends MouseAdapter{
        public void mouseClicked(MouseEvent e) {
            System.out.println("mouse click");
            if(e.getClickCount()==1) {
                System.out.println("mouse click");
            }else if(e.getClickCount()==2) {
                System.out.println("mouse double click ");
            }else if(e.getClickCount()==3) {
                System.out.println("mouse triple click");
            }
        }
        public void mousePressed(MouseEvent e) {
            System.out.println("mouse pressed");
        }
        public void mouseReleased(MouseEvent e) {
            System.out.println("mouse released");
        }
        public void mouseEntered(MouseEvent e) {
            tf.setText("mouse entered");
        }
        public void mouseExited(MouseEvent e) {
            tf.setText("mouse exited");
        }
        public void mouseDragged(MouseEvent e) {
            String str="the position of mouse: ("+e.getX()+","+e.
```

```
getY()+")";
                tf.setText(str);
        }
        public void mouseMoved(MouseEvent e) {
            System.out.println("mouse moved");
        }
    }
    public static void main(String[] args) {
        new MouseEventTest();
    }
}
```

运行结果如图 6-35 所示。

图 6-35　MouseEvent 示例

6.12.4.4　鼠标事件应用实例

在一些图形处理软件中，鼠标经常用于绘制一些矩形、圆等图形，利用鼠标事件可以获取线段的起始点从而完成线段的绘制，下面的程序演示了利用鼠标绘制带有随机颜色的直线。

【程序 6-26】

```
import java.awt.*;
import java.util.*;
import javax.swing.*;
public class MouseDrawDemo extends JFrame {
//curX,curY 代表当前点坐标
int curX = 0;
int curY = 0;
```

```java
    boolean flag = false;
    JPanel mainPanel;

    public MouseDrawDemo() {

            super("鼠标绘图");
            mainPanel = new JPanel();
            mainPanel.setBorder(BorderFactory.createLineBorder(new Color(0, 0, 0)));
            add(mainPanel);
        // 定义鼠标事件监听的适配器对象
            MyMouseAdapter mouseAdapter = new MyMouseAdapter();
            addMouseListener(mouseAdapter);// 处理鼠标的操作事件
            addMouseMotionListener(mouseAdapter);// 处理鼠标的滑动事件

            setDefaultCloseOperation(EXIT_ON_CLOSE);
            setSize(450, 450);
            setVisible(true);
        }
    // 定义随机色彩的生成函数
    public Color createRandomColor() {
            Random r = new Random();
            int red = Math.abs(r.nextInt()) % 256;
            int green = Math.abs(r.nextInt()) % 256;
            int blue = Math.abs(r.nextInt()) % 256;
            return new Color(red, green, blue);
        }
        // 定义MyMouseAdapter类
        class MyMouseAdapter extends MouseAdapter {

            public void mouseMoved(MouseEvent evt) {
                Graphics g = mainPanel.getGraphics();
                // 设置颜色
```

```
                g.setColor(createRandomColor());
                if (flag) {
                        g.drawLine(curX, curY, evt.getX(), evt.getY());
                }
            }
            public void mouseClicked(MouseEvent evt) {
                curX = evt.getX();
                curY = evt.getY();
                flag = true;
            }
        }
        public static void main(String[] args) {
            new MouseDrawDemo();
        }
    }
```

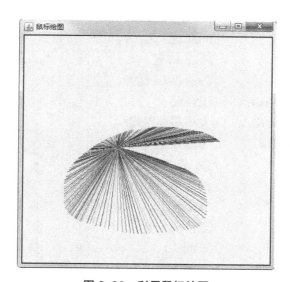

图 6-36 利用鼠标绘图

6.12.5 键盘事件

KeyEvent 类用来捕获键盘发生的按下、释放或敲击等事件。要实现对键盘事件的处理，需要实现键盘监听器接口 KeyListener，并使用 addKeyListener 方法将该实现类的对象注册给相应组件。KeyListener 接口的方法：

（1）public void keyPressed(KeyEvent e)：某个键被按下。

（2）public void keyReleased(KeyEvent e)：某个键被释放。

（3）public void keyTyped(KeyEvent e)：某个键被敲击。

这三个方法的参数都是 KeyEvent 事件的对象，每个按键事件有一个相关的按键字符和按键代码，分别由 KeyEvent 中的 getKeyChar() 和 getKeyCode() 方法返回。

（1）char getKeyChar()：返回这个事件中和键相关的字符。

（2）int getKeyCode()：返回这个事件中和键相关的整数键。

键盘上常见键以按键常量表示，形式如下：

按键常量	说明
VK_HOME	Home 键
VK_CONTROL	Ctrl 键
VK_END	End 键
VK_SHIFT	Shift 键
VK_PGUP	Page up 键
VK_PGDN	Page down 键
VK_BACK_SPACE	退格键
VK_CAPS_LOCK	大小写锁定键
VK_NUM_LOCK	小键盘锁定键
VK_ESCAPE	Esc 键
VK_ENTER	回车键
VK_TAB	Tab 键
VK_UP	上箭头
VK_DOWN	下箭头
VK_LEFT	左箭头
VK_RIGHT	右箭头
VK_F1—VK_F12	F1—F12
VK_0—VK_9	0—9
VK_A—VK_Z	A—Z

下面的示例演示了通过键盘的上下左右键控制屏幕上小球的移动。

【程序 6-27】
```java
import java.awt.Graphics;
import java.awt.event.KeyEvent;
import java.awt.event.KeyListener;
import javax.swing.JFrame;
import javax.swing.JPanel;

public class KeyEventdemo extends JFrame {
    // 定义一个 JPanel 的子类用于作图
    MyPanel panel;
    public  KeyEventdemo() {
        panel = new MyPanel();
        // 将 panel 加入 JFrame
        add(panel);
        // 添加事件监听
        addKeyListener(panel);
        // 设置窗体
        setTitle("KeyEvent 示例 ");
        setSize(400, 300);
        setLocationRelativeTo(null);
        setDefaultCloseOperation(JFrame.EXIT_ON_CLOSE);
        setVisible(true);
    }
    // 定义 MyPanel
    class MyPanel extends JPanel implements KeyListener{
        private int x = 10;
        private int y = 10;
        public void paint(Graphics g){
            super.paint(g);
            // 绘制圆
            g.fillOval(x, y, 20, 20);
        }
        // 输入的一个具体信息
        public void keyTyped(KeyEvent e) {
```

```
            }
            // 按压键
            public void keyPressed(KeyEvent e) {
                    // TODO Auto-generated method stub
                    // 向下键 向上键 向左键 向右键
                    if(e.getKeyCode() == KeyEvent.VK_DOWN){
                            y += 2;
                    } else if(e.getKeyCode() == KeyEvent.VK_UP){
                            y -= 2;
                    } else if(e.getKeyCode() == KeyEvent.VK_LEFT){
                            x -= 2;
                    } else if(e.getKeyCode() == KeyEvent.VK_RIGHT){
                            x += 2;
                    }
                    // 调用 repaint() 方法，重绘面板
                    repaint();
            }
            // 释放按键
            public void keyReleased(KeyEvent e) {
                    //System.out.println("released" + (char)e.getKeyCode());
            }
    }
    public static void main(String[] args) {
            new KeyEventdemo();
        }
    }
```

运行结果如图 6-37 所示。

本例中若将接口改成适配器类，应如何实现？

6.12.6 选择事件

Java 包中的许多组件如 JCheckBox、JComboBox、JCheckBoxMenuItem 提供了选中和未选两种状态，相应的处理就属于选择事件处理，与选择事件处理有关的事件类是 ItemEvent，监听器接口是 ItemListener，具体实现事件的过程是:

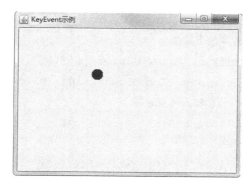

图 6-37 KeyEvent 示例

组件通过 addItemListener 方法注册到 ItemListener 对象，监听是否有选择事件 ItemEvent 发生。

实现 ItemListener 接口的所有方法，提供事件发生时具体的处理过程。

ItemListener 接口方法是 void itemStateChanged(ItemEvent)。

ItemEvent 事件常用方法有：

（1）Object getItem()：获取引发事件的选项。

（2）ItemSelectable getItemSelectable ()：获取事件源。

（3）int getStateChanged()：获取变化的状态。

下面的程序演示了选择事件的处理过程。

【程序 6-28】

```
import java.awt.Color;
import java.awt.event.ItemEvent;
import java.awt.event.ItemListener;
import javax.swing.JComboBox;
import javax.swing.JFrame;
import javax.swing.JPanel;

public class ItemEventDemo extends JFrame implements ItemListener{
    JPanel panel;
    final JComboBox<String> comBox;
    public ItemEventDemo() {
        super("ItemEvent 示例");
        panel = new JPanel();
```

```java
            panel.setBackground(Color.red);
            //创建颜色下拉框
            String[] b1 = new String[]{"红色","绿色","蓝色"};
            comBox = new JComboBox<String>(b1);
            //将下拉框加入面板容器
            panel.add(comBox);
            add(panel);
            setDefaultCloseOperation(EXIT_ON_CLOSE);
            comBox.addItemListener(this);
            setSize(400,400);
            setVisible(true);
    }
        //开始itemStateChanged方法，该方法在选择一种颜色时自动调用
        public void itemStateChanged(ItemEvent e) {
            //首先获得选择的列表的索引号
            int index = comBox.getSelectedIndex();
            //判断所选的内容
            switch (index)
            {
                case 0: //红
                panel.setBackground(Color.red);
                break;
                case 1: //绿
                panel.setBackground(Color.green);
                break;
                case 2: //蓝
                panel.setBackground(Color.blue);
                break;
            }
        }
    public static void main(String[] args) {
        new ItemEventDemo();
    }
}
```

运行结果如图 6-38 所示。

图 6-38　ItemEvent 示例

6.12.7　表格事件

当向表格模型中添加行、修改或删除表格模型中的现有行时，将发出表格模型事件。TableModelEvent 类负责捕获表格模型事件，可以通过为组件添加实现了 TableModelListener 接口的监听器类来处理相应的表格模型事件。具体实现事件的过程是：

（1）组件通过 addTableModelListener 方法注册到 TableModelListener 对象，监听是否有表格事件 TableModelEvent 发生。

（2）实现 TableModelListener 接口的所有方法，提供事件发生时具体的处理过程。

TableModelListener 接口方法是 public void tableChanged(TableModelEvent e)。
TableModelEvent 事件常用方法有：

1）int getType ()：获得此次事件的类型，类型是 INSERT、UPDATE、DELETE 之一。

2）int getFirstRow()：获得触发此次事件的表格行的最小索引值。

3）int getLastRow()：获得触发此次事件的表格行的最大索引值。

4）int getColumn()：获得触发此次事件的表格列的索引值。

下面的程序演示了表格事件的处理过程。

【程序 6-29】

```
import java.awt.BorderLayout;
import java.awt.event.ActionEvent;
import java.awt.event.ActionListener;
import javax.swing.JButton;
```

```java
import javax.swing.JFrame;
import javax.swing.JLabel;
import javax.swing.JPanel;
import javax.swing.JScrollPane;
import javax.swing.JTable;
import javax.swing.JTextField;
import javax.swing.ListSelectionModel;
import javax.swing.event.TableModelEvent;
import javax.swing.event.TableModelListener;
import javax.swing.table.DefaultTableModel;

public class TableModelEventDemo extends JFrame implements TableModelListener,ActionListener   {// 当前类实现了TableModelListener,ActionListener 接口
    private JTable table;// 声明一个表格对象
    private DefaultTableModel tableModel;// 声明一个表格模型对象
    private JTextField aTextField;
    private JTextField bTextField;
    final JScrollPane scrollPane;
    final JPanel panel;
    final JLabel aLabel,bLabel;
    final JButton addButton,delButton;
    public  TableModelEventDemo() {
        super("TableModelEvent 示例");
        setDefaultCloseOperation(JFrame.EXIT_ON_CLOSE);

        scrollPane = new JScrollPane();
        add(scrollPane, BorderLayout.CENTER);
        String[] columnNames = { "A列", "B列" };
        String[][] rowValues = { { "1", "2" }, { "3", "4" },
        { "5", "6" }};
        // 创建表格模型对象
        tableModel = new DefaultTableModel(rowValues, columnNames);
        // 为表格模型添加事件监听器
```

```java
        tableModel.addTableModelListener(this);
        table = new JTable(tableModel);// 利用表格模型对象创建表格对象
         table.setSelectionMode(ListSelectionModel.SINGLE_SELECTION);
        scrollPane.setViewportView(table);
        panel = new JPanel();
        add(panel, BorderLayout.SOUTH);

        aLabel = new JLabel("A: ");
        panel.add(aLabel);
        aTextField = new JTextField(15);
        panel.add(aTextField);
        bLabel = new JLabel("B: ");
        panel.add(bLabel);
        bTextField = new JTextField(15);
        panel.add(bTextField);

        addButton = new JButton(" 添加 ");
        addButton.addActionListener(this);
        panel.add(addButton);
        delButton = new JButton(" 删除 ");
        delButton.addActionListener(this);
        panel.add(delButton);
        pack();
        setVisible(true);
    }
    // 实现 TableModelListener 接口中的方法
    public void tableChanged(TableModelEvent e) {
            int type = e.getType();// 获得事件的类型
            int row = e.getFirstRow() + 1;// 获得触发此次事件的表格行索引
            int column = e.getColumn() + 1;// 获得触发此次事件的表格列索引
            if (type == TableModelEvent.INSERT) {// 判断是否有插入
```

行触发
```
                    System.out.print("此次事件由插入行触发,");
                    System.out.println("此次插入的是第 " + row + "行! ");
                    // 判断是否有修改行触发
                } else if (type == TableModelEvent.UPDATE) {
                    System.out.print("此次事件由修改行触发,");
                    System.out.println("此次修改的是第 " + row + "行第 " + column + " 列! ");
                    // 判断是否有删除行触发
                } else if (type == TableModelEvent.DELETE) {
                    System.out.print("此次事件由删除行触发,");
                    System.out.println("此次删除的是第 " + row + "行! ");
                } else {
                    System.out.println("此次事件由其他原因触发! ");
                }
            }
        // 实现点击按钮事件的处理
        public void actionPerformed(ActionEvent e) {
            if(e.getSource() == addButton) {// 判断点击的是增加按钮
                String[] rowValues = { aTextField.getText(),
                        bTextField.getText() };
                tableModel.addRow(rowValues);// 向表格模型中添加一行
                aTextField.setText(null);
                bTextField.setText(null);
            }
            else {// 点击的是删除按钮
                int[] selectedRows = table.getSelectedRows();
                for (int row = 0; row < selectedRows.length; row++) {
                    // 从表格模型中移除表格中的选中行
                    tableModel.removeRow(selectedRows[row]-
```

```
row);
                }
            }
        }
        public static void main(String[] args) {
            new TableModelEventDemo();
        }
    }
```

运行结果如图 6-39 所示。

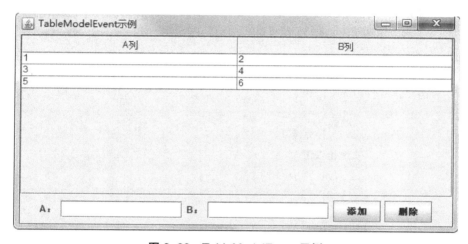

图 6-39　TableModelEvent 示例

6.12.8　应用实例

事件在 GUI 程序中应用非常普遍，下面的实例是一个趣味的小游戏，程序运行后在界面中显示 9 张扑克牌，用户在心里选定一张牌后，点击"第一步"按钮将所有牌面向下放置，然后点击"第二步"按钮，使所有牌面向上，此时发现刚才心里所想的扑克牌已消失。

【程序 6-30】

```
import java.awt.GridLayout;
import java.awt.event.ActionEvent;
import java.awt.event.ActionListener;
import java.util.Random;
import javax.swing.ImageIcon;
```

```java
import javax.swing.JButton;
import javax.swing.JFrame;
import javax.swing.JLabel;
import javax.swing.JPanel;
public class ReadHeartJFrame extends JFrame implements ActionListener {
    //定义9个按钮用于表示9张扑克牌
    JButton j1,j2,j3,j4,j5,j6,j7,j8,j9;
    //定义第一步、第二步,重新开始按钮
    JButton jButtonFirst,jButtonSecond,jButtonStart;
    JLabel label;
    //为方便处理,定义一个按钮数组,保存9个按钮
    JButton[] jA;
    //定义两个面板,放置扑克牌按钮和功能按钮
    JPanel jPanel1,jPanel2;
    public ReadHeartJFrame() {
        super("扑克游戏");
        //实例化按钮
        j1 = new JButton();
        j2 = new JButton();
        j3 = new JButton();
        j4 = new JButton();
        j5 = new JButton();
        j6 = new JButton();
        j7 = new JButton();
        j8 = newvvvv JButton();
        j9 = new JButton();
        //将按钮加入按钮数组
        jA=new JButton[]{j1,j2,j3,j4,j5,j6,j7,j8,j9};
        //实例化功能按钮
        jButtonFirst = new JButton("第一步");
        jButtonSecond = new JButton("第二步");
        jButtonStart = new JButton("重新开始");
        //调用initGame函数初始化扑克牌面
        initGame(jA);
```

```java
            label = new JLabel(" 读取心灵 ");
            jPanel1 = new JPanel();
            jPanel2 = new JPanel();
            jButtonFirst.addActionListener(this);
            jButtonSecond.addActionListener(this);
            jButtonStart.addActionListener(this);
            //jPanel1 面板设置网格布局
            jPanel1.setLayout(new GridLayout(3,3));
            // 将扑克牌按钮加入面板
            jPanel1.add(j1);
            jPanel1.add(j2);jPanel1.add(j3);jPanel1.add(j4);jPanel1.add(j5);
            jPanel1.add(j6);jPanel1.add(j7);jPanel1.add(j8);jPanel1.add(j9);
            // 将功能按钮加入另一个面板
            jPanel2.add(jButtonFirst);jPanel2.add(jButtonSecond);jPanel2.add(jButtonStart);
            // 将标签、两个面板加入窗体
            add(label,"North");
            add(jPanel1,"Center");
            add(jPanel2,"South");
            setDefaultCloseOperation(EXIT_ON_CLOSE);
            // 设置窗体居中显示
            setLocationRelativeTo(null);
            // 设置窗体不能调整大小
            setResizable(false);
            setSize(350,550);
            setVisible(true);
    }
    // 初始化扑克牌函数
    public void initGame( JButton[] jA ) {
            // 设置牌面图案
            j1.setIcon(new ImageIcon(getClass().getResource("/pukeImage/bq.jpg")));
```

```java
            j2.setIcon(new ImageIcon(getClass().getResource("/pukeImage/p7.jpg")));
            j3.setIcon(new ImageIcon(getClass().getResource("/pukeImage/h5.jpg")));
            j4.setIcon(new ImageIcon(getClass().getResource("/pukeImage/sq.jpg")));
            j5.setIcon(new ImageIcon(getClass().getResource("/pukeImage/pj.jpg")));
            j6.setIcon(new ImageIcon(getClass().getResource("/pukeImage/b5.jpg")));
            j7.setIcon(new ImageIcon(getClass().getResource("/pukeImage/b10.jpg")));
            j8.setIcon(new ImageIcon(getClass().getResource("/pukeImage/hj.jpg")));
            j9.setIcon(new ImageIcon(getClass().getResource("/pukeImage/s7.jpg")));
            // 设置按钮的可操作性
            jButtonFirst.setEnabled(true);
            jButtonSecond.setEnabled(false);
            jButtonStart.setEnabled(false);
    }
    public void actionPerformed(ActionEvent e) {
        // 点击第一步按钮，将牌面向下放置
     if(e.getSource()==jButtonFirst) {
            for(int i=0;i<this.jA.length;i++){
    // 将每个按钮的图案设置成扑克牌背面
      jA[i].setIcon(new ImageIcon(getClass().getResource("/pukeImage/back.jpg")));
            }
                // 设置按钮的可操作性
            jButtonFirst.setEnabled(false);
            jButtonSecond.setEnabled(true);
        }
    // 点击第二步按钮，将牌面向上
```

```java
        else if(e.getSource() == jButtonSecond) {
            ImageIcon[] iiA=new ImageIcon[9];
            iiA[0]=new ImageIcon(getClass().getResource("/pukeImage/hq.jpg"));
            iiA[1]=new ImageIcon(getClass().getResource("/pukeImage/pq.jpg"));
            iiA[2]=new ImageIcon(getClass().getResource("/pukeImage/h7.jpg"));
            iiA[3]=new ImageIcon(getClass().getResource("/pukeImage/b7.jpg"));
            iiA[4]=new ImageIcon(getClass().getResource("/pukeImage/s5.jpg"));
            iiA[5]=new ImageIcon(getClass().getResource("/pukeImage/p5.jpg"));
            iiA[6]=new ImageIcon(getClass().getResource("/pukeImage/sj.jpg"));
            iiA[7]=new ImageIcon(getClass().getResource("/pukeImage/bj.jpg"));
            iiA[8]=new ImageIcon(getClass().getResource("/pukeImage/h10.jpg"));
            // 将牌面随机排列
            boolean[] fA=new boolean[this.jA.length];
            for(int i=0;i<fA.length;i++){
                fA[i]=false;
            }
            for(int i=0;i<this.jA.length;i++){
                Random r=new Random();
                int t=r.nextInt(this.jA.length);
                if(fA[t]){
                    i=i-1;
                }else{
                    jA[i].setIcon(iiA[t]);
                    fA[t]=true;
                }
```

```
            }
            // 设置按钮的可操作性
            jButtonFirst.setEnabled(false);
            jButtonSecond.setEnabled(false);
            jButtonStart.setEnabled(true);
        }
        // 点击重新开始按钮
        else {
            initGame(jA);
        }
    }
    public static void main(String[] args) {
        new ReadHeartJFrame();
    }
}
```

运行界面如图 6-40、图 6-41 所示。

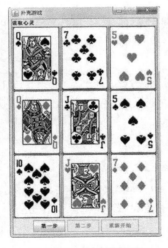
图 6-40　初始界面图

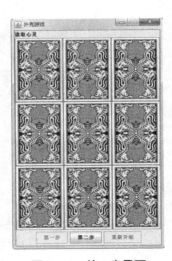
图 6-41　第一步界面

6.13 图形处理

在 GUI 程序中，除了容器和标准组件之外，还包括一些用户自定义部分，例如文字、线型、图形、图像等元素，它们不能像标准组件一样被系统识别和承认。Java 语言提供了 Java2D API 实现图形的绘制和处理，Java 2D 是从 JDK1.2 开始出现的，Java2D 在 AWT 的基础之上扩展，具有处理文本和图形图像的能力，Java2D API 是高级 2D 图形和图像处理类的集合，提供了丰富的图形绘制、颜色管理和打印复杂文档的功能。

6.13.1 绘图操作流程

（1）面板上显示文字和绘图基于绘图组件的平面坐标系实现。在编程语言中，坐标系统的每个图形元素（像素）用 x 和 y 的坐标来表示，像素值是整数。坐标原点 (0,0) 位于绘图区域的左上角。x 坐标表示一个点与原点的水平距离，y 坐标表示一个点与原点的垂直距离，x 坐标从左向右增大，y 坐标从上到下增大。如图 6-42 所示。

（2）保存在 java.awt 包中的 Graphics 类提供了建立字体、设定显示颜色、显示图像和文本，绘制和填充各种几何图形等常用图形图像绘制功能。在绘图时，可以从任何组件即 JComponent 的子类中通过 getGraphics() 方法获得一个 Graphics 对象。如果重写了组件的 paint 方法，那么当窗体重绘时（如窗体扩大、缩小、第一次显示时等），都会激发 paint 方法的执行。

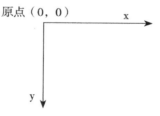

图 6-42 绘图坐标系

如图 6-42 所示，绘图区域坐标系中，右方向为 x 轴正方向，下方向为 y 轴正方向，坐标原点 (0,0) 位于整个左上角，坐标系中每个点位 (x,y) 只能为整数点位，对应于像素值大小。

（3）Graphics2D 类是 Graphics 类的扩展，它丰富了绘图功能，提供了更强大的二维图形处理能力，支持坐标转换、颜色管理以及文字布局等更精确的控制。Graphics2D 对象可以直接通过 Graphics 对象获得，其进行绘制主要方法有：

1）将 Graphics 的对象转化为 Graphics2D 类对象。

```
        public void paintComponent()      {
            Graphics2D g2 = (Graphics2D) g;
        }
```

2）通过 setRenderingHints 方法来设置提示信息。

```
RenderingHits h = new RenderingHints(RenderingHints.
KEY_RENDERING, RenderingHints. VALUE_RENDER_QUALITY);
    g2.setRenderingHints(h);
```

3）调用 setStroke 方法设置画笔的粗细、虚实等。

```
    g2.setStroke(paint.getJavaStroke());
```

4）借助 setPaint 方法来绘制颜色或填充颜色。

```
    g2.setPaint(new Color(10,10,10));
```

5）调用 clip 方法截取部分区域。

```
    g2.clip(new Ellipse2D.Double(150, 150, 320, 220));
```

6）调用 transform 方法，完成设备空间的转换。

```
    g2.transform(new AffineTransform());
```

7）使用 setComposite 方法设置一个组合规则，用来描述如何将新像素与现有的像素组合起来。

```
    g2.setComposite(composite);
```

8）建立一个几何形状。

```
Shape shape = new Rectangle2D.Double(0,0,100,100);
```

9）绘制或者填充该形状。

```
    g2.draw(s);
    g2.fill(s);
```

Graphics2D 类继承 Graphics 类，并且增加了许多状态属性，使应用程序可以绘制出更加丰富多彩的图形。

（4）Graphics 类绘图原理。Graphics 对象的度量单位是像素，坐标（0,0）为容器的左上角点。可视化组件对象本身没有任何绘图方法，但可以通过组件的 getGraphics 方法获得绘图类对 Graphics 的对象，操作 Graphics 的对象则能够实现绘画图形、文字和显示图像等功能。如下是一个绘制图形的示例：

【程序 6-31】

```
import java.awt.*;
import java.awt.event.*;
public class DrawLine{
    Frame f = new Frame("test");
    public static void main(String[] args){
    new DrawLine().init();
        }
```

```java
public void init(){
    f.setSize(350,350);
    f.setVisible(true);
    f.addMouseListener(new MouseAdapter(){
        int x;
        int y;
        public void mousePressed(MouseEvent e){
            x=e.getX();
            y = e.getY();
        }
        public void mouseReleased(MouseEvent e){
            Graphics g = f.getGraphics();
            g.setColor(Color.red);
            g.setFont(new Font("宋体",Font.BOLD,28));
            g.drawString(new String (x+", "+y),x,y);
            f.getGraphics().setColor(Color.red);
            f.getGraphics().drawLine(x,y,e.getX(),e.getY());
        }
    });
```

值得注意的是，往往我们会发现，绘制完成图形后，如果将窗体最小化后再恢复，则所绘图全部消失了。这是因为组件在发生状态改变为显示时都会重绘面板，如果所撰写的绘制图像代码并没有放置在 paint 方法内，则无法在状态改变为显示时调用，因此往往需要重写 paint 方法以达到重绘时保留绘制结果的目的。

另外，如果程序开发者需要调用 piant 方法，则需要调用来自上层 Component 的 repaint 方法，由 repaint 方法依次传递调用 update 方法、paint 方法。如果【程序 6-32】代码具有重绘效果，则修改如下：

【程序 6-32】

```java
import java.awt.*;
import java.awt.event.*;
public class DrawLine extends Frame
{
int x;
int y;
```

```java
    int curX;
    int curY;
    public static void main(String[] args){
        new DrawLine().init();
    }
    public void paint(Graphics g) {
        //这里是重绘效果
g.drawLine(x,y,curX,curY);
    }
    public void init(){
        this.addMouseListener(new MouseAdapter(){
    public void mousePressed(MouseEvent e){
        x = e.getX();
        y = e.getY();
    }
    public void mouseReleased(MouseEvent e) {
        curX = e.getX();
        curY = e.getY();
        Graphics g = getGraphics();
        g.setColor(Color.red);
        g.setFont(new Font("宋体",Font.BOLD,28));
        g.drawString(new String(x+","+y),x,y);
        g.drawString(new String(curX+","+curY),curX,curY);
        g.drawLine(x,y,curX,curY);
                }
            });
        setSize(350,350);
        setVisible(true);
            }
        }
```

如果要完全重绘窗体的内容，则可将每一条直线保存，然后在 paint 方法中逐个绘制。示例如下：

【程序 6-33】
```java
import java.awt.*;
```

```java
import java.awt.event.*;
import java.util.*;
import javax.swing.*;
class LineObj{
        private int x1;
        private int y1;
        private int x2;
        private int y2;
public LineObj(int x1,int y1,int x2,int y2){
   this.x1 = x1;
   this.y1 = y1;
   this.x2 = x2;
   this.y2 = y2;
}
public void drawMe(Graphics g){
            g.drawLine(x1,y1,x2,y2);
}
}
public class RerawAllLine extends Frame{
Vector lineV = new Vector();
public static void main(String[] args){
new RerawAllLine().init();
}
  public void paint(Graphics g){
  g.setColor(Color.red);
  Enumeration e = lineV.elements();
  while(e.hasMoreElements()){
  LineObj ln = (LineObj)e.nextElement();
  ln.drawMe(g);
}
}
public void init(){
this.addMouseListener(new MouseAdapter(){
int x;
```

```
    int y;
    public void mousePressed(MouseEvent e){
    x = e.getX();
    y = e.getY();
    }
    public void mouseReleased(MouseEvent e){
                Graphics g = e.getComponent().getGraphics();
                g.setColor(Color.red);
                g.drawLine(x,y,e.getX(),e.getY());
                lineV.add(new LineObj(x,y,e.getX(),e.getY()));
        }
});
setDefaultCloseOperation(EXIT_ON_CLOSE);
setSize(350,350);
setVisible(true);
    }
}
```

（5）Graphics 类应用实例。利用 Graphics 类可以绘制数学函数，下面的程序演示了在面板上进行函数的绘制，同时提供了图形的移动与缩放操作。

【程序 6-34】

```
import java.awt.Color;
import java.awt.Graphics;
import java.awt.event.ActionEvent;
import java.awt.event.ActionListener;
import javax.swing.JButton;
import javax.swing.JFrame;
import javax.swing.JPanel;
public class DrawFunJFrame extends JFrame implements ActionListener {

    double a = -10;
    double b=10;
    int h=10000;
    double DL=10;
```

```java
        int ox=100;
        int oy=200;
        //定义绘图面板和所有按钮
        JPanel mainJP;
        JButton  drawJB,upJB,leftJB,rightJB,downJB,zoominJB,zoomoutJB;

        public DrawFunJFrame() {
            super("绘制函数曲线");
            mainJP = new JPanel();
            drawJB = new JButton("画函数");
            upJB = new JButton("上");
            leftJB = new JButton("左");
            rightJB = new JButton("右");
            downJB = new JButton("下");
            zoominJB = new JButton("放大");
            zoomoutJB = new JButton("缩小");
            //绘制面板的边框线
            mainJP.setBorder(javax.swing.BorderFactory.createLineBorder(new java.awt.Color(0, 0, 0)));
            drawJB.addActionListener(this);
            upJB.addActionListener(this);
            leftJB.addActionListener(this);
            rightJB.addActionListener(this);
            downJB.addActionListener(this);
            zoominJB.addActionListener(this);
            zoomoutJB.addActionListener(this);
            //关闭布局管理器
            setLayout(null);
            mainJP.setSize(400, 400);
            mainJP.setLocation(5, 5);
            add(mainJP);
            //设置各按钮的大小和位置
```

```java
        drawJB.setSize(100,30);
        drawJB.setLocation(450, 10);
        add(drawJB);
        //设置及添加向上移动按钮
        upJB.setSize(50,30);
        upJB.setLocation(470, 50);
        add(upJB);
        //设置及添加向下移动按钮
        downJB.setSize(50,30);
        downJB.setLocation(470, 150);
        add(downJB);
        //设置及添加向左移动按钮
        leftJB.setSize(50,30);
        leftJB.setLocation(440, 100);
        add(leftJB);
        //设置及添加向右移动按钮
        rightJB.setSize(50,30);
        rightJB.setLocation(510, 100);
        add(rightJB);
        //设置及添加缩小按钮
        zoominJB.setSize(70,30);
        zoominJB.setLocation(420, 200);
        add(zoominJB);
        //设置及添加放大按钮
        zoomoutJB.setSize(70,30);
        zoomoutJB.setLocation(510, 200);
        add(zoomoutJB);
        setDefaultCloseOperation(EXIT_ON_CLOSE);
        setSize(600,450);
        setVisible(true);
    }

    public double f(double x){
        return Math.sin(x)*x;
```

```java
        }
    public void draw(){
        // 获取 Graphics 对象 g
         Graphics g=this.mainJP.getGraphics();
        // 设置绘图区背景颜色为黄颜色
          g.setColor(Color.YELLOW);
        // 填充背景
          g.fillRect(0,0,this.mainJP.getWidth(),this.mainJP.getHeight());
        // 设置绘制函数的颜色为黑色
          g.setColor(Color.black);
        // 绘制坐标线
          g.drawLine(ox, oy, this.mainJP.getWidth()-10, oy);
          g.drawLine(ox,10,ox,  this.mainJP.getHeight()-10);
        // 以线段方式绘制函数曲线
          for(int i=0;i<h;i++){
              double xi=(b-a)/h*i+a;
              double xi1=(b-a)/h*(i+1)+a;
              double yi=f(xi);
              double yi1=f(xi1);
              int x1=ox+(int) (xi*DL);
              int y1=oy-(int) (yi*DL);
              int x2=ox+(int) (xi1*DL);
              int y2=oy-(int) (yi1*DL);
              g.drawLine(x1, y1, x2, y2);
          }
      }
    // 绘制函数按钮事件
      public void actionPerformed(ActionEvent e) {
      if(e.getSource() == drawJB) {
             draw();
      }
    // 点击向上按钮事件
      else if (e.getSource() == upJB) {
```

```
                oy=oy-20;
                  draw();
                }
        // 点击向下按钮事件
        else if(e.getSource() == downJB) {
                oy=oy+20;
                  draw();
        }
        // 点击向左按钮事件
        else if (e.getSource() == leftJB) {
                ox=ox-20;
                  draw();
                }
        // 点击向右按钮事件
            else if (e.getSource() == rightJB) {
                ox=ox+20;
                  draw();
                }
        // 点击缩小按钮事件
        else if (e.getSource() == zoominJB) {
                DL=DL*2;
                draw();
                }
        // 点击放大按钮事件
        else if (e.getSource() == zoomoutJB) {
                  DL=DL/2;
                draw();
                   }
        }
    public static void main(String[] args) {
          new DrawFunJFrame();
    }
}
```

运行结果如图 6-43 所示。

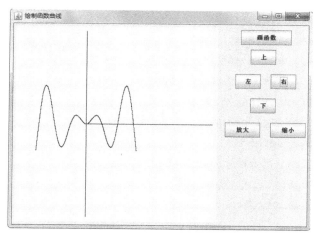

图 6-43　函数绘制

6.13.2　形状

在 Graphics2D 类保留 Graphics 类的绘图方法，但也增加了众多采用对象方式的绘制方法。这些对象所对应的类在 java.awt.geom 包声明，常见的是：

（1）Line2D：线段类。

（2）RoundRectangle2D：圆角矩形类。

（3）Ellipse2D：椭圆类。

（4）Arc2D：圆弧类。

（5）QuadCurve2D：二次曲线类。

（6）CubicCurve2D：三次曲线类。

调用 Graphics2D 类画一个几何图形，仍需要将 Graphics 的对象强制转换成 Graphics2D 对象，然后调用几何图形类的静态方法 Double() 获得几何图形的对象，最后调用 Graphics2D 对象的 draw() 方法来绘制图形。

```
Graphics2D g2d = (Graphics2D)g;
Line2D line = new Line2D.Double(1,2,30,40);
g2d.draw(line);
```

另外，也可创建来自 java.awt.geom 包的 Shape 对象，并使用 draw() 方法来绘制该对象。

下面的程序演示了椭圆形状的绘制。

【程序 6-35】

```
import java.awt.FlowLayout;
```

```java
import java.awt.Graphics;
import java.awt.Graphics2D;
import java.awt.Shape;
import java.awt.geom.Ellipse2D;
import javax.swing.JFrame;
public class EclipseDemo extends JFrame {
    public EclipseDemo() {
        setLayout(new FlowLayout());
        setTitle("椭圆示例");
        setSize(400, 300);
        setVisible(true);
    }
    public void paint(Graphics g) {
        super.paint(g);
        Graphics2D g2d = (Graphics2D) g;
        Shape eclipseShape = new Ellipse2D.Double(50, 50, 300, 200);
        g2d.draw(eclipseShape);
    }
    public static void main(String[] args) {
        new EclipseDemo();
    }
}
```

运行结果如图 6-44 所示。

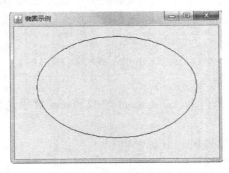

图 6-44　椭圆绘制

6.13.3 线型

Graphics 绘图类使用的笔画属性是粗细为 1 个像素的正方形，而 Java2D 的 Graphics2D 类可以调用 setStroke() 方法设置笔画的属性，如改变线条的粗细、虚实和定义线段端点的形状、风格等。

语法如下：

setStroke(Stroke stroke)　其中，参数 stroke 是 Stroke 接口的实现类。

setStroke() 方法必须接受一个 Stroke 接口的实现类作参数，java.awt 包中提供了 BasicStroke 类，它实现了 Stroke 接口，并且通过不同的构造方法创建笔画属性不同的对象。这些构造方法包括：

（1）BasicStroke()。
（2）BasicStroke(float width)。
（3）BasicStroke(float width, int cap, int join)。
（4）BasicStroke(float width, int cap, int join, float miterlimit)。
（5）BasicStroke(float width, int cap, int join, float miterlimit, float[] dash, float_phase)。

这些构造方法中的参数说明如下：

width：笔画宽度，此宽度必须大于等于 0.0f。如果将宽度设置为 0.0f，则将笔画设置为当前设备的默认宽度。

cap：线端点的装饰。

join：应用在路径线段交汇处的装饰。

miterlimit：衔接处的裁剪限制。该参数值必须大于或等于 1.0f。

dash：表示虚线模式的数组。

dash phase：开始虚线模式的偏移量。

其中：cap 参数可以使用 CAP_BUTT、CAP_ROUND 和 CAP_SQUARE 常量。表示不同的线端点，含义如图 6-45 所示。

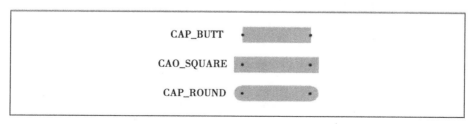

图 6-45　cap 取值含义

join 参数表示当两条线连接时，连接处的形状，可以取 JOIN_ROUND、JOIN_BEVEL 和 JOIN_MITER 三个值，含义如图 6-46 所示。

图 6-46　join 取值含义

6.13.4　字体与颜色

6.13.4.1　Font 类简介

Font 类用于设置图形用户界面上的字体样式，包括字体类型 (如宋体、楷体、Times New Roman 等)、字体风格 (如斜体字、加粗等) 以及字号大小。

（1）Font 类的引用声明。Font 类位于 java.awt 包中，使用时需要在代码顶端声明 import java.awt.Font 或者 import java.awt.*。

（2）Font 类的构造函数。public Font(String familyName,int style,int size)。

其中参数的含义：

1）familyName 是字体类型，例如宋体、仿宋、Times New Roman 等；

2）style 是字体风格，例如斜体字、加粗等；Java 提供 4 种固定值，如下：

Font.PLAIN(普通)。

Font.BOLD(加粗)。

Font.ITALIC(斜体)。

Font.BOLD+ Font.ITALIC(粗斜体)。

3）size 是字体大小，其默认单位为 pt(磅)，数字越大、字就越大 (例如 12pt 字比 10pt 的字要大)。

例如创建一个自定义样式的字体变量 font：宋体、加粗、20pt 大小。

Font font = new Font(" 宋体 ",Font.BOLD,20);

（3）Font 类的设置方法。当设置好了字体样式后，可以使用 public void setFont(Font font) 方法将指定组件的字体样式更新。该方法适用于任意组件，例如按钮 JButton、标签 JLabel、多行文本框 JTextArea 等。

例如给一个多行文本框设置字体：

```
JTextArea textArea = new JTextArea();
Font font = new Font("黑体",Font.BOLD,10);
textArea.setFont(font);
```

6.13.4.2 Color 类

Color 是用来封装颜色的，支持多种颜色空间，默认为 RGB 颜色空间。任何颜色都是由三原色 (RGB) 组成。每个 Color 对象都有一个 alpha 通道，取值范围为 0 ~ 255 时，代表透明度，当 alpha 通道值为 255 时，表示完全不透明；当 alpha 通道值为 0 时，表示完全透明；当 alpha 通道为 0~255 时，代表指定颜色不同程度的透明度。

Color 类预定义的颜色常量：可以选择使用 java.awt.Color 中定义为常量的 13 种标准颜色 (BLACK 黑色, BLUE 蓝色, CYAN 青色, DARK_GRAY 深灰, GRAY 灰色, GREEN 绿色, LIGHT_GRAY 浅灰, MAGENTA 洋红, ORANGE 橘色, PINK 粉红, RED 大红, WHITE 白色, YELLOW 黄色)。

（1）Color 的构造函数：

Color(int,int,int)：指定 RGB 值 0~255，alpha 通道为默认值 255，即不透明。

Color(int,int,int,int)：指定 RGB、alpha 通道的值，0~255。

Color(int)：指定 RGB 值，其中 int 转换为 16 进制表示形式，0xff000000，其中 ff 为 alpha 通道，为默认值 255，16~23 bit 为 R，8~15 bit 为 G，0~7 bit 为 B。

Color(float,float,float)：指定 RGB 值，范围 0.0~1.0，alpha 通道默认为 1.0。

Color(float,float,float,float)：指定 RGB、alpha 通道的值，范围为 0.0~1.0。

Colr(ColorSpace,float[],float)：三个参数分别为颜色空间、各通道颜色值组成的数组、alpha 通道值，其中 float[] 数组中元素的个数取决于颜色空间，如 RGB 颜色空间为 3，CMYK 颜色空间为 4。

（2）Color 对象的方法：

getRed()：获取 Red 通道的值。

getGreen()：获取 Green 通道的值。

getBlue()：获取 Blue 通道的值。

getAlpha()：获取 alpha 通道的值。

getRGB()：获取颜色的 RGB、alpha 通道的值，转换为 16 进制后，24~31 bit 为 alpha 通道，16~23 bit 为 red，8~15 bit 为 green 通道，0~6 bit 为 blue 通道。

brighter()：返回一个比当前颜色浅一级的 Color 对象。

darker()：返回一个比当前颜色深一级的 Color 对象。

equals(Object)：比较两个颜色对象是否颜色相同。

getColor(String)：获取某个字符串的系统属性的值，所对应的颜色，返回一个 Color 对象，否则返回 null。

getColor(String,Color)：同上，如果 Sring 对应的系统属性值为 null，则返回 Color 值。

getColor(String,int)：同上，否则返回 int 值所对应的 Color 对象。

getColorSpace()：返回颜色空间。

HSBtoRGB(float,float,float)：从 HSB 空间转换到 RGB 空间，返回 RGB 空间对应的 int 值，不含 alpha 通道。

RGBtoHSB()：从 RGB 空间转换到 HSB 空间，返回 HSB 空间对应的 float 值，不含 alpha 通道。

（3）在组件中使用颜色。可以使用定义在 java.awt.Component 类中的 setBackground(Color c) 方法和 setForeground(Color c) 方法来设置一个组件的背景色和前景色。下面是设置一个按钮背景色和前景色的例子：

```
JButton button = new JButton("OK");
button.setBackground(color);
button.setForeground(new Color(100,0,0));
```

【程序 6-36】

```
import java.awt.Color;
import java.awt.FlowLayout;
import java.awt.Font;
import java.awt.Graphics;
import java.awt.Graphics2D;
import java.awt.Shape;
import java.awt.geom.Ellipse2D;
import javax.swing.JFrame;
public class FontDemo extends JFrame {

    public FontDemo() {
        super("字体和颜色示例");
        setDefaultCloseOperation(EXIT_ON_CLOSE);
        getContentPane().setBackground(Color.yellow);
        setSize(400,300);
        setVisible(true);
    }
```

```
public void paint(Graphics g) {
            super.paint(g);
            Graphics2D g2d = (Graphics2D) g;
            Font font = new Font("楷体",Font.ITALIC,30);
            g2d.setFont(font);
            Color color = new Color(255,0,0);
            String string = "欢迎使用GUI";
            g2d.setColor(color);
            g2d.drawString(string, 100, 100);
    }
    public static void main(String[] args) {
         new FontDemo();
      }
 }
```
运行结果如图 6-47 所示。

图 6-47 字体和颜色示例

6.13.5 图像操作

常见的图像格式有 GIF、JPEG、PNG 等，在程序中显示图像，有两种常见的方式：

（1）调用 java.awt 包中的 Toolkit 类来读取本地、网络或内存中的 GIF、JPEG、PNG 图片。

```
Image img = Toolkit.getDefaultToolkit().getImage(String filename);
Image img = Toolkit.getDefaultToolkit().getImage(URL url);
```

```
Image img = Toolkit.getDefaultToolkit().createImage(byte[] imageData);
```

（2）通过 javax.imageio 包中的 ImageIO 类读取本地、网络或内存中的图片。

```
BufferedImage bufImg = ImageIO.read(File input);
BufferedImage bufImg = ImageIO.read(URL input);
BufferedImage bufImg = ImageIO.read(InputStream input);
```

（3）以 drawImage 方法为例显示本地的图片。Graphics.drawImage(Image img,int x,int y,ImageObserver) 方法用来在可视化组件上展现图像内容，其中 img 为图像信息，x 和 y 是图像的左上角坐标。另外，drawImage 是一个异步方法，因此有时 img 图像还没被完全装载 drawImage 也会返回。

【程序 6-37】

```
import java.awt.Color;
import java.awt.Font;
import java.awt.Graphics;
import java.awt.Graphics2D;
import java.awt.Image;
import java.awt.Toolkit;
import javax.swing.JFrame;

public class ImageDemo extends JFrame {
    public ImageDemo() {
        super("图像示例");
        setDefaultCloseOperation(EXIT_ON_CLOSE);
        setSize(800, 600);
        setVisible(true);
    }
    public void paint(Graphics g) {
        super.paint(g);
        Graphics2D g2d = (Graphics2D) g;
        String filepath = "picture.jpg";
        Image image = Toolkit.getDefaultToolkit().getImage(filepath);
        g2d.drawImage(image, 50, 50, image.getWidth(this), image.getHeight(this), this);
```

```
            g2d.dispose();
        }
        public static void main(String[] args) {
            new ImageDemo();
        }
}
```

运行结果如图 6-48 所示。

图 6-48　图像示例

6.13.6　图形打印输出

在实际应用中，需要用到打印图形。例如将一个应用程序窗体及其所包含的全部组件打印，一般会使用到 javax.print 包与其子包 javax.print.event 和 javax.print.attribute。其中 javax.print 包内为打印服务类，javax.print.event 包内为打印事件类，javax.print.attribute 则为打印属性列表类。

6.13.6.1　要执行打印需要具备两个条件

（1）获取打印服务对象，其可以通过实现 java.awt.print.Printable 接口、调用 Toolkit.getDefaultToolkit().getPrintJob、借助 javax.print.PrintSerivceLookup 来查找打印服务对象来实现。

（2）建立打印工作，其可通过 java.awt.print.PrintJob 调用 print 或 printAll 方法实现，通过 java.awt.print.PrinterJob 的 printDialog 打印对话框并配合 print 方法实现，或者通过 javax.print.ServiceUI 的 printDialog 打印对话框配合 print 方法实现。

6.13.6.2　打印方法

Component 类及其派生类中都给出了 print 和 printAll 方法，在打印属性设置完成后便可直接调用该方法实现组件及图形的打印。

```
private void printFrameAction(){
    Toolkit kit = Toolkit.getDefaultToolkit();
    Properties ps = new Properties();
    ps.put("awt.print.printer", "durango");
    ps.put("awt.print.numCopies", "2");
    if(kit != null){
        PrintJob pJob = kit.getPrintJob(this, "Print ", ps);
        if(pJob!= null){
            Graphics pg = pJob.getGraphics();
            if(pg != null){
                try{
                    this.printAll(pg);
                }
                finally{
                    pg.dispose();
                }
            }
            pJob.end();
        }
    }
}
```

习　题

1. Java 提供的常用容器组件有哪些?
2. Java 提供的常用布局管理器有哪些? 它们在布局上各有什么特点?
3. Java 图形界面中谁可以充当事件源? 由谁当监听者?
4. 设计实现一个具有图形界面的计算器。
5. 在 JFrame 中加入一个文本框，一个文本区域，每次在文本框中输入文本，回车后将文本添加到文本区域的最后一行。
6. 在 JFrame 中，加入一个面板，在面板上加入一个文本框，一个按钮，使用null布局，设置文本框和按钮的前景色、背景色、字体、显示位置等。

7. 在窗体中建立菜单，"文件"中有"打开"项目，点击后弹出文件对话框，在界面中的文本框中显示打开的文件名。

8. 在JFrame中当键盘压下时显示该键的ASCII值，释放时显示该键的名称。

9. 设计如下图所示窗体，在下方的文本框中输入内容，点击添加按钮，在上面的多行文本框中添加输入的内容。

第 7 章

异常与调试

引言

Java 语言中对于错误处理有三种方式：异常处理、日志处理和断言处理。最常见的方式是异常处理，将异常转给相应的错误处理器进行处理，从而使程序能从错误状态返回，通过异常处理机制提高了程序的健壮性。本章对于 Java 的异常类及异常处理机制进行介绍，以及程序的常见调试方法。

学习目标

1. Java 异常处理机制；
2. 自定义异常；
3. 程序调试的方法。

7.1 Java 异常处理机制

在程序编写的过程中，经常会碰到各种各样的错误，错误可以分为编译错误和运行错误，编译错误主要是在编写程序的过程中存在的语法错误，通常有编译系统负责进行检测，由程序员根据 Java 语言的语法进行修正使程序可以正常编译运行。但没有编译错误的程序不一定是完全正确的程序，因为能运行的程序在运行阶段也可能遇到运行错误，这类错误并非语法的原因，而是执行逻辑存在错误，导致程序运行结果出现错误，严重时会使程序失去响应。为解决此类问题，Java 提供了异常处理机制，这也是 Java 健壮性的体现之一。

7.1.1 异常的定义和实质

简言之，异常往往是应用程序在运行时发生的各种错误。导致异常发生的原因众多，有的是由于用户输入引起，有的是由于运算出错引起，还有的是因硬件问题引起。通常异常包括三种类型：

（1）检查性异常：因为一些异常无法避免，故而需要编译器进行检查，此类异常称为检查性异常，必须使用 try…catch 语句进行处理，如果不处理则编译器将会给以错误提示。例如试图建立数据库连接的代码就需要在编译时进行处理。

（2）运行时异常：在程序运行时才能显现的异常，但此类异常可以由程序开发者避免，例如空指针异常、除零异常、访问数组超界异常。

（3）错误：错误并不是异常，而是程序开发者无法控制的问题。错误同样也不会被编译器所检查。例如栈溢出。

异常其实质上是一个对象，继承自 java.lang.Throwable 类的子类对象，所有的 Throwable 类的子类所产生的对象都是异常，每个异常都代表了一种运行错误。异常类中包含了该运行错误的信息和处理错误的方法等内容。

7.1.2 异常类和异常方法

常见的异常类都在 java.lang 包中，且 java.lang 包对任何类来说都是默认被输入的，所以大部分异常类都可直接使用。

7.1.2.1 常见的非检查性异常与检查性异常（见表 7-1、表 7-2）

表 7-1　Java 非检查性异常类

异常	描述
ArithmeticException	算术异常，即不合理的数学运算
ArrayIndexOutOfBoundsException	访问数组超界异常
ArrayStoreException	存储不合法数据到数组异常
IndexOutOfBoundsException	访问集合元素超界异常
NegativeArraySizeException	创建数量为负值的数组异常
NullPointerException	空指针异常
NumberFormatException	转换数据格式异常
StringIndexOutOfBoundsException	访问字符串超界异常

表 7-2 是 java.lang 包中的检查性异常类。

表 7-2 Java 检查性异常

异常	描述
ClassNotFoundException	无法找到所需加载的类异常
CloneNotSupportedException	Clone 对象时没有实现相应接口异常
IllegalAccessException	访问拒绝访问的类异常
InstantiationException	调用接口或者抽象类的 newInstance 创建对象异常
InterruptedException	现成被中断异常
NoSuchFieldException	访问的属性不存在异常
NoSuchMethodException	访问的方法不存在异常

7.1.2.2 异常方法

来自 Throwable 类的主要方法：

（1）public String getMessage()：给出异常的详细描述信息。

（2）public Throwable getCause()：返回一个 Throwable 对象代表异常原因。

（3）public String to String()：获取字符串描述。

（4）public void printStackTrace()：打印 toString() 结果和栈层次到 System.err。

（5）public StackTraceElement [] getStackTrace()：返回一个包含堆栈层次的数组。

（6）public Throwable fillInStackTrace()：填充 Throwable 对象栈层次。

7.1.3 异常的处理

7.1.3.1 捕获异常

对于异常的捕获和处理需要使用 try 和 catch 语句，try 语句块用来包裹可能出现的异常的代码，而 catch 语句则给出需要捕获的异常类型及对象，并在语句块中做出相应的处理。其语法如下：

```
try{
    // 可能产生异常的程序代码
}catch(ExceptionName e){
    // 处理异常的代码块
}
```

catch 语句中 ExceptionName 为要捕获异常类型的声明，e 为将捕获到的异常对象，当异常发生时，就会检查异常是否为 ExceptionName 类型，如果是则将其保存在 e 中，一般处理异常的代码块得到异常相关信息。如果没有发生异常，程序运行和正常程序效率一样，不需要使用太多的 if 语句进行判断，从而影响程序运行的效率。

【程序 7-1】
```java
import java.io.*;
public class ExcepTest{

    public static void main(String args[]){
        try{
            int intA[] = new int[3];
            System.out.println(intA [3]);
        }catch(ArrayIndexOutOfBoundsException e){
            System.out.println("出现异常: " + e);
        }
    }
}
```
输出结果为：

出现异常：java.lang.ArrayIndexOutOfBoundsException: Index 3 out of bounds for length 3

异常处理不仅可以防范可能方式的错误，巧妙地利用，还可以简化程序代码的编写。下面的例子演示了通过异常处理进行字符串是否由数字组成的简洁判断。

【程序 7-2】
```java
public class IsInt {
    public static final String StdStr="0123456789";
        //judge()是使用常规方法进行字符串的判断，s 为输入的字符串
    public static boolean judge(String s){
        boolean f=true;
        // 判断字符串 s 的每一位是否为数字
        for(int i=0;i<s.length();i++){
            char c=s.charAt(i);
            int t=StdStr.indexOf(c);
            if(t<0){
                f=false;
```

```
                    break;
                }
            }
            return f;
        }
        // 通过异常处理判断字符串是否由数字组成
        public static boolean judge2(String s){
            boolean f=true;
            try{
                Integer.parseInt(s);
            }
            catch(Exception e){
                f=false;
            }
            return f;
        }
        public static void main(String args[]){
            System.out.println(IsInt.judge2("123"));
        }
    }
```

7.1.3.2 多重捕获块

对于同一个 try 代码块，如果可能激发多种异常，则可以在 catch 后跟随多个异常捕获，分别进行处理，这称为多重捕获。例如：

```
try{
    // 程序代码
}catch(ExceptionClass1 e1){
    // 处理代码 1
}catch( 异常 ExceptionClass2 e2){
    // 处理代码 2
}catch(ExceptionClass3 e3){
    // 处理代码 3
}
```

try 程序块中如果发生异常，异常会抛给第一个 catch 块，如果与其异常类型匹配则被捕获，即可进行处理。如果不匹配，则查找下一个 catch 块，如此依次进行。因此在设置异常时,应注意不要把父类的异常放在较靠前的 catch 块中,否则后面的含有子类异常的 catch 块将永远无法捕获异常。

【程序 7-3】演示了输入不正确或除数为零时异常的处理。

```
import java.util.InputMismatchException;
import java.util.Scanner;

public class MultiExceptionTest {
public static void main(String[] args) {
    int a,b;
    float c;
    Scanner s = new Scanner(System.in);
        try {
        a = s.nextInt();
        b = s.nextInt();
        c = a / b;
        System.out.println("a 除以 b 得到 "+c);
        }
        catch(ArithmeticException e) {
           System.out.println(" 除数不能为零！！");
        }
        catch (InputMismatchException e) {
                System.out.println(" 请输入合法的数值 ");
        }
    }
}
```

7.1.3.3 finally 关键字

finally 关键字指定无论异常是否发生都需要执行的代码块。通常在 finally 代码块中主要是执行释放空间、清理数据等操作。例如:

```
try{
    // 程序代码
}catch(ExceptionClass1 e1){
    // 处理代码 1
}catch(ExceptionClass2 e2){
```

```
    //处理代码2
}finally{
    //处理代码3
}
```

7.1.3.4 throws/throw 关键字

当函数中存在抛出检查性异常的操作时该函数的函数声明中必须包含 throws 语句。调用该函数的函数也必须对该异常进行处理，如不进行处理则必须在调用函数上声明 throws 语句。在 JDK 代码中大量的异常属于检查性异常，包括 IOException、SQLException 等。

非检查性异常可以不在函数声明中添加 throws 语句，调用函数上也不需要强制处理。

例如，常见的 NullPointException、ClassCastException 是常见的非检查性异常。非检查性异常可以不使用 try...catch 进行处理，但如果有异常产生，则异常将由 JVM 进行处理。

throw 语句如果写在方法体内则表示抛出异常，即该方法不能处理该异常且异常被抛出由调用该方法的代码块处理。throw 不可独立使用，可以配合 try-catch-finally 使用，或者配合 throws 使用。但 throws 可单独使用，再由其他处理异常的方法捕获。

例如下面的代码段：

```
public void test() throws Exception1 {
        try{
            //......
        }catch(Exception1 e){
            throw e;
        }catch(Exception2 e){
            System.out.println("已处理");
        }
}
```

上述代码中如果产生 Exception1 异常则异常将被捕获，并直接抛出由调用 test 方法的方法去处理。

上述代码中如果产生 Exception2 异常则忽略异常信息，直接输出文本内容。

另外，异常处理还需注意，try、catch、finally 均不能孤立存在，catch 后的 finally 并非强制要求必须出现。

7.1.4 自定义异常

系统定义的异常主要用来处理系统能预见的运行错误，若预计程序可能产生一个特定的异常问题，且该问题无法用系统定义的异常情况来描述，此时需要自行定义一个异常来处理程序可能产生的逻辑错误，并使这种错误能够被系统识别并处理，而不至于产生更大的影响和扩散。

创建自定义异常，一般需要进行以下步骤：

（1）声明一个新的异常类，作为 Exception 类或其他某个已经存在的系统异常类或其他用户异常类的子类。

（2）为新的异常类定义属性和方法，或重载父类的属性和方法，使这些属性和方法能反映所对应的错误信息。

下面的代码演示了一个自定义异常类，当输入数据小于 0 时便引发异常。

【程序 7-4】

```java
import java.util.Scanner;
// 定义自定义异常类 NewException 继承自 Exception
public class NewException extends Exception {
public NewException() {
}
// 异常类的构造方法
public NewException(String str) {
        // 此处传入的是抛出异常后显示的信息提示
        super(str);
    }


public static void main(String[] args) {
    // 输入一个数值
        Scanner scanner = new Scanner(System.in);
        System.out.println("输入：");
        try {
            int num = scanner.nextInt();
            if(num<0){
                throw new NewException("输入数值不能小于0！");
            }
```

```
            System.out.println(num);

    } catch (NewException e) {
            e.printStackTrace();
    }catch (Exception e) {
            e.printStackTrace();
    }
   }
}
```

7.2 调试

程序中难免会出现各种相关问题，对于语法的错误可以根据编译器提供的信息有针对性地进行修改，而对于程序执行中出现的错误，特别是一些逻辑错误，就需要对程序进行相关调试，以 Java 开发者必备的一款常用软件 Eclipse 为例，使用 debug 模式对程序代码进行调试。

7.2.1 设置断点

调试程序首先需要设置断点，让程序执行到断点位置暂时挂起，从而观察当前的程序状态。打开代码文档，双击要插入断点的语句行前面的蓝色区域，这时该行最前面会出现一个蓝色的圆点，也就是断点，如图 7-1 所示。如果想要取消该断点，直接双击断点所在的行号即可。可以类似设置多个断点，还可以设置条件断点，如图 7-2 所示。

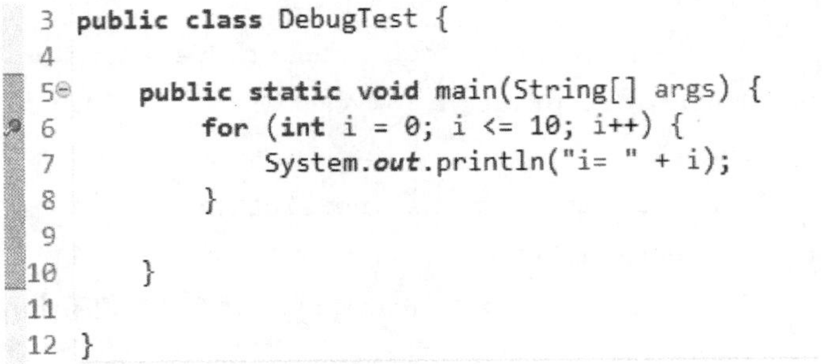

```
 3  public class DebugTest {
 4
 5⊖     public static void main(String[] args) {
 6          for (int i = 0; i <= 10; i++) {
 7              System.out.println("i= " + i);
 8          }
 9
10     }
11
12 }
```

图 7-1 设置断点

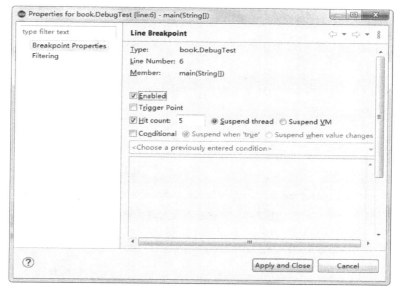

图 7-2 设置条件断点

（1）Hit Count 是指定断点处的代码段运行多少次。
（2）Conditional 是条件判断。
如果 Hit Count 和 Conditional 均被选择，则表达式和值设置不合理便会失效。

7.2.2 进行调试

7.2.2.1 界面

要以调试方式运行程序，需要在工具栏中单击"调试"按钮或者右击显示弹出式菜单并选择调试方式为 Java 应用程序。也可便捷地使用快捷键 F11，当程序执行到断点位置便会弹出如图 7-3 所示的对话框，点击 Switch 后进入调试模式界面。

7.2.2.2 窗口区域

调试模式界面包括五个窗口区域，分别为：
（1）Debug（调试）窗口，显示线程方法调用栈及方法执行到第几行。
（2）Variables（变量）窗口，显示方法的局部变量、非静态的变量等，可以修改变量值。
（3）代码编辑区。
（4）Breakpoints（断点）窗口，可用来新增和删除断点等。

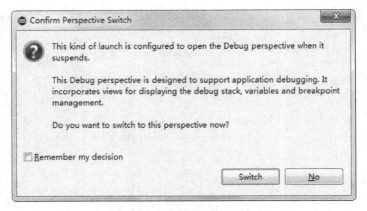

图 7-3 确认是否进入调试模式

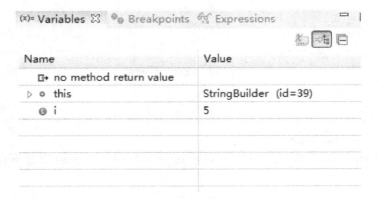

图 7-4 变量区域

（5）Console(控制台)窗口，用于查看打印的日志信息。

7.2.2.3 调试快捷键

以 debug 方式运行 Java 程序后，可以利用快捷键进行调试。

（1）F5. 单步执行程序，遇到方法时步入方法内部；

（2）F6. 单步执行程序，遇到方法时跳过；

（3）F7. 单步执行程序，从当前方法跳出；

（4）F8. 直接执行程序，遇到下一断点时暂停，否则运行完程序。

在调试时，众多信息会展现在调试界面框中，并且鼠标移动到指定变量也可以显示其当前值。调试的时候也可以调出 debug 工具栏通过按钮进行，在 window 菜单选择 show view-debug 可以调出如图 7-5 所示的工具栏。

调试工具栏从左到右的工具按钮依次为：

图 7-5　debug 工具栏

（1）Resume F8，表示继续运行直到遇到下一个断点，即快捷键为 F8。

（2）Suspend 即挂起选择的线程，一般在多程线的代码调试的时候启用，用来查看某一个线程的堆栈帧或变量值。

（3）Terminate 即中断操作，停止调试，停止后 tomcat 也会自动停止，网站不能访问。

（4）Disconnect，当进行远程调试时，中断与远程 JVM 的 socket 连接。

（5）Setp Into F5 即单步调试，如有方法则进入方法内，即快捷键 F5。

（6）Sept Over F6 即单步调试，但遇到方法时，如果方法内无断点则不会进行方法，即快捷键 F6。

（7）Sept Return F7，退出当前调试方法，返回被调用的方法，即快捷键 F7。

7.2.2.4　执行

单击调试工具栏按钮或者直接按 F6 键，程序开始单步执行。这时可以看到 Variables 窗口 i 的值是 0，然后继续执行，控制台区域输出 i=0 的结果。继续执行会发现程序重新回到 for 循环开始的位置，准备开始下一次的执行。此时，i 值变化为 1 且 Variables 窗口中显示 i 值的行变为了黄色，依次执行可以看到每次循环变量的取值，如图 7-6 所示。

图 7-6　调试过程中变量值的改变

继续一直单击 F6 按钮，直到程序执行完毕。在上述的调试过程中，查看程序中变量值的变化，可以更好地理解程序的执行流程，通过对变量值的观测，可以获知代码运行过程的状态是否和实际相符合。尽量不要通过 System.Out.print 语句进行调试。

7.2.2.5 修改变量的值

在某些情况下断点处传过来的变量值可能不正确，则可以通过修改变量值，保证代码能够走向正确的流程；或者有时一个异常分支无法进入，通过调试时修改一下条件，检测一下异常分支代码是否正确。此时可在 Variables 变量窗口中右键点击变量，在弹出的菜单中选择 change value，弹出 Change Primitive Value 对话框界面，在文本框中可以修改变量的值，如图 7-7 所示。

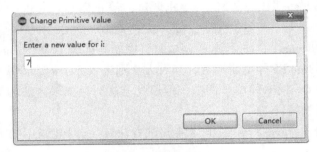

图 7-7　修改变量的值

改变值并点击 OK 按钮后，变量值就变为修改后的值。

7.2.2.6 跳过或清除断点

点击 Breakpoints 窗口，可以看到当前的所有断点，如图 7-8 所示。点击 Skip All Breakpoints，将所有的断点设置为跳过，此时断点上会有斜线表示断点被跳过，线程不会在该断点处被挂起。点击一个叉符号 (Remove Selected Breakpoints) 按钮可以清除选定的断点，点击两个叉的符号 (Remove All Breakpoints) 表示清除所有的断点，通常在断点调试完毕后可以进行清除所有断点的操作。

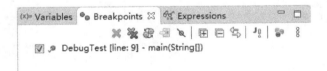

图 7-8　清除断点

7.2.3　调试结束

Debug 调试完成后，需要切换回 Java 视图，有两种切换的方法。

（1）通过 IDE 右上角的两个按钮进行切换，如图 7-9 所示。

图 7-9　Java 视图/调试切换按钮

（2）点击菜单 Window → Perspective → Open Perspective 选择相应的视图，如图 7-10 所示。

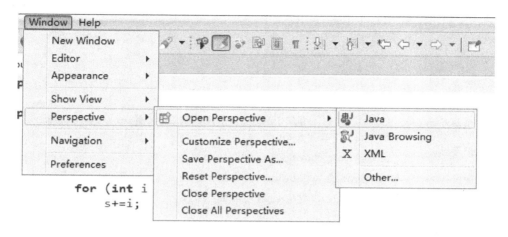

图 7-10　视图的切换

7.2.4　调试实例

下面以一个 GUI 实例程序了解进行调试的流程。在 k 循环语句前添加断点，点击 dubug(小虫)图标进入 debug 调试视图。

【程序 7-5】

```
import java.awt.Graphics;
import java.awt.Point;
import java.awt.event.ActionEvent;
import java.awt.event.ActionListener;
import java.util.ArrayList;
import javax.swing.JButton;
import javax.swing.JFrame;
import javax.swing.JPanel;

public class FenxingJFrame extends JFrame implements ActionListener {
    // 定义两个面板和一个按钮
    JPanel mainJP, panel2;
    JButton button;
    // 利用 ArrayList 集合保存 point
```

```java
        ArrayList<Point> rectAL = new ArrayList<Point>();

    public FenxingJFrame() {
        super("分形");
        mainJP = new JPanel();
        panel2 = new JPanel();
        button = new JButton("绘分形图");
        // 将面板和按钮加入窗体
        add(mainJP, "Center");
        panel2.add(button);
        add(panel2, "South");
        button.addActionListener(this);
        // 初始化坐标点
        int a = 200;
        int xpos = 100;
        int ypos = 100;
        rectAL.add(new Point(xpos, ypos));
        rectAL.add(new Point(xpos + a, ypos));
        rectAL.add(new Point(xpos + a, ypos + a));
        rectAL.add(new Point(xpos, ypos + a));
        rectAL.add(new Point(xpos, ypos));

        setDefaultCloseOperation(EXIT_ON_CLOSE);
        setSize(410, 500);
        setVisible(true);
    }

    public void drawRect() {
        Graphics g = this.mainJP.getGraphics();
        for (int i = 0; i < rectAL.size() - 1; i++) {
            Point a1 = rectAL.get(i);
            Point a2 = rectAL.get(i + 1);
            g.drawLine(a1.x, a1.y, a2.x, a2.y);
        }
```

    }
    // 绘制分形图案
    public void dieDai(int count) {
        // 在本行前面添加断点
        for (int i = 0; i < rectAL.size() - 1; i++) {
            Point a1 = rectAL.get(i);
            Point a2 = rectAL.get(i + 1);
            Point b1 = new Point(a1.x + (a2.x - a1.x) / 3, a1.y + (a2.y - a1.y) / 3);
            Point b2 = new Point(a1.x + (a2.x - a1.x) * 2 / 3, a1.y + (a2.y - a1.y) * 2 / 3);
            double alpha = Math.atan2(a1.y - a2.y, a2.x - a1.x);
            double L = Math.sqrt(2) / 3 * Math.sqrt((a1.x - a2.x) * (a1.x - a2.x) + (a1.y - a2.y) * (a1.y - a2.y));
            Point b3 = new Point();
            b3.x = (int) (a1.x + Math.cos(alpha + Math.PI / 4) * L);
            b3.y = (int) (a1.y - Math.sin(alpha + Math.PI / 4) * L);
            Point b4 = new Point();
            L = Math.sqrt(5) / 3 * Math.sqrt((a1.x - a2.x) * (a1.x - a2.x) + (a1.y - a2.y) * (a1.y - a2.y));
            b4.x = (int) (a1.x + Math.cos(alpha + Math.atan2(1, 2)) * L);
            b4.y = (int) (a1.y - Math.sin(alpha + Math.atan2(1, 2)) * L);
            this.rectAL.add(i + 1, b2);
            this.rectAL.add(i + 1, b4);
            this.rectAL.add(i + 1, b3);
            this.rectAL.add(i + 1, b1);
            i = i + 4;
        }
    }
    }
    // 点击按钮事件处理方法
    public void actionPerformed(ActionEvent e) {

```
        dieDai(2);
        drawRect();
    }
    public static void main(String[] args) {
        new FenxingJFrame();
    }
```

调试如图 7-11 所示，连续点击 F6 键，在 Variables 变量窗口观察函数内所定义的相关变量及循环变量的取值，直至显示分形图案，如图 7-12 所示。

图 7-11　程序调试

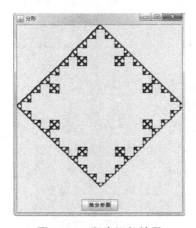

图 7-12　程序运行结果

习 题

1. 简述 Java 异常处理机制？
2. 异常与错误有什么不同？
3. throw 关键字和 throws 关键字有什么区别？
4. finally 代码的作用？
5. 练习使用 IDE 工具进行代码调试。

第 8 章

多线程与文件流

引言

Java 语言支持多线程开发技术，可以实现许多在单任务环境下不易实现的功能。多线程可以提高计算机资源的利用率，减少程序运行用户的等待事件。文件是计算机中程序、数据的永久存在形式，对文件数据的输入输出操作是信息系统最基本的要求。

学习目标

1. 线程的生命周期；
2. 多线程的创建与同步；
3. 文本文件的输入输出；
4. 二进制文件的输入输出。

8.1 多线程

多线程在实际应用中非常普遍，例如程序在绘图的同时可以播放音乐，浏览器可以同时打开多个页面，使用迅雷多线程下载明显提升下载速度。Java 语言提供了多线程实现并发处理。在单个程序进程中同时运行多个线程执行不同的操作，称为多线程。

8.1.1 线程简介

线程，是程序执行流的最小单元。有时被称为轻量级进程 (Light Weight Process，LWP)，线程依赖于进程而存在，而进程可以包含一个或多个线程。一个标准的线程由线程 ID、当前指令指针、寄存器集合 (寄存器是中央处理器内的组成部分，寄存器是有限存贮容量的高速存贮部件，它们可用来暂存指令、数据和地址）和堆栈组成。

线程是进程中能够被独立调度和指派的基本单位，线程只拥有部分运行中必不可少的系统资源，多个线程则共享进程的所有资源、并发执行。线程能够创建和撤销另一个线程，且由于资源共享所引起的相互制约，故而线程运行会出现一定的间断性，从而形成了就绪、阻塞和运行三种基本状态。其中，就绪是线程具有运行条件，正等待处理机的分配；运行是指线程正在运行；阻塞是线程在等待事件信号量，逻辑上并不能执行。

每个程序都至少包含一个进程，而进程至少有一个线程，即主线程，它可以产生其他线程。当 Java 程序运行时，main 方法代表的主线程便立刻运行。恰当地使用线程，可以降低开发和维护的开销，并且能够提高复杂应用的性能，改进应用程序响应速度。使用线程有以下优点：

（1）方便调度和通信。与进程相比，多线程是一种精小的多任务操作方式。

（2）改进应用程序响应。当某个程序过程的运行占据较多时间时，处理器被占用而无法响应键盘、鼠标、菜单的事件处理，但借助多线程可以将耗时操作放置于线程内，使得该操作和事件响应同时进行。

（3）提高系统效率。通过多个线程可以并行化地执行多个操作，提供系统的执行效率，例如多线程下载文件的速率明显高于仅仅通过进程来下载。

（4）改善程序结构。对于过于复杂的进程服务，可以将其分解为多个线程，互相独立运行，从而形成结构良好的程序体系，有便于程序的阅读和完善。

8.1.2 线程的创建方法

在 Java 语言中，可采用三种方式产生线程：

（1）通过创建 Thread 类的子类来构造线程。Java 定义了一个直接从根类 Object 中派生的 Thread 类。所有从这个类派生的子类或间接子类，均为线程。

（2）通过实现一个 Runnable 接口的类来构造线程。

（3）通过实现一个 Callable 接口的类来创建线程。

8.1.2.1 Thread 类

java.lag.Thread 类封装了实现线程的各种特性，它提供了一个线程应用接口和所有的关于线程的一般行为和状态。

（1）Thread 类的常用方法：

1）public void start()：执行线程并自动调用 run 方法。

2）public void run()：线程开始运行时自动被调用的方法。

3）public final void setName(String name)：设置线程名称。

4）public final void setPriority(int priority)：设置优先级。

5）public final void setDaemon(boolean on)：设置为守护线程。

6）public final void join(long millisec)：等待终止的最长时间。

7）public void interrupt()：中断线程。

8）public final boolean isAlive()：判断是否处于激活状态。

（2）Thread 类的静态方法：

1）public static void yield()：暂停当前线程。

2）public static void sleep(long millisec)：要求线程休眠一定时间。

3）public static boolean holdsLock(Object x)：判断线程在指定对象上是否有监视器锁。

4）public static Thread currentThread()：获取正在执行的线程对象。

5）public static void dumpStack()：打印堆栈跟踪信息。

（3）线程的创建。可以通过继承 Thread 类，建立一个 Thread 类的子类并重载其 run() 方法来构造线程。

步骤如下：

1）继承并创建出 Thread 类的子类；

2）在子类重写 run() 方法，给出线程运行时所要执行的操作；

3）用关键字 new 和子类的构造函数创建线程；

4）调用 start() 方法执行线程。

下面的示例启动了两个线程，交互输出 10 个数。

【程序 8-1】

```
public class ThreadTest extends Thread {
public static void main(String[] args) {
      MyThread mt1 = new MyThread("thread a");
      MyThread mt2 = new MyThread("thread b");
      mt1.start();
      mt2.start();
      }
}
class MyThread extends Thread {
private String name;
public MyThread(String name) {
    this.name = name;
}
public void run() {
```

```
            for (int i = 0; i < 10; i++) {
                    System.out.println("thread running:" + this.
name + ",i=" + i);
            }
        }
}
```

输出结果为：

```
thread running: thread a,i=0
thread running: thread b,i=0
thread running: thread a,i=1
thread running: thread b,i=1
thread running: thread a,i=2
thread running: thread a,i=3
thread running: thread a,i=4
thread running: thread b,i=2
thread running: thread a,i=5
thread running: thread b,i=3
thread running: thread a,i=6
thread running: thread b,i=4
thread running: thread a,i=7
thread running: thread b,i=5
thread running: thread a,i=8
thread running: thread a,i=9
thread running: thread b,i=6
thread running: thread b,i=7
thread running: thread b,i=8
thread running: thread b,i=9
```

由于 CPU 分配的随机性，以上运行结果不唯一。

8.1.2.2　Runnable 接口

由 Thread 类的完整定义 public class Thread extends Object implements Runnable 可见，Thread 类其实上本身也实现了 Runnable 接口。Runnable 接口中只定义了 run() 方法，实现 Runnable 接口的类就可以作为多线程进行处理。而 Thread 类的构造方法 Thread(Runnable target) 则可以传入一个实现 Runnable 接口类的对象，这样便可以通过 Thread 的 start() 方法调用 run() 方法运行线程。

一个类实现 Runnable 接口后，并不代表该类是一个"线程"类，不能直接运行，必须通过 Thread 实例才能创建并运行线程。通过 Runnable 接口创建线程的步骤如下：

（1）定义实现 Runnable 接口的类，并实现该类中的 run() 方法。
（2）建立 Thread 对象，在构造时传入实现 Runnable 接口的类的对象。
（3）调用 Thread 类的 start() 方法启动线程。

注意：直接调用 Thread 类或 Runnable 类对象的 run() 方法是无法启动线程的，这只是一个简单的方法，调用必须通过 Thread 方法中的 start() 才行。

若将程序【8-1】中的代码 mt1.start(); mt2.start();两句修改为 Thread1.run(); mt2.run();输出结果变成了先输出 a 线程的 10 个数，然后再输出 b 线程的 10 个数，并没有达到并行输出的效果。这是因为 run() 方法只是普通方法，直接调用它并不会启动线程。而 start 方法则是实际用来启动线程的方法，实际上 start() 方法执行后线程便处于就绪状态，但没有直接运行，当其得到处理器的时间片才开始执行 run() 方法，run 方法运行结束则线程终止。

下面的代码演示了使用 Runnable 接口实现上例的多线程处理。

【程序 8-2】
```java
public class RunnableDemo {
public static void main(String[] args) {
    Thread t1, t2;
    t1 = new Thread(new MyRunnable("Thread a "));
    t2 = new Thread(new MyRunnable("Thread b "));
    t1.start();
    t2.start();
    }
}
class MyRunnable implements Runnable {
private String title;
public MyRunnable(String title) {
   this.title = title;
}
public void run() {
    for (int i = 0; i < 10; i++) {
        System.out.println("Thread start:" + this.title + ",i=" + i);
```

            }
        }
    }

8.1.2.3 Callable 接口和 Future 创建线程

Callable 接口属于 Executor 框架并与 Runnable 接口的功能类似，但功能更加强大：Callable 一则在线程程序结束时给出一个返回值，二则其 call 方法可以抛出异常。借助 Callable 接口来创建线程步骤如下：

（1）定义 Callable 接口实现类，并重写 call() 方法。
（2）建立 Callable 实现类的对象，并用 FutureTask 类来包装该对象。
（3）将 FutureTask 对象设置为 Thread 对象的 target，启动新线程。
（4）使用 FutureTask 对象的 get() 方法来获得线程执行后的返回值。
下面的代码演示了使用 Callable 接口实现多线程处理。

【程序 8-3】

```java
import java.util.concurrent.Callable;
import java.util.concurrent.ExecutionException;
import java.util.concurrent.FutureTask;

public class ThreadTest implements Callable<Integer> {
    public static void main(String[] args) {
        ThreadTest tt = new ThreadTest();
        FutureTask<Integer> ft = new FutureTask<>(tt);
        for(int i = 0;i < 10;i++){
            System.out.println(Thread.currentThread().getName()+" i="+i);
            if(i==5) {
                new Thread(ft,"return").start();
            }
        }
        try{
            System.out.println("return data: "+ft.get());
        } catch (InterruptedException e){
            e.printStackTrace();
        } catch (ExecutionException e){
            e.printStackTrace();
```

```
            }
        }
        public Integer call() throws Exception{
                int i = 0;
                for(;i<10;i++){
                        System.out.println(Thread.currentThread().getName()+" "+i);
                }
                return i;
        }
    }
```

8.1.2.4 使用 Thread 类和接口创建方式的区别

（1）使用 Thread 类和接口方式都可以实现多线程，通过继承 Thread 类实现多线程更为简单，访问当前线程则只需通过 this 引用即可。但这种方式有一定的局限性，当自定的线程类继承了其他父类就无法再继承 Thread 类。

（2）在程序开发中多线程实现接口相比继承 Thread 类有如下好处：首先，避免单重继承的局限，一个类可以继承多个接口；其次，适合于资源的共享。

8.1.3 线程的生命周期

线程的执行过程是一个多个状态交替的动态执行过程，它包含了新建、就绪、阻塞等多个状态。图 8-1 显示了一个线程完整的生命周期。

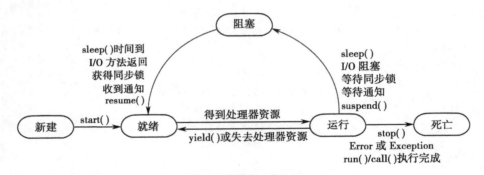

图 8-1 线程生命周期

线程被创建并启动后，并不直接进入执行状态，而是在整个执行过程可能会经过新建、就绪、运行、阻塞和死亡等五种状态，特别是线程在切换执行时，就会在运行状态和阻塞状态之间多次切换。

（1）新建状态：当通过 new 构建了线程后，则线程处于新建状态，此时线程已经占据了内存并初始化了属性，等待 start() 方法调用其启动。

（2）就绪状态：执行 start() 方法后线程进入就绪状态，此时只要线程获得处理器时间片，便进入运行状态。

（3）运行状态：此时线程在 CPU 中执行，执行时可能由于各种因素影响而变为阻塞状态、就绪状态或死亡状态。

（4）阻塞状态：当线程进入休眠或失去所占用资源便进入阻塞状态，若睡眠终止或再次获得资源后可再一次进入就绪状态。阻塞状态包含三种情况：

1）等待阻塞：调用执行 wait() 方法强行让线程进入阻塞状态。
2）同步阻塞：获取 synchronized 同步锁失败则进入阻塞状态。
3）其他阻塞：调用 sleep() 或 join() 发出了 I/O 请求时进入阻塞状态。

（5）死亡状态：run() 方法完成执行后进入死亡状态。另外，调用 interrupt() 或 stop() 方法可以直接进入死亡状态。

8.1.4　线程的操作方法

线程的常用方法主要有 start()、run()、sleep() 等。下面为各方法的解释。

（1）start()：启动线程的执行。
（2）run()：描述线程的工作任务。
（3）sleep(int millsecond): 按照 millsecond 给定的毫秒数休眠一段时间。
（4）isAlive()：判断线程的 run() 方法是否正在执行。
（5）currentThread()：获得当前正在占用处理器资源的线程。
（6）interrupt()：使得休眠线程激发 InterruptedException 异常并终止休眠，重新排队等待处理器资源。

下面的程序演示了使用线程的 sleep 方法以动画形式输出图形，程序包括两个线程：一个线程显示一个不断运动的字符串，另一个线程显示一个运动的 sin 曲线。

【程序 8-4】

```java
import java.awt.Color;
import java.awt.Graphics;
import java.awt.Graphics2D;
import javax.swing.JFrame;
import javax.swing.JPanel;

public class DrawSinThread extends JFrame implements Runnable {
```

```java
//x,y 为绘制的起始点
int x, y;
//dx 代表 sin 曲线运动速度，wx 代表字符串运动速度
int dx, wx;
// 定义两个线程
Thread sin, dword;

// 构造函数;
public DrawSinThread() {
    setDefaultCloseOperation(EXIT_ON_CLOSE);
    x = 50;
    y = 150;
    dx = 0;
    wx = 0;
    setSize(500, 300);
    setVisible(true);
    // 创建两个线程
    sin = new Thread(this, "ta");
    dword = new Thread(this, "tb");
    // 启动线程
    sin.start();
    dword.start();
}
public void paint(Graphics g) {
    // super.paint(g);
    // 将 g 强制转换为 Graphics2D 类型
    Graphics2D g2d = (Graphics2D) g;
    // 清除屏幕
    g.clearRect(0, 0, 500, 300);
    g2d.setColor(Color.red);
    // 调用两个方法分别绘制 sin 曲线和字符串
    drawSin(g2d);
    drawWord(g2d);
}
```

```java
//绘制 sin 曲线的方法
public void drawSin(Graphics2D g) {
    //x1、y1 和 x2、y2 分别代表曲线上一小段的起点和终点
    int x1 = x;
    int y1 = y - (int) (Math.sin(dx * Math.PI / 180) * 100);

    int x2, y2;
    for (int i = dx; i < 360 + dx; i++) {
        x2 = 50 + i - dx;
        y2 = 150 - (int) (Math.sin(i * Math.PI / 180) * 100);
        g.drawLine(x1, y1, x2, y2);
        x1 = x2;
        y1 = y2;
    }
}
//输出字符串的方法
public void drawWord(Graphics2D g) {
    g.drawString("Hello", wx, 50);
}
//重写 run 方法
public void run() {
    boolean flag = true;
    while (true) {
        try {
            dx -= 1;
            dx = dx % 360;
            if (flag) {
                wx += 1;
                if (wx == 470)
                    flag = false;
            }
            if (flag == false) {
```

```
                            wx -= 1;
                            if (wx <= 0)
                                flag = true;
                        }
                        // 线程休眠 20 毫秒
                        sin.sleep(20);
                        repaint();
                    } catch (InterruptedException e) {
                    }
                }
            }
            public static void main(String[] args) {
                new DrawSinThread();
            }
        }
```

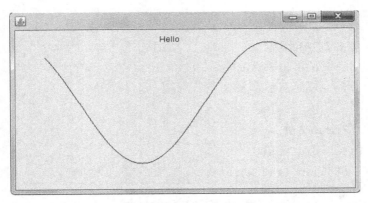

图 8-2　使用线程的 sleep 方法绘制运动的图形

8.1.5　线程的优先级

线程优先级用来设定线程优先执行的顺序。一般而言，优先级高的线程比优先级低的线程更容易获得处理器时间片，同级别优先级线程理论上有同等的权利获得处理器时间片，但实际上会受到多个因素的制约，以保证所有线程在无优先级的操作系统下都有一定的运行机会。

（1）Java 中的线程优先级是在 Thread 类中定义的常量：

1）NORM_PRIORITY：标准优先级，其值为 5，并且为默认的优先级。

2）MAX_PRIORITY：最大优先级，其值为 10。

3）MIN_PRIORITY：最小优先级，其值为 1。

默认 main 方法也就是主线程的级别是 5，如果小于 1 或大于 10，则抛出异常 throw new IllegalArgumentException()。

（2）优先级相关方法有两个：

1）final void setPriority(int newPriority)：指定线程的优先级为 newPriority。

2）final int getPriority()：获取当前线程的优先级值。

注意：当某一时刻有多个就绪线程时，优先级并不能确定某个线程能否占用 CPU。优先级确定的仅是宏观上的概率和可能性。

【程序 8-5】演示了线程的优先级。

【程序 8-5】

```
class MyThread implements Runnable
{
    public void run() {
        System.out.println(Thread.currentThread().getName());
    }
}
public class Test {
    public static void main(String args[]) {
        Thread t1 = new Thread(new MyThread(), "thread a");
        Thread t2 = new Thread(new MyThread(), " thread b");
        Thread t3 = new Thread(new MyThread(), " thread c");
        t1.setPriority(Thread.MAX_PRIORITY);
        t2.setPriority(Thread.NORM_PRIORITY);
        t3.setPriority(Thread.MIN_PRIORITY);
        t1.start();
        t2.start();
        t3.start();
    }
}
```

8.1.6 线程的同步

线程的同步形成一种安全机制，以便于支持多个线程访问竞争资源。现实生活中，如银行取钱问题、火车票多个窗口售票问题等，通常会涉及并发问题，从而需要用到多线程技术。当进程中有多个并发线程进入一个重要数据的代码块时，在修改数据的过程中，很有可能引发线程安全问题，从而造成数据异常。例如，正常逻辑下，同一个编号的火车票只能售出一次，却由于线程安全问题而被多次售出，从而引起实际业务异常。

在多个线程应用中有时多个线程会共享访问同一个存储空间，偶尔会导致资源访问冲突。例如，在文件操作时，如果一个线程需要读取数据，同时另一个线程试图修改数据，这势必会导致数据操作的冲突，因此需要在读取文件时确保文件不能被修改，而修改文件时也确保不能被读取，保证共享资源在一个时刻只能被一个线程访问，即实现线程同步。下面以售票过程演示多线程访问共享数据资源的情况。

【程序 8-6】

```java
public class SellingTicket implements Runnable {
    static int tickets = 10;
    public void run() {
        while (tickets > 0) {
            System.out.println(Thread.currentThread().getName() + " sales ticket " + tickets);
            tickets--;
            try {
                Thread.sleep(120);
            } catch (InterruptedException e) {
                e.printStackTrace();
            }
            if (tickets <= 0) {
                System.out.println(Thread.currentThread().getName() + " sold out");
            }
        }
    }
    public static void main(String[] args) {
        SellingTicket sell = new SellingTicket();
        Thread t1 = new Thread(sell, "Office No.1");
        Thread t2 = new Thread(sell, "Office No.2");
```

```
        Thread t3 = new Thread(sell, " Office No.3");
        t1.start();
        t2.start();
        t3.start();
    }
}
```

输出结果为:

```
Office No.1 sales ticket 10
Office No.2 sales ticket 9
Office No.3 sales ticket 8
Office No.1 sales ticket 7
Office No.2 sales ticket 7
Office No.3 sales ticket 5
Office No.2 sales ticket 4
Office No.3 sales ticket 4
Office No.1 sales ticket 4
Office No.2 sales ticket 1
Office No.1 sold out
Office No.3 sold out
Office No.2 sold out
```

上述运行结果中,第 4 张票被售出多次,显然不符合实际。由于多线程调度中的不确定性,上述代码每次运行时可能会取得不同的运行结果。

为了解决上述问题,使用比较普遍的有三种同步方式。

8.1.6.1 同步代码块

使用 synchronized 关键字修饰的语句块即为同步代码块,其会被 JVM 自动加上内置锁以实现同步。

将【程序 8-6】中方法修改为:

```
while(tickets>0){
  synchronized(this){// 同步代码块
  if(tickets<=0){
    break;
  }
}
  }
```

输出结果为：

```
1Office No. sales ticket 10
1Office No. sales ticket 9
1Office No. sales ticket 8
1Office No. sales ticket 7
3Office No. sales ticket 6
3Office No. sales ticket 5
2Office No. sales ticket 4
2Office No. sales ticket 3
2Office No. sales ticket 2
3Office No. sales ticket 1
3Office No. sold out
```

8.1.6.2 同步方法

同步方法即用 synchronized 关键字修饰的方法。由于 Java 的每个对象都有一个内置锁，当用此关键字修饰方法时，内置锁会保护整个方法。在调用该方法前，需要获得内置锁，否则就处于阻塞状态。执行时，线程将按顺序调用同步方法，在任何线程未完成同步方法的执行前，其他线程无法调用该方法。同步方法定义方式为：

```
synchronized  void method() {
……
}
```

下面使用同步方法进行线程的同步：

【程序 8-7】

```
public class SellingTicket implements Runnable {
static int tickets = 10;
public void run() {
    while (tickets > 0) {
        synMethod();
        try {
            Thread.sleep(120);
        } catch (InterruptedException e) {
            e.printStackTrace();
        }
    }
}
```

```
            if (tickets <= 0) {
                System.out.println(Thread.currentThread().getName() + " sold out");
            }
        }
        synchronized void synMethod() {
          synchronized (this) {
            if (tickets <= 0) {
              return;
            }
            System.out.println(Thread.currentThread().getName()+ " sales ticket " + tickets);
            tickets--;
          }
        }
        public static void main(String[] args) {
            SellingTicket sell = new SellingTicket();
            Thread t1 = new Thread(sell, "Office No.1");
            Thread t2 = new Thread(sell, "Office No.2");
            Thread t3 = new Thread(sell, "Office No.3");
            t1.start();
            t2.start();
            t3.start();
        }
    }
```

输出结果为:
```
Office No.1 sales ticket 10
Office No.3 sales ticket 9
Office No.2 sales ticket 8
Office No.3 sales ticket 7
Office No.2 sales ticket 6
Office No.1 sales ticket 5
Office No.3 sales ticket 4
Office No.2 sales ticket 3
```

```
Office No.1 sales ticket 2
Office No.3 sales ticket 1
Office No.2 sold out
Office No.1 sold out
Office No.3 sold out
```

8.1.6.3 使用 Lock 锁机制

另外，Java 还通过 java.util.concurrent 包中的 ReentrantLock 等一系列类支持同步。ReentrantLock 类实现了 Lock 接口，其使用 synchronized 方法并扩展了其能力。ReenreantLock 类通过创建 Lock 对象，采用 lock() 加锁，采用 unlock() 解锁，实现指定代码块的保护。

【程序 8-8】

```java
import java.util.concurrent.locks.Lock;
import java.util.concurrent.locks.ReentrantLock;

public class SellingTicket implements Runnable {
    static int tickets = 10;
    Lock lock = new ReentrantLock();
    public void run() {
        while (tickets > 0) {
            try {
                lock.lock();
                if (tickets <= 0) {
                    break;
                }
                System.out.println(Thread.currentThread().getName()+ " sales ticket " + tickets);
                tickets--;
            } finally {
                lock.unlock();
                try {
                    Thread.sleep(120);
                } catch (InterruptedException e) {
                    e.printStackTrace();
                }
            }
```

```
            }
        }
        if (tickets <= 0) {
                System.out.println(Thread.currentThread().getName()
+ " sold out");
        }
    }
    public static void main(String[] args) {
        SellingTicket sell = new SellingTicket();
        Thread t1 = new Thread(sell, "Office No.1");
        Thread t2 = new Thread(sell, "Office No.2");
        Thread t3 = new Thread(sell, "Office No.3");
        t1.start();
        t2.start();
        t3.start();
    }
}
```

此外，也可以利用 volatile 关键字实现同步，在【程序 8-8】修改变量 tickets 的定义为：static volatile int tickets = 10；其他代码不用修改就可实现同步。被 volatile 修饰变量等价于告知虚拟机该变量有可能出现竞争访问，因而每次访问该变量需要重新获取，而不是读取寄存器中存储的值。

由于同步一般耗费较大资源，故而应尽量撰写较少的同步代码，以避免资源的无端浪费。在并发量较小时，建议采用 synchronized，而在并发量较高时，建议采用 ReentrantLock。这是因为，ReentrantLock 由代码实现，系统无法自动释放锁，如果需要释放则一般在 finally 语句块中调用 lock.unlock() 来显示释放锁。

8.1.7 线程间的通信

synchronized 修饰的方法实现了多个线程对共享资源的互斥访问，但当线程执行有顺序关系时，则必须进行线程间通信，以相互协调共同完成同一项任务。使用 synchronized 修饰代码块时，wait()、notify()、nitifyAll() 等方法可以一起使用，以实现线程的通信。其中，wait() 方法释放占有的对象锁，将当前的线程放进等待池，解除其对处理器的调用，此时，其他处于等待状态的任一线程可抢占锁，并在获得锁之后运行线程；sleep() 方法使得当前线程会休眠一定的毫秒数,在休眠期间释放处理器的占用,但并不释放对象锁,此时,其他线程无法同步代码内部,休眠结束后线程重新获得处理器时间片,执行同步代码; notify() 方法唤醒因 wait() 方法而处于等待状态的线程,这时该线程并不立即释放锁并继续执行当前代码直到 synchronized 中的代码全部执行完毕,才释放对象锁; notifyAll() 为唤醒所有等待的线程的方法,优先级最高的线程优先执行,但也会因其他因素影响而随机执行。

注意:wait() 和 notify() 必须在 synchronized 代码块中调用。

下面的程序演示了两个线程间的通信,实现两个线程按照指定方式有序交叉运行,创建两个线程分别输出 1~3 三个数字,当 A 线程输出 1 后,再让 B 线程输出 1, 2, 3, 最后再回到 A 线程继续输出 2, 3。这里,可以利用 object.wait() 和 object.notify() 两个方法来实现。

【程序 8-9】

```java
public class ShareThread {
public static void main(String[] args) {
   Object lock = new Object();
   // 创建A线程
   Thread thread1 = new Thread(new Runnable() {
            public void run() {
                synchronized (lock) {
                    System.out.println("A 1");
                    try {
                        // 设置A线程等待
                        lock.wait();
                    } catch (InterruptedException e) {
                        e.printStackTrace();
                    }
                    System.out.println("A 2");
                    System.out.println("A 3");
                }
            }
   });
   // 创建B线程
   Thread thread2 = new Thread(new Runnable() {
        public void run() {
```

```
                    synchronized (lock) {
                        System.out.println("B 1");
                        System.out.println("B 2");
                        System.out.println("B 3");
                        // 唤醒A线程
                        lock.notify();
                    }
                }
            });
            thread1.start();
            thread2.start();
        }
    }
```

输出结果为:

A 1
B 1
B 2
B 3
A 2
A 3

8.1.8 线程应用实例

利用线程模拟一个小球在界面内斜向运动，遇到边界会进行反弹。

【程序 8-10】

```
import java.awt.FlowLayout;
import java.awt.event.ActionEvent;
import java.awt.event.ActionListener;
import java.util.logging.Level;
import java.util.logging.Logger;
import javax.swing.JButton;
import javax.swing.JFrame;
import javax.swing.JLabel;


public class BallJFrame extends JFrame implements    Action
```

```java
Listener {
    // 定义小球尺寸和运动的步长
    int xstep = 5;
    int ystep = 5;
    int ballsize = 50;

    JButton button;
    JLabel ball;

    public BallJFrame() {
        super("运动的小球");
        ball = new JLabel();
        ball.setFont(new java.awt.Font("宋体", 0, 36));
        // 用文本标签代表小球
        ball.setText("●");
        button = new JButton("开始");
        setLayout(new FlowLayout());
        add(button);
        add(ball);
        button.addActionListener(this);
        setDefaultCloseOperation(EXIT_ON_CLOSE);
        setSize(500, 400);
        setVisible(true);

    }
    // 在按钮的事件处理方法中启动线程
    public void actionPerformed(ActionEvent e) {
        MyThread mt = new MyThread();
        mt.start();
    }
    // 定义线程的休眠状态，用于改变运动的速度
    private void sleep() {
        try {
            Thread.sleep(1000);
```

```java
        } catch (InterruptedException ex) {
            Logger.getLogger(BallJFrame.class.getName()).log(Level.SEVERE, null, ex);
        }
    }
    // 定义线程继承自 Thread
    class MyThread extends Thread {
        public void run() {
            while (true) {
                try {
                    // 调用 sleep 方法，参数 100 代表毫秒，可以修改以改变运动速度
                    sleep(100);
                    int x = ball.getX() + xstep;
                    int y = ball.getY() + ystep;
                    if (x >= getWidth() - ballsize)
                        xstep = -xstep;
                    if (x <= 0)
                        xstep = -xstep;
                    if (y >= getHeight() - ballsize)
                        ystep = -ystep;
                    if (y <= 0)
                        ystep = -ystep;
                    // 设置小球新的坐标位置
                    ball.setLocation(x, y);
                } catch (Exception e) {
                }
            }
        }
    }
    public static void main(String[] args) {
        new BallJFrame();
    }
}
```

运行结果如图 8-3 所示。

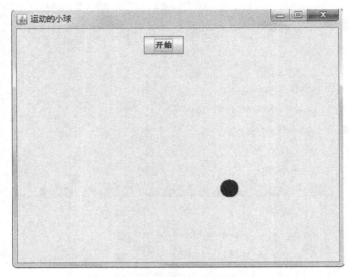

图 8-3 利用线程进行运动操作

8.2 文件操作

文件的操作是各种语言中的重要内容,程序运行时的数据暂时存储在内存中,存储在文件内部的数据与存储在内存中的数据不同,其将数据写入磁盘,更为持久,而内存中数据在程序退出后将消失。为了实现文件的读写,必须形成一系列类库以支持文件的操纵,进而形成了文件的操作相关类。

8.2.1 文件操作相关类

文件的操作相关类存储于 Java.io 包中并支持多种文件格式,另外还通过数据流、基本类型、对象、本地化字符集等提升文件的操作能力。值得注意的是,Java 语言具有平台无关性,不允许程序直接访问 I/O 设备,其对包括文件在内的各种设备的 I/O 操作是以流的形式实现的。

图 8-4 是 Java 的 I/O 类层次图。

通过数据流,程序可以从各种输入设备读取数据,也可以向各种输出设备写入数据。Java 将不同类型的输入、输出源抽象为流,表示字符数据或字节数据的序列,分别称之为字符流或字节流。数据读写都必须按照流顺序依次完

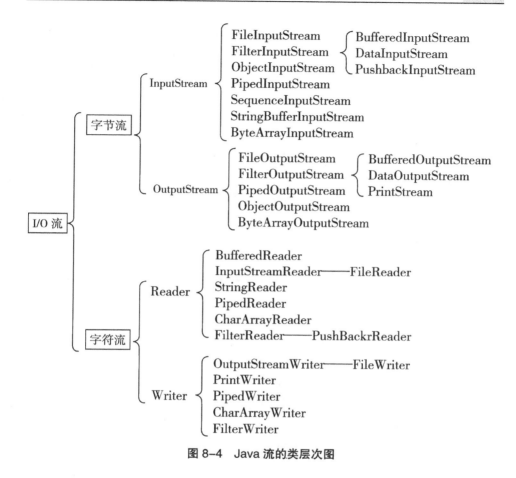

图 8-4　Java 流的类层次图

成，也就是说，流是线型和顺序的。流序列中的数据可以是未经加工的原始以 010101101010 的二进制数，或者特定编码的数据内容。由于数据的性质和格式的不同、流入流出的方向不同，流的属性和处理方法也不同，在 Java 的输入输出类库中，有各种不同的流分别对应不同性质的输入输出处理。

8.2.2　File 类

File 类中提供操作系统中文件和文件夹管理的主要功能，是预先准备进行文件读写的基础类。

8.2.2.1　File 类构造方法

（1）new File(String pathname)：根据文件路径创建文件对象。

（2）new File(String parent, String child)：根据 parent+child 路径创建文件独享。

(3) new File(File parent, String child)：根据 parent.getPath()+child 路径创建文件对象。

8.2.2.2 File 类中常用的方法

(1) 创建相关方法。

boolean createNewFile()：建立一个文件。

boolean mkdir()：建立一个目录或文件夹。

boolean mkdirs()：建立一个目录或文件夹，如果其上层文件夹不存在，则一并创建。

boolean renameTo(File dest)：重名文件或文件夹。

(2) 删除相关方法。

boolean delete()：删除文件或文件夹，如果删除文件夹则要求文件夹内容为空。

void deleteOnExit()：虚拟机终止时删除抽象路径名表示的文件或目录。

(3) 判断相关方法。

boolean exists()：判断文件或目录是否存在。

boolean isFile()：判断是否为文件。

boolean isDirectory()：判断是否为目录。

boolean isHidden()：判断文件或目录是否隐藏。

boolean isAbsolute()：判断路径是否为绝对路径。

(4) 获取相关方法。

String getName()：读取文件的名称。

String getPath()：读取文件的绝对路径。

String getAbsolutePath()：获得文件绝对路径，并不要求文件必须存在。

long length()：获得文件的大小。

String getParent()：获得路径的父路径。

long lastModified()：获得文件被修改的最新时间。

(5) 文件夹相关方法。

staic File[] listRoots()：罗列所有根目录。

String[] list()：返回给定目录下的文件及目录。

File[] list(FilenameFilter filter)：按照过滤条件，返回给定目录下的文件及目录。

File[] listFiles()：返回给定目录下的文件及目录的 File 对象。

File[] listFiles(FilenameFilter filter)：按照过滤条件，返回给定目录下的文件及目录的 File 对象。

下面的程序演示了 File 类的常见操作。

【程序 8-11】

```java
import java.io.File;
public class FileDemo {
    public static void main(String[] args) {
        File f1 = new File("d:\\abc");
        File f2 = new File("d:\\abc\\a.txt");
        File f3 = new File("d:\\abc\\b.txt");
        File f4 = new File("d:\\abc\\c.txt");
        try{
            f1.mkdir();
            f2.createNewFile();
            f3.createNewFile();
        }catch(Exception e){
            e.printStackTrace();
        }
        System.out.println(f4.exists());
        System.out.println(f2.getAbsolutePath());
        System.out.println(f3.getName());
        System.out.println(f2.getParent());
        System.out.println(f1.isDirectory());
        System.out.println(f1.isFile());
        System.out.println(f2.length());
        String[] s = f1.list();
        for(int i = 0;i < s.length;i++){
          System.out.println(s[i]);
         }
        File[] f5 = f1.listFiles();
        for(int i = 0;i < f5.length;i++){
            System.out.println(f5[i]);
        }
        File f6 = new File("d:\\abc\\abc.txt");
        boolean b2 = f3.renameTo(f6);
        System.out.println(b2);
```

```
            f6.setReadOnly();
    }
}
```

输出结果为：

```
false
d:\abc\a.txt
b.txt
d:\abc
true
false
0
a.txt
b.txt
d:\abc\a.txt
d:\abc\b.txt
true
```

8.2.3 输入输出流

流是具有一定顺序结构的数据序列，用来读取或者写入数据到文件、网络等，类似于形成一个管道按照顺序依次传递数据。

8.2.3.1 流的分类

按照数据流的方向，流可以分为：

输入流：Input 从文件到程序进行数据传输。

输出流：Output 从程序到文件进行数据传输。

按照处理数据的单位，流可以分为：

字节流：一个字节占 8 位，以一个字节为单位处理数据。

字符流：一个字符占两个字节，以一个字符为单位处理数据。

8.2.3.2 流的基本方法

JDK 中提供了四种基本抽象类流：InputStream（字节输入流）、Reader（字符输入流）、OutputStream（字节输出流）、Writer（字符输出流）。所有的输入输出流都是它们的子类。

（1）InputStream 的基本方法。

int read()，每此调用这个方法，就读取一个字节，并以整数 (0~255) 的形式返回；返回 −1 时到达输入流末尾。

int read(byte[] buffer)：将数据读入到制定的 buffer 缓冲区。

int read(byte[] buffer, int offset, int length)：读取 length 长度的字节数，存到 buffer 的缓冲区里，从 buffer 的 offset 位置开始存，返回值是实际读了多少字节数。

void close()：关闭此输入流并释放与该流关联的所有系统资源。

void mark()：在输入流的当前位置放置一个标记。

void reset()：返回当前所做的标记处。

（2）OutputStream 的基本方法。

void write()：每次调用这个方法，就写入一个字节。

void write(byte[] buffer)：将 buffer 数组长度的字节从 byte 数组写入输出流。

void write(byte[] buffer, int offset, int length)：将缓冲区 buffer 从 offset 位置开始的 length 长度的字节写入到输出流。

void flush()：彻底输出并清空缓冲区。

void close()：关闭输出流。

（3）Reader 的基本方法。

int read()：每此调用这个方法，就读取一个字符，并以整数（0~255）的形式返回；返回 −1 时到达输入流末尾。

int read(char[] buffer)：将数据读入到缓冲区 buffer。

int read(char[] buffer, int offset, int length)：读取 length 长度的字符数，存到 buffer 的缓冲区里，从 buffer 的 offset 位置开始存，返回值是实际读了多少字符数。

close()：关闭此输入流并释放与该流关联的所有系统资源。

（4）Writer 的基本方法。

void write()：每次调用这个方法，就写入一个字符。

void write(char[] buffer)：将 buffer 数组长度的字符从 byte 数组写入输出流。

void write(char[] buffer, int offset, int length)：从 buffer 数组的 offset 位置开始写入 length 长度的字符到输出流。

void write(String s)：将一个字符串中的字符写入到输出流。

void write(String s, int offset, int length)：将一个字符串从 offset 开始的 length 个字符写入到输出流。

void flush()：彻底输出并清空缓冲区。

void close()：关闭输出流。

8.2.4 文件输入输出处理

8.2.4.1 字节流读取

常用的字节流 FileInputStream 类和 FileOutputStream 类分别从 InputStream 和 OutStream 类继承而来,是为了从文件读取或写入字节。

(1) 对于 FileInputStream 类,常用构造方法如下:

1) FileInputStream(File file):借助文件对象构造一个 FileInputStream 对象。

2) FileInputStream(String name):借助文件名字符串构造一个 FileInputStream 对象。

3) FileInputStream(FileDescriptor fdObj):借助文件描述对象构建一个 FileInputStream 对象。

FileInputStream 主要方法:

① int available():返回字节文件输入流中可读取的字节数。

② void close():关闭此文件输入流并释放与该流有关的系统资源。

③ protected void finalize():确保在不再引用文件输入流时调用其 close() 方法。

④ int read():读取一个字节数据。

⑤ int read(byte[] b):从文件输入流中将最多 b.length 个字节数据读入到字节数组 b 中。

⑥ int read(byte[] b,int off,int len):将最多 len 个字节的数据读入到字节数组 b 中。

⑦ long skip(long n):从文件输入流中跳过并丢弃 n 个字节的数据。

FileInputStream 这个类的作用就是把文件中的内容读取到程序中去,其中最关键的就是三个 read 方法。

(2) 对于 FileOutputStream 类,常用构造方法如下:

1) FileOutputStream(File file):根据 File 对象创建文件输出流。

2) FileOutputStream(File file,boolean append):根据 File 对象和添加方式创建文件输出流。

3) FileOutputStream(String name):根据文件名创建文件输出流。

4) FileOutputStream(String name,boolean append):根据文件名和添加方式创建文件输出流。

FileOutputStream(FileDescriptor fdObj):根据文件描述创建文件输出流。

FileOutputStream 主要方法:

① void close():关闭此文件输出流。

② protected void finalize(): 清理文件的链接，确保在不再引用文件输出流时调用其 close() 方法。

③ void write(byte[] b): 将数组 b 写入到输出流中。

④ void write(byte[] b,int off,int len): 将数组 b 从 off 开始位置后的 len 个字节写入到输出流。

⑤ void write(int b): 将字节 b 写入到输出流。

查看源代码：

FileOutputStream 这个类的作用是把程序中的字节数据写入到指定的文件中，其中最关键的是三个 write 方法。下面的程序利用 FileInputStream 类和 FileOutputStream 类完成文件的复制。

【程序 8-12】

```java
import java.io.FileInputStream;
import java.io.FileNotFoundException;
import java.io.FileOutputStream;
import java.io.IOException;
public class FileStreamDemo {
public static void main(String[] args) {
    int b = 0;
    FileInputStream in = null;
    FileOutputStream out = null;
    try {
     in = new FileInputStream("D:\\abc\\a.txt");
     out = new FileOutputStream("D:\\abc\\b.txt");
} catch (FileNotFoundException e) {
    System.out.println("can't find file");
    System.exit(-1);
}
try {
   while ((b = in.read()) != -1) {
             System.out.print((char) b);
             out.write(b);
    }
    in.close();
    out.close();
```

```
            } catch (IOException e1) {
          System.out.println("erro");
      }
   }
}
```

采用 FileInputStream 流读取中文文本时是乱码，这是因为流读取内容按照单个字节进行，但汉字占用两个字节，故而不能在控制台屏幕上正确显示，如果将字节拼装成字符串则可以得到正确显示。

8.2.4.2 字符流读取

字符流最常见的 FileReader 类和 FileWriter 类分别从 InputStreamReader 类和 OutputStreamWriter 类继承而来，该类按字符读写流中数据。因为 Reader 流的 read() 方法按照字符来读取数据，因此 FileReader 流可以正确显示读取的中英文文本。

（1）FileReader 常见的构造方法。

1）FileReader(File file)：通过指定的 File 创建一个新 FileReader。

2）FileReader(FileDescriptor fd)：通过文件描述符创建一个新 FileReader。

3）FileReader(String fileName)：通过文件名 fileName 创建一个新 FileReader。

FileReader 类常见方法：

① public int read() throws IOException：读取单个字符，返回一个 int 型变量代表读取到的字符。

② public int read(char [] c, int offset, int len)：读取字符到 c 数组，返回读取到字符的个数。

（2）FileWriter 类常见的构造方法。

1）FileWriter(File file)：根据 File 对象创建 FileWriter 对象。

2）FileWriter(File file, boolean append)：根据 File 对象和添加方式创建 FileWriter 对象。

3）FileWriter(FileDescriptor fd)：根据文件描述创建 FileWriter 对象。

4）FileWriter(String fileName, boolean append)：根据文件名及添加方式创建 FileWriter 对象。

FileWriter 类常见方法：

① public void write(int c) throws IOException：写入单个字符。

② public void write(char [] c, int offset, int len)：从 offset 开始写入长度为 len 的字符数组。

③ public void write(String s, int offset, int len)：从 offset 开始写入长度为 len

的字符串。

下面的程序利用 FileReader 类和 FileWriter 类实现文件的读写复制。

【程序 8-13】

```java
import java.io.FileReader;
import java.io.FileWriter;
import java.io.IOException;

public class FileReaderDemo {
public static void main(String[] args) {
    int b = 0;
    FileReader in = null;
    FileWriter out = null;
    try {
        in = new FileReader("D:\\abc\\a.txt");
        out = new FileWriter("D:\\abc\\c.txt",true);
    } catch (IOException e) {
        System.out.println("can't find file");
        System.exit(-1);
    }
    try {
        while ((b = in.read()) != -1) {
           System.out.print((char) b);
           out.write(b);
        }
        in.close();
        out.close();
    } catch (IOException e1) {
        System.out.println("erro");
    }
  }
}
```

8.2.4.3 字节流和字符流的区别

字符流容易处理中文文本，而字节流更容易处理图像、音频、视频等二进制数据或网络数据传输。另外，字节流直接和操作终端交互，字符流则需借助缓冲区才能实现读写操作。例如，OutputStream 可不关闭输出流，但 Writer 类输出必须关闭，否则缓冲区的数据将无法输出到文件。

8.2.4.4 InputStreamReader 与 OutputStreamWriter

（1）InputStreamReader 继承自 Reader，所以 InputStreamReader 类对象向上塑型为 Reader 类的对象，其构造方法有：

1）InputStreamReader(InputStream in)：建立使用默认字符集的 InputStreamReader 对象。

2）InputStreamReader(InputStream in, String charsetName)：建立使用指定字符集 charsetName 的 InputStreamReader 对象。

参数说明：

InputStream in：字节输入流，用来读取文件中保存的字节。

String charsetName：指定的编码表名称，例如 UTF-8、gbk 等，默认为 UTF-8。

注意：构造方法中指定的编码表名称要和文件的编码相同，否则会发生乱码。

使用示例：

```
InputStreamReader isr = new InputStreamReader(new FileInputStream("D:\\a.txt"),
    "GBK");
int len = 0;
while((len = isr.read())!=-1){
     System.out.println((char)len);
    }
isr.close()
```

（2）OutputStreamWriter 继承自 Writer，所以 OutputStreamWriter 类对象可以向上塑型为 Writer 类的对象。

OutputStreamWriter 构造方法：

1）OutputStreamWriter(OutputStream out)：根据 OutputStream 的对象 out 建立使用默认字符集的 OutputStreamWriter 对象。

2）OutputStreamWriter(OutputStream out, String charsetName)：根据 OutputStream 的对象 out 和指定字符集 charsetName 建立 OutputStreamWriter 的对象。

使用步骤：

代码段示例：

```
OutputStreamWriter osw = new OutputStreamWriter(new
```

```
FileOutputStream("E:\\utf_8.txt"));
    osw.write("file data");
    osw.flush();
    osw.close();
```

8.2.5 带缓存的输入输出

不使用缓冲方式的读写操作均针对单个字节，磁盘的 I/O 操作比内存速率低，因此读写效率不高。而带缓冲区的流可一次读写多个字节，使用缓冲区作为读写的媒介，待达到充满缓冲区后再写入磁盘，减少了磁盘的 I/O 操作次数，提高了读写速度。但缓冲区不能过大，过大会占据太多内存。另外，使用带缓冲区的输出，必须使用 flush() 或者 close() 方法，以强制将缓冲区数据输出到文件中。

8.2.5.1 BufferedInputStream 类

BufferedInputStream 类是继承于 FilterInputStream 为其他输入流缓冲的缓冲输入流。BufferedInputStream 类通过内部缓冲区数组实现。

（1）BufferedInputStream 类构造函数。

BufferedInputStream(InputStream in)：使用默认 buff 大小、底层字节输入流构建 bis。

BufferedInputStream(InputStream in, int size)：使用指定 buff 大小、底层字节输入流构建 bis。

（2）BufferedInputStream 类常见方法。

int available()：返回可读取的字节数。

void close()：关闭流。

int read()：读取一个字节。

int read(byte[] b, int off, int len)：按照偏移量和长度读取。

long skip(long n)：跳过 n 个字节。

8.2.5.2 BufferedOutputStream 类

（1）构造函数。

BufferedOutputStream(OutputStream out)：构造 BufferedOutputStream 对象。

BufferedOutputStream(OutputStream out, int size)：使用指定大小和其他默认参数构造 BufferedOutputStream。

（2）常见方法。

public void write(int b)throws IOException：写入一个字节。

public void write(byte[] b,int off,int len) throws IOException：按照偏移量和长

度写入多个字节。

public void flush() throws IOException：输出缓冲到数据流。

public void close() throws IOException：管理数据流。

注意：FilterOutputStream 的 close 方法先调用其 flush 方法，然后调用其基础输出流的 close 方法。

下面的程序演示了使用缓存进行文件的复制操作。

【程序 8-14】

```java
import java.io.BufferedInputStream;
import java.io.BufferedOutputStream;
import java.io.FileInputStream;
import java.io.FileOutputStream;

public class BufferFileCopyDemo {
public static void main(String[] args) {
    try {
      FileInputStream fis = new FileInputStream("D:\\abc\\a.txt");
        BufferedInputStream bis = new BufferedInputStream(fis);
        FileOutputStream fos = new FileOutputStream ("D:\\abc\\a_copy.txt");
        BufferedOutputStream bos = new BufferedOutputStream(fos);
        int size = 0;
        byte[] buffer = new byte[10240];
        while ((size = bis.read(buffer)) != -1) {
            bos.write(buffer, 0, size);
        }
        bos.flush();
        bis.close();
        bos.close();
        System.out.println("copy finished");
    } catch (Exception e) {
        e.printStackTrace();
        }
    }
}
```

8.2.6 随机文件访问

前面介绍的流操作都是按照流动的次序从头开始进行，在实际应用中经常需要修改文件或者向文件中添加新记录，或者类似迅雷的断点传输，因此需要对文件进行随机访问，Java 的 RandomAccessFile 类提供了随机访问文件的方法，Random 意为随机、任意，RandomAccessFile 即可实现访问文件的任意位置的数据。

RandomAccessFile 是一个完全独立的类，具备读和写的功能，可以直接访问文件的任意位置，在文件的任意位置读写数据，其所有的方法都是独立读写，而并非借助以前所遇到各种文件读写的类，支持读写位置在文件里自由移动。

8.2.6.1 构造函数

（1）RandomAccessFile(String filePath, String mode)。
（2）RandomAccessFile(File file, String mode)。
mode 是一个字符串，指定文件打开方式。可能的值：
"r"：只读，若文件不存在，会报错。
"rw"：读写，若文件不存在，会自动创建。只要有 write 权限，文件不存在时都会自动创建。
"rwd"：读写，对文件内容的每个更新都会同步写入底层 I/O 设备。
"rws"：读写，对文件内容、元数据的每个更新，都会同步写入底层 I/O 设备。

8.2.6.2 常用方法

首先，RandomAccessFile 提供了多种读写数据的方法，能读写多种类型的数据，既能以字符方式进行读写，又能以字节方式进行读写。

（1）void close()：关闭。
（2）long getFilePointer()：返回文件当前偏移量。
（3）long length()：获得文件长度。
（4）int read()：读取一个字节。
（5）int read(byte[] b)：读取多个字节数据到数组。
（6）String readLine()：读取一行文本。
（7）void seek(long pos)：设置文件指针偏移量。
（8）int skipBytes(int n)：跳过 n 个字节。
（9）void write(byte[] b)：写入多个字节的数据。

注意：RandomAccessFile 只能操作文件内容（读写），不包括文件夹，也不能对文件本身进行操作(修改文件名、删除等),也不能访问文件的其他信息,比如最后修改时间,但可以访问文件大小(内容长度)。

其次,RandomAccessFile 不能在指定位置插入内容,写入的内容会覆盖原有的内容。

下面的程序演示了文件的随机读写:

【程序 8-15】

```java
import java.io.IOException;
import java.io.RandomAccessFile;

public class RandomAccessFileDemo {
    public static void main(String[] args) {
        try {
            RandomAccessFile rf = new RandomAccess File("D:\\abc\\a.txt", "rw");
            for (int i = 0; i < 10; i++) {
                rf.writeDouble(i * 1.2);
            }
            rf.close();
            rf = new RandomAccessFile("D:\\test\\a.txt", " rw");
            rf.seek(5 * 8);
            rf.writeDouble(7.001);
            rf.close();
            rf = new RandomAccessFile("D:\\test\\a.txt", " r");
            for (int i = 0; i < 10; i++) {
                System.out.println("Value " + i + ": " + rf.readDouble());
            }
            rf.close();
        } catch (IOException e) {
            e.printStackTrace();
        }
    }
}
```

输出结果为:

```
Value 0: 0.0
Value 1: 1.2
Value 2: 2.4
Value 3: 3.5999999999999996
Value 4: 4.8
Value 5: 7.001
Value 6: 7.199999999999999
Value 7: 8.4
Value 8: 9.6
Value 9: 10.799999999999999
```

8.2.7　ZIP 压缩输入输出流

ZIP 压缩输入输出流用于将文件压缩输入输出，它由来自 java.util.zipZip 包中的 ZipFile、ZipInputStream、ZipOutputStream、ZipEntry 等类构成，可以读取压缩文件或者将数据以压缩方式写入到磁盘。压缩文件可采用 zip、jar、gz 三种格式，每个压缩对象都使用 ZipEntry 保存，一个压缩文件中可包含多个 ZipEntry 对象。

下面的代码演示了文件的压缩与解压缩。

【程序 8-16】

```java
import java.io.*;
import java.util.zip.ZipEntry;
import java.util.zip.ZipFile;
import java.util.zip.ZipOutputStream;
public class ZipInputStreamDemo {
public static void main(String[] args) throws IOException{
        File file = new File("d:\\abc\\a.txt");
        File zipFile = new File("d:\\abc\\a.zip");
        InputStream input = new FileInputStream(file);
        ZipOutputStream zipOut = new ZipOutputStream(new FileOutputStream(zipFile));
        zipOut.putNextEntry(new ZipEntry(file.getName()));
        int temp = 0;
        while((temp = input.read()) != -1){
            zipOut.write(temp);
```

```
            }
            input.close();
            zipOut.close();
        }
}
```

【程序 8-17】
```
import java.io.*;
import java.util.zip.ZipEntry;
import java.util.zip.ZipFile;
public class ZipOutputStreamDemo {
public static void main(String[] args) throws IOException{
        File file = new File("d:\\abc\\a.zip");
        File outFile = new File("d:\\abc\\unZipFile.txt");
        ZipFile zipFile = new ZipFile(file);
        ZipEntry entry = zipFile.getEntry("a.txt");
        InputStream input = zipFile.getInputStream(entry);
        OutputStream output = new FileOutputStream(outFile);
        int temp = 0;
        while((temp = input.read()) != -1){
            output.write(temp);
        }
        input.close();
        output.close();
    }
}
```

8.2.8 文件的序列化

对象的生存常随着对象的程序的终止而终止，倘若需要对对象的状态进行保存，那么可在需要时再恢复。将对象的这种能够记录自己状态以便将来再生的能力，叫作对象的持续性(persistence)。对象通过写出描述自己状态的值——对象转化为字节流，以记录自己的这个过程叫作对象的序列化(serialization)，也称为串行化。被序列化的对象必须实现 Serializable 接口或 Externalizable 接口，且只序列化非静态成员属性，如果属性也为序列化对象，则该对象也被保存，而如果其包含不可序列化的对象时，则整个序列化操作失败，但如果该对象被 transient 修饰则可序列化，序列化对应于文件的写入操作，而读取文件到对象则是反序列化操作。

下面的代码演示了对象的序列化和反序列化，其中类 ObjectInputStream 和 ObjectOutputStream 是高层次的数据流，它们包含反序列化和序列化对象的方法。

【程序 8-18】

```java
import java.io.FileInputStream;
import java.io.FileOutputStream;
import java.io.IOException;
import java.io.ObjectInputStream;
import java.io.ObjectOutputStream;
import java.io.Serializable;

public class SerializeDemo {
public static void main(String[] args) {
    serializeData();
    deSerializeData();
}
public static void serializeData() {
    Student student = new Student();
    student.name = "Tom";
    student.sex = "male";
    student.SN = 20200303;
    student.age = 19;
    try {
        FileOutputStream fileOut = new FileOutputStream("d:\\abc\\student.stu");
        ObjectOutputStream out = new ObjectOutputStream(fileOut);
        out.writeObject(student);
        out.close();
        fileOut.close();
    } catch (IOException i) {
```

```java
                i.printStackTrace();
            }
        }
        public static void deSerializeData() {
            Student student = null;
            try {
                FileInputStream fileIn = new FileInputStream(" d:\\abc\\student.stu");
                ObjectInputStream in = new ObjectInputStream(fileIn);
                student = (Student) in.readObject();
                in.close();
                fileIn.close();
            } catch (IOException i) {
                i.printStackTrace();
                return;
            } catch (ClassNotFoundException c) {
                c.printStackTrace();
                return;
            }
            System.out.println("name: " + student.name);
            System.out.println("sex: " + student.sex);
            System.out.println("SN: " + student.SN);
            System.out.println("age: " + student.age);
        }
    }
    class Student implements Serializable {
        public String name;
        public String sex;
        public transient int SN;
        public int age;

        public void sayHello() {
            System.out.println("Hello!,I´m" + name);
```

            }
        }

注意：此例中，属性被 transient 修饰以后不会发送到输出流，因而反序列化后 student 对象的 SN 属性为 0。

习　题

1. 线程、进程和程序之间的关系是怎样的？
2. 创建线程有哪些方法？
3. Runnable 接口中包括哪些抽象方法？
4. 简述使用 Thread 和 Tunnable 两种方法实现线程的异同。
5. 线程的优先级设置遵循什么原则？
6. Java 中怎样实现线程的同步？
7. 编写一个程序，通过继承 Thread 创建两个线程，每个线程输出 0~9 的数字。
8. 编写一个 Java 程序，实现在 D 盘创建一个 abc 目录。
9. 获取当前目录下所有文件的名称和大小。
10. 建立一个 file.txt 文件，在其中输入 100 以内所有素数。
11. 在当前目录下有文件 test.txt，其内容为一些字符串，请将其中所有的小写字母改成大写字母并追加到文件末尾，例原始文件内容为 aBc12，修改为 ABC12。
12. 编写一个带界面的程序，包含一个文本区域，两个按钮，点击打开文件按钮，显示文件对话框可以选择一个文本文件，将其内容显示在文本区域内，点击写入文件按钮，可以将文本区域的内容保存为新命名的文件。

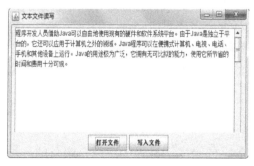

第 9 章

数据库开发技术

引言

Java 语言通过 JDBC 实现了对数据库的操作处理，本章的主要内容为数据库的基本知识、Java 数据库编程技术、通过 JDBC 访问数据库等知识。

学习目标

1. 关系型数据库与 SQL；
2. 通过 JDBC 访问数据库；
3. 掌握对数据库的基本操作；
4. 能够利用 JDBC 数据库访问技术，编写一个小型数据库应用系统。

9.1 数据库基础

虽然利用文件可以将数据长久保存，在数据量较小的情形下也可以满足大部分的应用。但随着时代的发展，数据量愈来愈大，以及伴生的数据共享、数据安全、读写效率等问题更加凸显，使任何高级程序语言面对大数据量问题都有些力不从心。在这种需求下，数据库技术应运而生。数据库相当于数据的中介或代理，对内实现了高效的数据归类处理，对外提供了统一的访问入口，程序语言不再直接面对底层各种格式的形形色色数据，而是通过统一 SQL 语言交由数据库进行处理，数据库将处理后的结果返回给程序，这样就使对于数据的操作大为简化。

9.1.1 关系型数据库

数据库 (DataBase，DB)：就是存放数据的仓库，是为了实现一定目的，按照某种规则组织起来的数据的集合。

9.1.1.1 数据库的优势

（1）采用结构化的文件来有效保存大量数据资源，便于检索、访问和管理。

（2）能够良好地维持数据一致性、完整性，按照范式在很大程度上降低数据冗余。

（3）支持数据资源共享和数据安全维护。

9.1.1.2 数据库的分类

常见数据库主要分为关系型数据库和非关系型数据库两个类型。

（1）关系型数据库：是指采用了二维表及其之间联系的关系模型来组织数据的数据库，其以行和列的形式存储数据。优点是易于维护，都使用格式一致的表结构；使用方便，通用的 SQL 语言可用于复杂查询，但海量数据的高效率读写、高并发读写，导致需求性能较差。常见的关系性数据库有：

1）MYSQL：小型的开源数据库，众多 Java 应用程序均采用该数据库。

2）Oracle：由 Oracle 公司开发的功能齐全、性能良好的大型数据库。

3）DB2：由 IBM 公司开发的中型数据库产品，在银行系统中较为多见。

4）SQLServer：MicroSoft 公司开发的中型数据库，常与 C 语言体系应用程序配合。

5）SyBase：原本的第三大数据，但目前已经不常用。

虽然关系型数据库不利于数据的分散，但还是当下的主流。

（2）非关系型数据库(NoSQL)：是一种数据结构化存储方法的集合，可以是文档或者键值对等。优点是格式灵活（能够采用 key-value 方式存储数据资源，并可以使用文档、图片等多媒体形式），应用场景广泛，速度快，扩展性高，成本低；缺点是不提供 SQL 支持，学习和使用成本较高，无事务处理，数据结构相对复杂，复杂查询方面不易处理。常见的非关系型数据库有：

1）文档型数据库—MonggoDB。

2）键值型数据库—Redis，Memcached。

3）列式数据库—Hbase。

4）图形数据库—Neo4J 等。

非关系型数据库主要在有大量数据写入的时候运用。

9.1.1.3 数据库管理系统与数据库系统

数据库管理系统(DataBase Management System，DBMS)是用于管理数据库资源的系统软件，它是由数据库开发公司开发的一组操纵数据程序构成，所有应用程序均需要直接或间接地通过 DBMS 来实现对数据资源的管理

数据库系统(DataBase System，DBS)是一个实际可运行的系统，常见的图

书管理系统、物资管理系统都属于此类。一般为通过 Java 语言或其他高级语言进行开发的数据库应用系统。DBS 可以对系统提供的数据进行存储、维护和应用,它是由存储介质、处理对象和管理系统共同组成的集合体,通常由软件、数据库以及数据库管理员组成。

9.1.2 SQL 语言

结构化查询语言(Structured Query Language,SQL)是进行数据库访问、操作与管理的指令集合,其运行于 DBMS 之上,应用程序可以通过执行 SQL 语句来实现对数据资源的增、删、改、查等各种管理操作。

SQL 语言主要由以下四部分组成:

(1) DML:数据操作语言,主要实现数据的插入、修改和删除,支持 INSERT、UPDATE、DELETE 等语句。

(2) DDL:数据定义语言,主要通过 CREATE 语句实现数据库的建立并定义数据表结构等。

(3) DQL:数据查询语言,主要通过 SELECT 及其子句实现对数据的查询。

(4) DCL:数据控制语言,主要通过 GRANT、REVOKE 等语句实现数据资源的存取许可、存取权限等管理。

SQL 通用语法如下:

(1) 创建数据库。

格式:

```
create database 数据库名;
create database 数据库名 character set 字符集;
```

例:

```
create database studetn;
create database student character set gbk;
```

(2) 创建数据表。

格式:

```
create table 表名(
    字段名1 类型(长度) 约束,
    字段名2 类型(长度) 约束
);
```

例:

```
CREATE TABLE book (
id INT,
```

```
    bookname VARCHAR(100)
);
create table book (
    id INT PRIMARY KEY auto_increment,
    bookname VARCHAR(100)
);
```
（3）删除数据表。

格式：drop table 表名；

例：

```
drop table book;
```

（4）修改表结构格式。

格式：alter table 表名 add 列名 类型 (长度) 约束；

例：

```
alter table book   add author VARCHAR(20);
```
添加一个新的字段；

（5）插入表记录。

格式：

insert into 表 (列名 1, 列名 2, 列名 3..) values (值 1, 值 2, 值 3..);

insert into 表 values (值 1, 值 2, 值 3..);

注意：插入的数据应与字段的数据类型相同，数据的大小应该在列的长度范围内。在 values 中列出的数据位置必须与被加入列的排列位置相对应。除了数值类型外，其他的字段类型的值必须使用引号引起。如果要插入空值，可以不写字段，或者插入 null 值。对于自动增长的列在操作时，直接插入 null 值即可。

例：

```
insert into bookt(id,bookname) values('b001','管理学');
insert into book values('b003','面向对象程序设计');
```

（6）更新表记录。

格式：

update 表名 set 字段名1=值1, 字段名2=值2；

update 表名 set 字段名1=值1, 字段名2=值2 where 条件；

注意：传入的值的类型及长度必须符合字段类型的要求。

例：

```
update book set bookname='Java';
update book set bookname='DB' where id='ID1234';
```

（7）删除记录。

格式：delete from 表名 [where 条件]；或者 truncate table 表名；

例：

delete from book where bookname='DB';

delete from book;

（8）数据查询语句，在开发中使用的次数最多。

格式：

1）查询指定字段信息。

select 字段1,字段2,...from 表名；

例：

select id, name from student;

2）查询表中所有字段。

select * from 表名；

例：

select * from student;

3）去除重复记录。

select distinct 字段 from 表名；

例：

select distinct name from student;

4）条件查询。

where 语句给出查询的条件，使查询获得满足查询条件的结果。

格式：select 字段 from 表名 where 条件；

例：

select * from student where name = 'Tom';

select * from student where age >20;

select * from count where money BETWEEN 200 AND 500;

select * from count where money =100 OR money=200;

5）模糊查询。

SQL 语句中提供了 LIKE 操作符用于模糊查询，可使用 "%" 来代替 0 个或多个字符，使用下划线 "_" 来代替一个字符。

例：

select * from book where bookname like 'Java%'

9.2 JDBC

Java 语言用 JDBC API 实现了编写数据应用程序的强大支持。通过 JDBC，Java 语言可以方便地访问数据库，对数据库实现查询、添加、修改、删除以及过程存储等操作。JDBC 所有的类和接口都集中在 java.sql 和 javax.sql 这两个包中。

9.2.1 JDBC 概述

JDBC(Java Data Base Connectivity)：是为了简化统一对数据库的操作，所定义的一套 Java 操作数据库的规范。

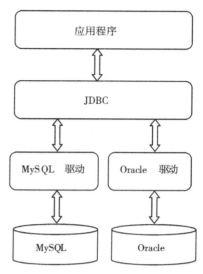

图 9-1 JDBC 驱动方式

简言之，JDBC 是用 Java 语言编写的一组类和接口，它提供了通过 Java 访问和管理数据库的准则 (见图 9-1)，使得开发人员基于 JDBC 可以快速地开发具备数据库管理能力的应用程序。这样应用程序就不需要关注数据库底层的详细实现，只需要学习使用 JDBC 就可以了。通过封装，可以使开发人员使用纯 Java API 完成 SQL 的执行。

注意：JDBC 本身提供一种准则，本身无法直接访问来自不同厂商的数据库，要实现访问则必须安装厂商提供的 JDBC 数据库驱动程序，有时这些驱动程序由第三方提供，有的甚至具备通用功能，可以访问多个不同类型数据库。

9.2.1.1 JDBC 的优点

（1）JDBC 与 ODBC 类似，便于程序开发人员理解。

（2）JDBC 使软件开发人员从复杂的驱动程序编写工作中解脱出来，可专注于业务逻辑的开发。

（3）JDBC 支持多种关系型数据库，极大增强了软件的可移植性。

（4）JDBC API 是面向对象的，可将常用方法进行二次封装，提供代码的重用性。

9.2.1.2 JDBC 常用类和接口

（1）DriverManager 类。DriverManager 类是管理驱动程序的类，其作为用户和驱动程序的媒介，来建立数据库连接，DriverManager 的常用方法：

1）getConnection(String URL,String user,String PassWord)：按照数据库访问 URL 地址、用户名、密码来建立数据连接。

2）setLoginTimeout()：给出试图登录到数据库可以等待的最长时间。

3）Println(String message)：打印信息到 JDBC 日志流。

（2）Connection 接口。Connection 接口描述了数据库的连接，获取 Connection 是访问数据库的第一步。DriverManager 类的 getConnection() 方法用来获取 Connection 对象。

Connection 接口的常用方法如下：

1）createStatement()：创建一个 Statement 对象，用于执行 SQL 语句。

2）PrepareStatement()：创建预处理 PrepareStatement 对象，用于执行预处理 SQL 语句。

3）isReadOnly()：判断是否为只读模式。

4）SetReadOnly()：设置只读模式。

5）close()：关闭连接、释放资源。

（3）Statement 接口。Statement 接口给出一个声明体，用于执行 SQL 语句并获得执行后的结果，该接口的常用方法如下：

1）execute(String sql)：执行静态的 SELECT 语句并获得反馈的数据集。

2）executeQuery(String sql)：执行 SQL 语句并获得数据集 ResultSet 的对象。

3）clearBatch()：清空 SQL 的命令列表。

4）executeUpdate()：执行 DML 的 SQL 语句。

5）close()：关闭声明体，释放资源。

（4）PreparedStatement 接口。PreparedStatement 接口是 Statement 的子类，用于执行动态的或者说预先定义的 SQL 语句。PreparedStatement 可以预先给出 SQL 语句的框架，并在执行时根据传入的信息内容来动态调用 SQL 语句的执行。其常用方法为：

1）execute()：执行 SQL 语句。

2）executeQuery()：执行 SQL 查询语句。

3）executeUpdate()：执行 SQL 的增、删、改等语句。

4）setbyte(int Pindex,byte by)：将 Pindex 位置上参数设置为 by。

5）setString(int Pindex,String str)：将 Pindex 位置上参数设置为 str。

6）setDouble(int pindex,Double dou)：将 Pindex 位置上参数设置为 dou。

7）setInt(int Pindex,int i)：将 Pindex 位置上参数设置为 i。

8）Object(int PIndex,Ocject obj)：将 Pindex 位置上参数设置为 obj 对象。

（5）ResultSet 接口。ResultSet 接口给出一个结果集，用于表述 SQL 语句执行后反馈的结果，其临时地存放数据资源。常用方法如下：

1）getint()：读取数据项为 int 值。

2）getFloat()：读取数据项为 float 值。

3）getDate()：读取数据项为 Date 对象。

4）getBoolean()：读取数据项为 boolean 值。

5）getString()：读取数据项为 String 值。

6）getObject()：读取数据项为 Object 对象。

7）next( )：指针下移一行。

8）updateInt()：使用 int 值更新数据项。

9）updateFloat()：使用 float 值更新数据项。

10）updateLong()：使用 long 值更新数据项。

11）updateString()：使用 String 值更新数据项。

12）updateObejct()：使用 Object 对象更新数据项。

13）updatenull()：使用 null 值更新数据项。

14）updateDate()：使用 Date 对象更新数据项。

15）updateDouble()：使用 double 值更新数据项。

9.2.2 JDBC 使用步骤

使用 JDBC 开发应用程序，通常按照以下步骤设置 JDBC 环境。

（1）注册数据库所需的驱动程序。

（2）通过 DriverManager 创建数据库的连接（Connection）。

（3）通过 Connection 建立执行 SQL 语句的声明体（Statement）。

（4）调用 Statement 的方法执行 SQL 语句。

（5）对 SQL 语句执行后的反馈的结果集 ResultSet 进行处理。

（6）释放资源。

每个步骤需要操作的详细过程为：

9.2.2.1 注册驱动

常见格式：`Class.forName(driverClass)`

例：

`Class.forName("com.mysql.jdbc.Driver")`

`Class.forName("oracle.jdbc.driver.OracleDriver")`

使用 Class.forName(driverClass) 注册驱动方式，这个代码被定义在驱动类的静态代码块中。推荐使用这种方式，只需要一个字符串即可，不会对具体的驱动类产生依赖。

除此之外，还有两种注册驱动的方法：

（1）DriverManager.registerDriver(com.mysql.jdbc.Driver)。

会造成 DriverManager 中产生两个一样的驱动，并会对具体的驱动类产生依赖。

（2）System.setProperty("jdbc.drivers", "driver1:driver2")。

虽然不会对具体的驱动类产生依赖；但注册不太方便，所以很少使用。

注意：不同的数据库驱动是不同的，即使是同一数据库，不同版本使用的驱动有时候也不相同。

9.2.2.2 建立连接

格　式：Connection conn = DriverManager.getConnection(url, user, password);

url 定义数据库访问路径，其格式为：jdbc 协议 : 数据库子协议 : 主机 [: 端口][/ 连接的数据库][? 属性名 = 属性值 &…]。

user 和 password 代表登录数据库的用户名和密码，无密码直接使用空字符串。

url 示例：jdbc:mysql://localhost:3306/student。

常见数据库的连接代码：

（1）连接 Access 数据库 (该驱动程序包含在 JavaSE 中，不需要额外安装)：

Class.forName("sun.jdbc.odbc.JdbcOdbcDriver");

String url = "jdbc:odbc:driver={Microsoft Access Driver (*.mdb, *.accdb)};DBQ=d:\\test.mdb";

Connection con = DriverManager.getConnection(url, "", "");// 没有用户名和密码的时候直接为空

由于 JDK1.8 后不再包含 Access 桥接驱动，需要用到第三方的驱动包，例如 Access_JDBC30.jar，可以手动引入此 jar 包，并将连接代码修改为：

Class.forName("com.hxtt.sql.access.AccessDriver");

String url = "jdbc:Access:///d:/test.mdb";

Connection conn = DriverManager.getConnection(url);

（2）连接 MySql 数据库 (mysql-connector-java-5.1.44-bin.jar，以数据库版本选择 jar 包)：

Class.forName("com.mysql.jdbc.Driver");

Connection conn = DriverManager.getConnection("jdbc:mysql://host:3306/database", user, password);

（3）连接 Oracle 数据库 (classes12.zip 或 ojdbc14.jar)：

Class.forName("oracle.jdbc.driver.OracleDriver");

Connection conn = DriverManager.getConnection("jdbc:oracle:thin:@host:1521:database", user, password);

（4）连接 SqlServer2005 数据库 (sqljdbc.jar)：
```
Class.forName("com.microsoft.sqlserver.jdbc.SQLServerDriver ");
Connection conn = DriverManager.getConnection("jdbc:sqlserver://host:1433; DatabaseName=database", user, password);
```

（5）连接 DB2 数据库 (db2jcc.jar、db2jcc_license_cu.jar)：
```
Class.forName("com.ibm.db2.jdbc.app.DB2Driver");
Connection conn = DriverManager.getConnection("jdbc:db2://localhost:5000/database", user, password);
```

其中，host 代表数据库所在服务器的 ip 地址，若使用本机可以使用 localhost 或 127.0.0.1。另外，1521、1433、5000 等端口，需要和数据库服务提供的端口一致。

9.2.2.3 创建执行 SQL 的语句

（1）使用 Statement 类创建执行 SQL 语句：
```
String sql = "select * from table_name where col_name='刘奕'";
Statement st = conn.createStatement();
ResultSet rs =st.executeQuery(sql)
```

（2）使用 PreparedStatement 类创建执行 SQL 语句：
```
String sql ="select * from table_name where col_name=?";
PreparedStatement ps = conn.preparedStatement(sql);// 注意需要传
```
入一条 sql 语句
```
ps.setString(1, "刘奕"); //将第一个?替换成具体值
```
使用 setString 或 setInt 等方法设置每一位的数据。有各种对应数据类型的设置方法，比如还有 setFloat，在 setXXX 方法中，第一个参数是位置，第二个参数是数据。
```
ResultSet rs = ps.executeQuery();
```

9.2.2.4 执行 SQL 语句

（1）获取 Statement 对象后，对于查询类的 SQL 语句使用：executeQuery()，返回结果是一个结果集，后续需要对结果集进一步处理，见 9.2.2.6。

（2）对于更新类(插入、修改、删除、更新)的语句使用：executeUpdate()，返回结果是一个整数(代表受 SQL 语句影响的行数)。

9.2.2.5 处理执行结果 (ResultSet)

```
While(rs.next()){
    rs.getString("name");
    rs.getInt("name");
```

...
}

ResultSet 有一个光标指向结果的每一行，最开始它不指向结果，第一次执行 next() 后，它指向第一行结果，继续执行 next()，它会继续指向下一行。next 的返回结果是布尔值，它可以用来判断是否有下一行。

对于每一行结果，可以使用 getXXX 方法 (例如 getInt 方法返回整数值) 来获取某一列的结果，getXXX 方法的参数可以为字段名，也可以为索引号 (从 1 开始)。

注意：查询返回的是结果集，只有查询需要处理结果。列的索引从 1 开始而非从 0 开始。

9.2.2.6　释放资源

（1）依次释放 ResultSet, Statement, Connection。

```
rs.close();
st.close();
cn.closr();
```

（2）数据库连接(Connection) 是应用系统访问的必备资源，因此在使用完后应立即释放，并且数据库系统都会维持一定的连接数，否则如果超过连接数则无法连接到数据库。因此 Connection 应尽可能晚些创建而早点释放。另外，在使用 JDBC 时，createStatement 和 PrepareStatement 最好放在循环外面，在使用 Statement 后需要及时关闭。在执行一次 executeQuery 等之后，如果不再使用 ResultSet 数据也应调用 close 方法关闭 Statement。每次执行 conn.createStatement 都是在数据库中打开一个 cursor(游标)，如果将方法调用放在循环内，则不停地打开 cursor，大量占用数据库的资源，降低使用效率。

9.3　利用 JDBC 操作数据库

利用 JDBC 访问特定的数据库，实现对数据库的各种操作，在通过相应驱动连接数据库后，就可以进行查询、修改、添加和删除等操作。

9.3.1　数据库连接

使用 JDBC-ODBC 桥和直接使用 JDBC 是两种主要的数据库连接方法。使用 JDBC-ODBC 桥接器，需要于现在操作系统控制面板中采用 ODBC 注册数据源，设定数据源的访问连接、用户和密码，然后通过 JDBC-ODBC 桥接器建立起与数据源的连接，此后便可以执行 SQL 语句实现数据处理。

使用数据源访问数据库操作较为简单，但不是很灵活，移植性不强，本节主要介绍使用 JDBC 访问数据库的方法。

（1）以 mysql 数据库为例，首先在数据库中建立一个数据库，名称设为 stu，在 stu 中建立数据库表 student，结构如表 9-1 所示。

表 9-1　Student 数据库结构表

字段	类型	可否为空	是否主键	缺省值	其他
id	int(255)	否	主键	Null	自增长
stuedentname	varchar(20)	是		Null	
sex	char(2)	是		Null	
age	int(11)	是		Null	
phonenumber	varchar(11)	是		Null	

（2）将 mysql 驱动加入工程，以 Eclipser 为例，右键点击工程名，在 java build path 中的 Libraries 分页中选择 Add JARs...，选择 mysql-connector-java .jar 包，如图 9-2 所示。

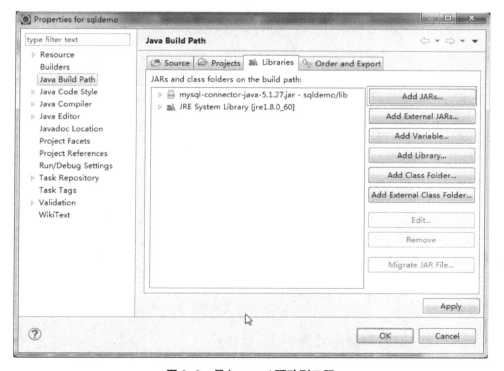

图 9-2　导入 mysql 驱动到工程

注意：MySQL 8.0 以上版本驱动包选择 mysql-connector-java-8.0.11.jar 以上版本。

（3）连接 mysql 数据库示例。

【程序 9-1】

```java
import java.sql.Connection;
import java.sql.DriverManager;
import java.sql.SQLException;
import java.sql.Statement;
public class GetConnection {
public static void main(String[] args) {
    try {
        Class.forName("com.mysql.jdbc.Driver");
        System.out.println("the db driver loaded");
    } catch (ClassNotFoundException e1) {
        System.out.println("can't find MySQL driver ");
        e1.printStackTrace();
    }
    String url = "jdbc:mysql://localhost:3306/stu";
    Connection conn;
    try {
        conn = DriverManager.getConnection(url, "root", "123456");
        Statement stmt = conn.createStatement();
        System.out.print("db connected");
        stmt.close();
        conn.close();
    } catch (SQLException e) {
        e.printStackTrace();
    }
}
}
```

9.3.2 数据库查询处理

查询是数据库中最为常见的操作，查询可以通过 Statement 实例完成，也可以利用 PreparedStatement 实例完成，查询得到的结果是一个集合 ResultSet。

结果集接口 (ResultSet) 特点：

（1）ResultSet 中有众多常量，其表示游标、读取方式等。

public static final int FETCH_FORWARD：结果集中行顺序由前到后。

public static final int FETCH_REVERSE：结果集中行顺序由后到前。

public static final int FETCH_UNKNOWN：不指定处理结果集中行顺序。

public static final int TYPE_FORWARD_ONLY：游标只能向前移动。

public static final int TYPE_SCROLL_INSENSITIVE：结果集数据不同步更新。

public static final int TYPE_SCROLL_SENSITIVE：结果集数据同步更新。

public static final int CONCUR_READ_ONLY：结果集数据不能更新。

public static final int CONCUR_UPDATABLE：结果集数据可以更新。

（2）ResultSet 接口提供方法使得游标可以在结果集中按开发者意图移动，这些方法包括：

public boolean absolute(int row)：将结果集绝对位置的某一行指定为当前行。

public boolean relative(int rows)：将结果集相对位置的某一行指定为当前行。

public boolean first()：游标移动到第一行。

public boolean last()：游标移动到最后一行。

public boolean isFirst()：判断游标是否在结果集第一行，如果是，返回 true。

public boolean isLast()：判断游标是否在结果集最后一行，如果是，返回 true。

public void afterLast()：游标移动到最后一行的后面。

public void beforeFirst()：游标移动到第一行的前面。

public boolean isAfterLast()：判断游标是否在最后一行记录的后面。

public boolean isBeforeFirst()：判断游标是否在第一行记录的前面。

public boolean previous()：游标向前移动一位。

public boolean next()：游标向后移动一位。

注意：如果在当前行打开输入流 (Input Stream)，那么再次调用 next() 方法则会自动关闭该输入流。

（3）数据库查询示例，在数据库中查询姓名为 "Tom" 的信息。

【程序 9-2】

```
import java.sql.Connection;
import java.sql.DriverManager;
import java.sql.ResultSet;
```

```java
    import java.sql.SQLException;
    import java.sql.Statement;

    public class SelectDemo {
        public static void main(String[] args) {
            Connection con;
            String driver = "com.mysql.jdbc.Driver";
            String url = "jdbc:mysql://localhost:3306/stu";
            String user = "root";
            String password = "231234123";
            try {
                Class.forName(driver);
                con = DriverManager.getConnection(url, user, password);
                Statement statement = con.createStatement();
                String sql = "select * from student where studentname='Tom'";
                ResultSet rs = statement.executeQuery(sql);
                System.out.println("name" + "\t" + "gender" + "\t" + "age" + "\t" + "contack");
                String name = null;
                String gender = null;
                int age;
                String phoneNumber = null;
                while (rs.next()) {
                    name = rs.getString("studentname");
                    gender = rs.getString("gender");
                    age = rs.getInt("age");
                    phoneNumber = rs.getString("phonenumber");
                    System.out.println(name + "\t" + gender + "\t" + age + "\t" + phoneNumber);
                }
                rs.close();
```

```
            statement.close();
            con.close();
        } catch (ClassNotFoundException e) {
            e.printStackTrace();
        } catch (SQLException e) {
            e.printStackTrace();
        } catch (Exception e) {
            e.printStackTrace();
        } finally {
            System.out.println("successful");
        }
    }
}
```

9.3.3 数据库添加、修改和删除处理

数据库的添加、修改和删除都可以通过 Statement 类的 executeUpdate() 方法完成。然而实际上，Statement 类的子类 PreparedStatement 类更为常用，它对 SQL 语句进行预编译，生成数据库底层的内部命令，简化了 SQL 语句的编写，支持了动态 SQL 语句的传递，且能够避免 SQL 语句注入攻击。

（1）向表中添加数据，代码段如下：

```
PreparedStatement pstmt;
String sql = "insert into student(studentname,gender,age,phone number) values(?,?,?,?)";
PreparedStatement pstmt = con.prepareStatement(sql);
pstmt.setString(1, "张一峰"); //设置参数1，添加姓名信息
pstmt.setString(2, "男"); //设置参数2，添加性别信息
pstmt.setInt(3, 21); //设置参数3，添加年龄信息
pstmt.setString(4, "13112341234"); //设置参数4，添加电话信息
pstmt.executeUpdate();//执行更新
```

（2）修改数据，代码段如下：

```
//定义sql语句
String  sql = "update student set gender = '女' where studentname = ?";
pstmt = con.prepareStatement(sql);
```

```
pstmt.setString(1,"张二峰");// 修改条件的参数赋值
pstmt.executeUpdate();// 执行修改
```
（3）删除数据，代码段如下：
```
String sql = "delete from student where studentname = ?";
pstmt = con.prepareStatement(sql);
pstmt.setString(1,"张三峰");// 删除的条件的参数赋值
pstmt.executeUpdate();// 执行删除
```
下面的代码演示了数据库添加、修改和删除的操作处理。

【程序 9-3】
```
import java.sql.Connection;
import java.sql.DriverManager;
import java.sql.PreparedStatement;
import java.sql.ResultSet;
import java.sql.SQLException;
import java.sql.Statement;

public class UpdateDemo {
    public static void main(String[] args) {
        Connection con;
        String driver = "com.mysql.jdbc.Driver";
        String url = "jdbc:mysql://localhost:3306/stu ";
        String user = "root";
        String password = "123456";
        try {
            Class.forName(driver);
            con = DriverManager.getConnection(url, user, password);
            if (!con.isClosed())
                System.out.println("连接数据库成功!");
            String sql = "insert into student(studentname,gender,age,phonenumber) values(?,?,?,?)";
            PreparedStatement pStatement = con.prepareStatement(sql);
            pStatement.setString(1,"张一峰");
```

```java
            pStatement.setString(2, "男");
            pStatement.setInt(3, 21);
            pStatement.setString(4, "13112341234");
            pStatement.executeUpdate();
            pStatement.setString(1, "张二峰");
            pStatement.setString(2, "男");
            pStatement.setInt(3, 22);
            pStatement.setString(4, "13212341234");
            pStatement.executeUpdate();
            pStatement.setString(1, "张三峰");
            pStatement.setString(2, "男");
            pStatement.setInt(3, 23);
            pStatement.setString(4, "13312341234");
            pStatement.executeUpdate();
            System.out.println("数据记录添加成功！");
            sql = "update student set gender = '女' where studentname = ?";
            pStatement = con.prepareStatement(sql);
            pStatement.setString(1, "张二峰");
            pStatement.executeUpdate();
            System.out.println("数据记录修改成功！");
            sql = "delete from student where studentname = ?";
            pStatement = con.prepareStatement(sql);
            pStatement.setString(1, "张三峰");
            pStatement.executeUpdate();
            System.out.println("数据记录删除成功！");

            Statement statement = con.createStatement();
            sql = "select * from student ";
            ResultSet rs = statement.executeQuery(sql);
            System.out.println("name" + "\t" + "gneder" + "\t" + "age" + "\t" + "contact");
            String name = null;
            String gender = null;
```

```
            int age;
            String phoneNumber = null;
            while (rs.next()) {
                    name = rs.getString("studentname");
                    gender = rs.getString("gender");
                    age = rs.getInt("age");
                    phoneNumber = rs.getString("phonen umber");
                    System.out.println(name + "\t" + gender + "\t"
+ age + "\t" + phoneNumber);
            }
            rs.close();
            pStatement.close();
            statement.close();
            con.close();
    } catch (ClassNotFoundException e) {
            e.printStackTrace();
    } catch (SQLException e) {
            e.printStackTrace();
    } catch (Exception e) {
            e.printStackTrace();
    } finally {
            System.out.println("succesfull");
        }
    }
}
```

9.4 数据库应用系统实例

数据库应用系统涵盖了对数据库的各种操作，并且提供了一个图形化的界面，便于数据的输入输出，通过窗体界面进行数据的增删改查，是数据库应用系统的最基本要求。本实例展示了一个小型应用系统，通过界面实现了对操作的基本处理。

9.4.1 数据库结构

本例中数据库使用桌面型数据库 access，数据库名称为 myDB，包含一个数据表 test，结构如表 9-2 所示。

表 9-2 数据库表结构

字段名称	数据类型	长度	说明
id	int		主键，自动编号
name	varchar	20	姓名
age	int		年龄
address	varchar	100	住址

9.4.2 系统主界面

系统主界面为一个窗体，为了简化设计，主要演示系统界面功能的操作，没有使用菜单及多窗体界面，所有的对数据库的操作都在一个界面完成，界面的设计利用了 IDE 工具，在 Eclipse 或 NetBeans 等工具中都提供了界面布局设计的功能。界面包含两个 JPanel，最上面的 JPanel 包含一个文本输入框 (nameJTF) 和一个查询按钮 (queryJB)。中间的 JPanel 包含四个文本输入框 (idJTF_D、ageJTF_D、nameJTF_D、addressJTF_D) 和两个按钮 (addJB、deleteJB)，下方是一个 JScrollPanel，里面包含一个 JTable，其他还有一些 JLabel，如图 9-3 所示。在姓名文本框输入姓名，点击查询按钮，在下方的表格中显示查询的信息，若查找不到则表格中无任何显示，在中间的 JPanel 里面的文本框输入信息，点击增加按钮可以将信息保存在数据库中，同时在下方的表格中显示新增的内容便于对照。在编号后面的文本框中输入编号，点击删除按钮可以将对应编号的记录删除，同时下方的表格数据会同步进行更新。

9.4.3 查询数据处理

查询按钮的事件处理方法为：

```
private void queryJBActionPerformed(java.awt.event.ActionEvent evt) {
        // 建立连接字符串
    String url="jdbc:odbc:driver={Microsoft Access Driver
```

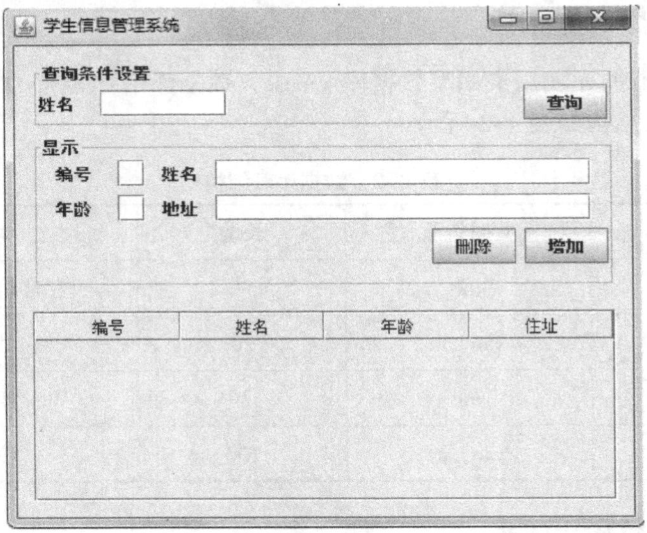

图 9-3　系统主界面图

```
(*.mdb)};DBQ=d:\\myDB.mdb";
            Connection conn = null;
            try{
                Class.forName("sun.jdbc.odbc.JdbcOdbcDriver");
                conn = DriverManager.getConnection(url , "" ,
"");
                Statement statement=conn.createStatement();
                //执行sql查询语句,姓名来自文本框输入信息
                ResultSet rs=statement.executeQuery("select * from
test where name='"+this.nameJTF.getText()+"'");
                DefaultTableModel dtm=(DefaultTableModel)this.jTable1.getModel();
                //将表格数据清空
                int count = dtm.getRowCount();
                for(int i=0;i<count;i++) dtm.removeRow(i);
                //通过循环获取数据库数据并加入表格中
                while(rs.next())
                {
```

```
            String data[]=new String[4];
            data[0]=rs.getString("id");
            data[1]=rs.getString("name");
            data[2]=rs.getString("age");
            data[3]=rs.getString("address");
            dtm.addRow(data);
        }
        conn.close();
    }
    catch(Exception e)
    {
        e.printStackTrace();
    }
}
```

程序执行如图 9-4 所示。

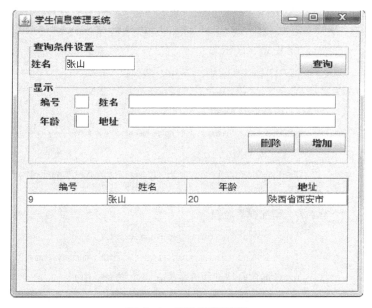

图 9-4　查询数据界面

9.4.4 增加数据处理

在增加按钮的事件处理方法中，编写下面的代码：

```java
private void addJBActionPerformed(java.awt.event.ActionEvent evt) {
    // 建立连接字符串
    String url="jdbc:odbc:driver={Microsoft Access Driver (*.mdb)};DBQ=d:\\myDB.mdb";
    Connection conn = null;
    try{
        Class.forName("sun.jdbc.odbc.JdbcOdbcDriver");
        conn = DriverManager.getConnection(url , "" , "");
        Statement statement=conn.createStatement();
        // 获取输入的姓名、年龄、地址的文本框内容
        String name=this.nameJTF_D.getText();
        String age=this.ageJTF_D.getText();
        String address=this.addressJTF_D.getText();
        // 建立 sql 语句
        String sqlStr="insert into test (name,age,address) values(´"+name+"´,"+age+",´"+address+"´)";
        // 执行 sql 语句
        statement.executeUpdate(sqlStr);

        DefaultTableModel dtm=(DefaultTableModel)this.jTable1.getModel();
        // 情况表格数据
        int count = dtm.getRowCount();
        for(int i=0;i<count;i++) dtm.removeRow(i);
        // 查询含新增的所有数据，显示在表格中
        ResultSet rs=statement.executeQuery("select * from test");
        while(rs.next())
        {
```

```
            String data[]=new String[4];
            data[0]=rs.getString("id");
            data[1]=rs.getString("name");
            data[2]=rs.getString("age");
            data[3]=rs.getString("address");
            dtm.addRow(data);
        }
        conn.close();
    }
    catch(Exception e)
    {
        e.printStackTrace();
    }
}
```

执行结果如图 9-5 所示。

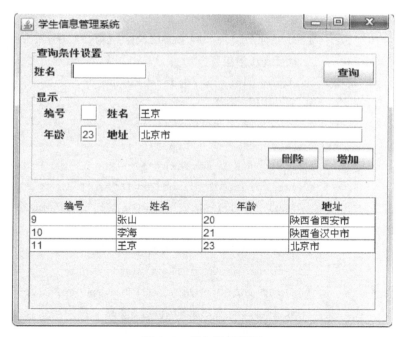

图 9-5　增加数据界面

9.4.5 删除数据处理

在删除按钮的事件处理方法中，编写下面的代码：

```java
private void deleteJBActionPerformed(java.awt.event.ActionEvent evt) {
    // 建立连接字符串
    String url="jdbc:odbc:driver={Microsoft Access Driver (*.mdb)};DBQ=d:\\myDB.mdb";
    Connection conn = null;
    try{
        Class.forName("sun.jdbc.odbc.JdbcOdbcDriver");
        conn = DriverManager.getConnection(url , "" , "");
        Statement statement=conn.createStatement();
        // 获取编号文本框的 id 信息
        String id=this.idJTF_D.getText();
        // 建立 sql 语句
        String sqlStr="delete from test where id="+id;
        // 执行 sql 语句
        statement.executeUpdate(sqlStr);
        // 将文本框内容清空
        this.idJTF_D.setText("");
        this.nameJTF_D.setText("");
        this.ageJTF_D.setText("");
        this.addressJTF_D.setText("");
        DefaultTableModel dtm=(DefaultTableModel)this.jTable1.getModel();
        // 情况表格数据，count 为表格总的行数
        int count = dtm.getRowCount();
        for(int i=0;i<count;i++) dtm.removeRow(i);
        // 通过查询语句显示删除后的所有信息
        ResultSet rs=statement.executeQuery("select * from test");
        while(rs.next())
```

```
                {
                    String data[]=new String[4];
                    data[0]=rs.getString("id");
                    data[1]=rs.getString("name");
                    data[2]=rs.getString("age");
                    data[3]=rs.getString("address");
                    dtm.addRow(data);
                }
                conn.close();
            }
            catch(Exception e)
            {
                e.printStackTrace();
            }
        }
```

将姓名为"张山"的记录删除后显示界面如图9-6所示。

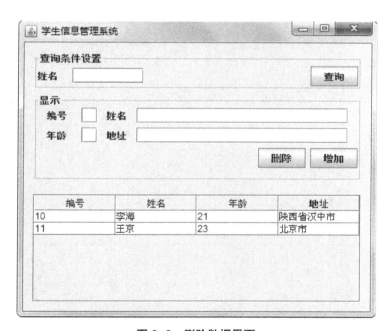

图9-6 删除数据界面

习 题

1. 简述 JDBC 访问数据库的过程。
2. Statement 和 PreparedStatement 在处理执行语句有什么不同？
3. 编写一个小型图书数据库系统，实现对图书信息的查询、修改、添加和删除操作。
4. 编写一个学生信息查询系统，输入学生学号，显示学生的个人信息。
5. 编写一个库存信息查询系统，输入物资的编号，显示物资的库存量等信息。

参考文献

[1] 白丽扬.深部开采底板破坏规律及基于 Weka 平台的底板破坏深度预测［D］.山东科技大学博士学位论文，2018.

[2] 百度贴吧.https：//tieba.baidu.com.

[3] 百度文库.http：//wenku.baidu.com.

[4] 博客园.https：//www.cnblogs.com.

[5] 曹守军.基于 JFinal 框架的 P2P 理财公众平台研究设计与实现［D］.昆明理工大学博士学位论文，2016.

[6] 陈冬华.大数据下教学资源共享系统的设计与实现［D］.苏州大学博士学位论文，2018.

[7] 陈广.基于 JFreeChart 的图书馆电子资源访问量的图表描述［J］.福建电脑，2012，28（2）：178-179+154.

[8] 陈树玉.从认识论的视角对面向对象思想的分析［J］.中国报业，2011（8）：45-46.

[9] 陈信君.基于 BS 架构的成人高校教务管理软件的设计与实现［D］.电子科技大学博士学位论文，2010.

[10] 成理嘉.基于过程挖掘的电商业务风险预测方案的设计与实现［D］.北京交通大学博士学位论文，2017.

[11] 程小扬，朱隆尹.浅议 Java 的多线程实现技术［J］.科技广场，2006（2）：115-116.

[12] 程序园.http：//www.voidcn.com.

[13] 道客巴巴.http：//www.doc88.com.

[14] 邓殿栩.潍坊农业银行安全保卫信息管理系统设计与实现［D］.电子科技大学博士学位论文，2015.

[15] 丁革建.基于 PDM 的高校学生管理集成信息系统设计与开发［D］.国防科学技术大学博士学位论文，2005.

[16] 董勇军.高校考试管理和试卷分析系统的设计与实现［D］.湖南大学博士学位论文，2018.

[17] 豆丁网.http：//www.docin.com.

[18] 杜树宇.匹配 XML 的企业定额信息管理系统构建模式探讨［J］.中国高新技术企业，

2015（14）：19–21.

[19] 高巍. 基于 ASP.NET 的工程机械自动化生产及物流系统［D］. 湖南大学博士学位论文，2018.

[20] 郭敏. 软件缺陷管理系统的设计与实现［D］. 东北大学博士学位论文，2016.

[21] 郭永宁. Java 与 C++ 的比较［J］. 福建师大福清分校学报，2002（2）：31–33+108.

[22] 韩彬. 基于通用处理器的信道编解码技术研究与实现［D］. 东南大学博士学位论文，2019.

[23] 洪辉亮. 东莞市公安刑事案件信息管理系统的分析与设计［D］. 云南大学博士学位论文，2013.

[24] 洪岩. 烧伤患者智能随访管理系统的设计与应用［D］. 吉林大学博士学位论文，2018.

[25] 胡畅霞，刘晓星. 基于 J2EE 数据库访问性能的优化方法［J］. 河北理工学院学报，2005（2）：69–72.

[26] 胡倩. 高速公路收费稽查系统的设计与实现［D］. 华南理工大学博士学位论文，2015.

[27] 姜治光. 基于混合架构的海量数据存储系统的研究与实现［D］. 北京邮电大学博士学位论文，2014.

[28] 脚本之家.https：//www.jb51.net.

[29] 金艳，夏仕安，张佑龙，方素贞，朱生水.MSDP 多线程技术的实现［J］. 中国高新技术企业，2013（5）：20–22.

[30] 掘金网.https：//juejin.im.

[31] 康多全. 基于 JSSE 的汉诺塔游戏设计与实现［J］. 电脑知识与技术，2008（8）：1447–1450.

[32] 赖景东. 高等数学解题应用构造函数法的分析［J］. 数学大世界（上旬），2016（2）：56–57.

[33] 蓝雯飞.C++ 面向对象编程思想探讨［J］. 计算机工程与应用，2004（22）：104–106+140.

[34] 雷铭哲，张勇.Linux 线程机制研究［J］. 火力与指挥控制，2010，35（2）：112–114+118.

[35] 李建宏. 基于构件的自组织软件体系结构研究［D］. 太原科技大学博士学位论文，2009.

[36] 李沁. 分布式光纤测温主机软件的设计与实现［D］. 山东大学博士学位论文，2017.

[37] 李蕊. 基于网络爬虫技术的多源下载系统的设计与实现［D］. 北京邮电大学博士学位论文，2011.

[38] 李晟. 组件技术在贵州电信办公自动化中的应用研究［D］. 重庆大学博士学位论文，2003.

［39］李蔚妍，高葵，孙倩，李雨，孙未，朱红梅.Java 语言程序设计异常处理方法的研究［J］.电脑知识与技术，2020，16（13）：250-251.

［40］李洋.基于 MVB 总线的动车组单车调试系统的研究［D］.大连交通大学博士学位论文，2019.

［41］李轶飞.基于 Struts2.0 的网上冲印系统的构建与实现［D］.北京工业大学博士学位论文，2012.

［42］李玉.电信 3G 应用——"翼点通"方案设计［J］.中国新通信，2013，15（3）：94-96.

［43］廖梦虎.JSP 中数据库的连接方法研究［J］.长江大学学报（自然科学版），2011，8（10）：83-85+278.

［44］刘晖.基于 WEB 的数字化土鸡养殖综合信息平台的研发［D］.浙江工业大学博士学位论文，2011.

［45］刘洁.网上书店系统的研究与设计［D］.吉林大学博士学位论文，2004.

［46］刘晓峥.浅析高职教学之 Java 抽象类与接口［J］.科技视界，2014（28）：204+276.

［47］刘扬.一个或两个补偿电容故障条件下分路电流的建模与仿真［D］.厦门大学博士学位论文，2017.

［48］鲁晋.现代编程方法中几项技术的研究与应用［D］.中国科学院研究生院（长春光学精密机械与物理研究所）博士学位论文，2003.

［49］罗有生.中山市三角镇电子警察中心管理系统的设计与实现［D］.电子科技大学博士学位论文，2014.

［50］马小虎.基于物联网的部队远程视频监控系统的设计与实现［D］.湖南大学博士学位论文，2019.

［51］孟佳.操作系统试验模拟平台的研究与实现［D］.电子科技大学博士学位论文，2010.

［52］缪仁杰.面向保险业务的电子服务平台设计与实现［D］.复旦大学博士学位论文，2011.

［53］牛承珍，刘云峰.浅谈 Java 多线程机制［J］.山西科技，2006（5）：41+48.

［54］欧阳桂秀.浅谈利用 Scanner、System 输入和输出数据［J］.电脑知识与技术，2011，7（32）：7910-7912.

［55］齐旭亮.MIS 表单组态工具软件设计与实现［D］.东南大学博士学位论文，2004.

［56］秦靖伟.JAVA 内存管理模式研究［J］.产业与科技论坛，2011，10（12）：248-249.

［57］曲翠玉.浅析 Java 中的抽象类与抽象方法［J］.中小企业管理与科技（下旬刊），2011（11）：219-220.

［58］桑园.浅析几种 Java 播放音频技术及实例［J］.数字技术与应用，2016（4）：250-254+256.

[59] 沈显照. 利用BIT技术提高雷达维修性 [J]. 火控雷达技术, 2012, 41 (2): 25-29.
[60] 世界大学城. http://www.worlduc.com.
[61] 孙丽昕. 校园网SNS的应用与研究 [D]. 郑州大学博士学位论文, 2010.
[62] 孙耀. 网页搜索结果组织方式的工效学研究 [D]. 浙江理工大学博士学位论文, 2013.
[63] 孙喁喁. 基于随机数的复杂控制流程序迷惑设计 [J]. 电子设计工程, 2012, 20 (18): 21-23+27.
[64] 唐小棠. 基于机器学习的入侵检测及其在物联网安全的应用 [D]. 上海交通大学博士学位论文, 2019.
[65] 淘豆网. https://www.taodocs.com.
[66] 汪春林. 基于JavaEE的渠道管理系统性能研究与提升 [D]. 电子科技大学博士学位论文, 2010.
[67] 汪志鹏. 设备供应管理系统的研究与开发 [D]. 南昌大学博士学位论文, 2009.
[68] 王寒芷. 基于卡尔曼滤波器的自适应网络异常检测方法 [D]. 上海交通大学博士学位论文, 2010.
[69] 王洪彪, 赵世霞. 基于授权事件模型实现构件的事件定制 [J]. 电脑知识与技术, 2010, 6 (21): 5831-5833.
[70] 王惠娟. 机械产品布局设计与建模方法的研究 [D]. 天津大学博士学位论文, 2004.
[71] 王佳艳. 基于优先执行关系闭包及逻辑公式运算的事务可串行化判定方法 [D]. 上海海洋大学博士学位论文, 2019.
[72] 王璐, 周晏, 师文科. 操作系统体系结构与内核技术对操作系统设计的影响 [J]. 电脑知识与技术, 2006 (32): 147-148+150.
[73] 王强. 黑龙江商业职业学院工作量核算统计系统的设计与实现 [D]. 电子科技大学博士学位论文, 2015.
[74] 王曦. 基于Internet的温州市社会救助信息平台的设计建设及其应用研究 [D]. 电子科技大学博士学位论文, 2010.
[75] 王谢宁. 虚拟平台企业的组织设计模型——面向对象方法论视角下的考察 [J]. 财经问题研究, 2012 (5): 18-25.
[76] 吴欢欢. 基于Web的智能路灯监控软件的设计与实现 [D]. 杭州电子科技大学博士学位论文, 2013.
[77] 吴建东, 郭树蕻. 如何在Java中实现多线程 [J]. 计算机与现代化, 2005 (11): 109-111.
[78] 吴金秀. Java多线程编程技术的研究 [J]. 网络与信息, 2009, 23 (5): 40.
[79] 吴凯. 基于JSP技术的倾斜应变观测产品网站服务平台的搭建 [D]. 中国地震局地震研究所博士学位论文, 2014.

[80] 吴雪雁.基于 UML 的 N2010 色谱数据处理软件设计和实现［D］.浙江大学博士学位论文，2003.

[81] 吴正.FAI 电控单元（ECU）的开发和数据管理系统［D］.天津大学博士学位论文，2004.

[82] 伍文运.妙用 Java 多线程机制实现多个时区时钟显示［J］.科技致富向导，2013（14）：171+159.

[83] 席琨.国有资产信息化监管平台的设计与研究［D］.湖南大学博士学位论文，2018.

[84] 肖英.基于 Java 的数据库连接技术与实例［J］.科技传播，2013，5（11）：204-205.

[85] 肖永.基于 J2EE 的精品课程网站设计与实现［D］.湖南大学博士学位论文，2013.

[86] 谢慧萍.浅谈 Java 的发展及前景［J］.广东职业技术教育与研究，2012（1）：134-136.

[87] 谢薇，王晓勇.龙门机械手 PLC 控制系统面向对象编程方法研究［J］.南京工业职业技术学院学报，2008，8（4）：9-11.

[88] 新浪博客.http://blog.sina.com.cn.

[89] 邢素萍，张振峰.基于 MVC 的彩信博客设计［J］.南京工业职业技术学院学报，2010，10（4）：55-59.

[90] 熊玮.自助语音识别流程编辑器的设计与实现［D］.电子科技大学博士学位论文，2015.

[91] 熊肖明.基于 B/S 模式的梯级电站 MIS 系统设计与实现［D］.电子科技大学博士学位论文，2008.

[92] 徐方华.基于虚拟堆的虚拟保护技术的研究［D］.云南大学博士学位论文，2013.

[93] 徐公明.GE-signaMRI 训练系统主体框架设计及主要功能的实现［D］.山东中医药大学博士学位论文，2011.

[94] 徐敏，蒋伟梁.基于 Android 平台的图书管理系统的设计与研究［J］.电脑与信息技术，2017，25（1）：53-55+62.

[95] 徐平.地铁自动售票机中财务系统的设计与开发［D］.南京理工大学博士学位论文，2012.

[96] 许爽.Java 中键盘输入方法解析［J］.计算机光盘软件与应用，2015，18（1）：175-176.

[97] 薛岚.同步机制实现多线程有序访问资源［J］.山东工业技术，2015（19）：242.

[98] 杨安印.坦克战模拟系统中智能路径搜索算法的研究［D］.西安电子科技大学博士学位论文，2007.

[99] 杨翰文，龙士工，谢光颖.基于偏序规约技术的网络程序 JPF 验证［J］.计算机工程与设计，2014，35（6）：2004-2008.

[100] 杨小琴.JAVA程序设计语言的一点体会[J].电脑知识与技术,2011,7(3):595–597.

[101] 杨野.基于工作流的仓库管理系统的设计与实现[D].吉林大学博士学位论文,2004.

[102] 姚登文.多用户网络在线游戏实时引擎研究与实现[D].中南民族大学博士学位论文,2008.

[103] 袁野.智能化住宅小区物业管理软件设计与实现[D].电子科技大学博士学位论文,2014.

[104] 原创力文档.https://max.book118.com.

[105] 湛海波.造纸厂配浆控制系统的自动化改造与信息集成[D].东南大学博士学位论文,2004.

[106] 张红兵.客户关系管理及其在服务企业中的应用[D].天津大学博士学位论文,2004.

[107] 张利新.税务局纳税人户籍式管理系统[D].内蒙古大学博士学位论文,2010.

[108] 张璐璐.计算机仿真关于面向对象建模方法的研究[J].电子世界,2014(10):92.

[109] 张彤彤.面向对象方法的哲学思想及在土地复垦中的应用[J].科学之友(B版),2007(10):166–167+169.

[110] 张伟强.基于JAVA语言的电子网站数据库连接分析[J].信息与电脑(理论版),2010(18):108+110.

[111] 张骁,应时,张韬.应用软件运行日志的收集与服务处理框架[J].计算机工程与应用,2018,54(10):81–89+142.

[112] 张潇.ATM21N业务流程子系统的设计与实现[D].西安电子科技大学博士学位论文,2008.

[113] 张扬嵩.在EclipseSwt开发中应用Swing对象的技巧[J].电脑编程技巧与维护,2012(17):72–74.

[114] 张雨华.光纤资源调度设备网元管理系统的设计与实现[D].北京邮电大学博士学位论文,2019.

[115] 张志微.基于Rhapsody的空气消毒器设计[D].吉林大学博士学位论文,2012.

[116] 张梓钧.基于HADOOP架构的社保项目网络日志分析系统的研究[D].电子科技大学博士学位论文,2011.

[117] 赵培卿.C2B模式下网络团购信用评价研究[D].燕山大学博士学位论文,2010.

[118] 赵文静.基于Android应用的SQLServer数据访问的实现[J].中外企业家,2014(3):161+163.

[119] 赵运英.基于B/S架构的校园网信息系统的设计与实现[D].电子科技大学博士学

位论文，2010.
[120] 中华电脑书库.http：//www.pcbookcn.com.
[121] 周翔.基于 J2EE 的海运管理系统的开发［D］.华东师范大学博士学位论文，2008.
[122] 周绪川.适用于动态软件体系结构的扩展的 Z 描述语言［J］.计算机应用研究，2012，29（9）：3338-3340.
[123] 朱亚辉，韩光辉.基于二叉树遍历算法实现设备节点流程选择最优化路径的研究及其应用［J］.现代食品，2019（6）：75-83.
[124] 左咏露.面向对象软件测试及其方法研究［D］.西安理工大学博士学位论文，2003.
[125] 360 电子图书馆.http：//www.360doc.com.
[126] CSDN.https：//blog.csdn.net.
[127] ITeye.https：//www.iteye.com.
[128] YunCode.http：//yuncode.net.